数控编程与加工技术

熊 隽 何 苗 钟如全 主编
赵定勇 主审

国防工业出版社
·北京·

内 容 简 介

本书是一本校企合作、按照工作过程为导向的课程改革要求进行编写的理论与实践相结合的教材,以企业实际工作过程和工作环境组织教学,通过典型任务分析,达到理论和技能与生产实际结合的效果。

全书共分为"数控机床编程与概述"、"数控车削轮廓加工"、"数控车削槽与螺纹"、"数控铣削轮廓加工"、"数控铣削的固定循环与孔加工"、"用户宏程序"六章。每章都由几个任务构成,每个任务都按照任务描述→任务分析→知识链接→任务实施等内容展开,内容由浅入深,循序渐进,逐步培养学生数控车床与铣床加工的相关技能。

本书可作为高等职业院校数控技术专业、机械制造专业、模具设计与制造专业等数控加工教学一体化教材,也可作为企业技术人员参考、培训用书。

图书在版编目(CIP)数据

数控编程与加工技术 / 熊隽,何苗,钟如全主编
—北京:国防工业出版社,2014.2
ISBN 978 - 7 - 118 - 09251 - 6

Ⅰ. ①数… Ⅱ. ①熊… ②何… ③钟… Ⅲ. ①数控机床 - 程序设计②数控机床 - 加工 Ⅳ. ①TG659

中国版本图书馆 CIP 数据核字(2014)第 019355 号

※

国防工业出版社出版发行
(北京市海淀区紫竹院南路 23 号 邮政编码 100048)
北京奥鑫印刷厂印刷
新华书店经售
*
开本 787×1092 1/16 印张 19½ 字数 451 千字
2014 年 2 月第 1 版第 1 次印刷 印数 1—3000 册 定价 42.00 元

(本书如有印装错误,我社负责调换)

国防书店:(010)88540777　　　发行邮购:(010)88540776
发行传真:(010)88540755　　　发行业务:(010)88540717

《数控编程与加工技术》编委会

主　编：熊　隽　何　苗　钟如全

副主编：辜艳丹　王小虎　鲁淑叶

参　编：燕杰春　范绍平　袁润明　邱　昕

　　　　邹左明　李勇兵　张晓辉　李卫东

主　审：赵定勇

前　言

为了培养适应社会需要的高端技能型人才,本书以四川信息职业技术学院数控技术专业为试点,从岗位工作任务分析着手,通过课程分析、知识和能力分析,构建了"以任务为驱动、以项目为载体"的高职数控技术专业课程体系;以基于工作过程为向导,结合企业生产实际和零件制造的工作流程,分析完成每个流程所必需的知识和能力结构,归纳课程的主要工作任务,选择合适的载体,构建主体章节;按照任务驱动、项目导向,以典型零件为主线,基于真实的工作过程,培养学生数控加工工艺、编程、机床操作、零件加工和质量检验全过程的知识和技能。

本书彻底打破了传统的学科体系,以学生为中心,以应用能力的培养为目标,以学生的视角来安排教学。在内容上将所有用到的理论知识根据需要分配到每一个章节中,用什么讲什么,针对性强。每个章节结合生产实际,由浅入深,循序渐进,融数控编程、数控加工工艺、数控机床操作于一体,使学习者掌握数控机床加工操作、数控机床加工程序及工艺规程文件编制等完成工作任务所必需的学习内容。本书共分为六章,每章由若干任务构成,每个任务都按照任务描述→任务分析→知识链接→任务实施等内容展开。在培养学生娴熟的职业技能的同时,在教学中结合安全管理和职业资格标准培养学生爱岗敬业、勇于创新、善于沟通、团结协作等良好的职业品质。

本书由学校与行业、企业合作编写,由四川信息职业技术学院熊隽、何苗和钟如全主编。其中第一章由熊隽、范绍平编写;第二章任务一和任务二由熊隽、袁润明编写,任务三和任务四由何苗、李勇兵编写;第三章由何苗、邹左明编写;第四章任务一由王小虎编写,任务二由钟如全编写,任务三由鲁淑叶编写,成飞132厂数控车间高级技师李卫东协作编写;第五章由辜艳丹、燕杰春编写;第六章由钟如全、邱昕编写,〇八一电子集团塔山湾精密制造车间张晓辉主任协作编写。全书由熊隽、何苗、钟如全统稿。

本书由四川信息职业技术学院赵定勇副教授审阅,在编写过程中,赵定勇副教授及〇八一电子集团张晓辉和成飞132厂李卫东对教材编写提出了许多宝贵意见,在此表示衷心的感谢。

由于编者水平有限,书中难免有错误和不当之处,恳请读者批评指正。

编　者

目　录

第一章 数控机床编程与概述

任务一 认识数控机床及其操作面板

知识点

- 数控机床的组成与分类
- 数控机床的加工特点
- 常用数控系统
- 操作面板上各功能按钮的含义与用途

技能点

- 正确使用数控机床操作面板各功能按钮

一、任务描述

掌握如图 1 - 1 所示 FANUC 0i Mate - TC 数控车床系统面板、如图 1 - 2 所示 FANUC 0i Mate - MC 数控铣床系统面板各按钮的功能,并对每一功能进行标注。

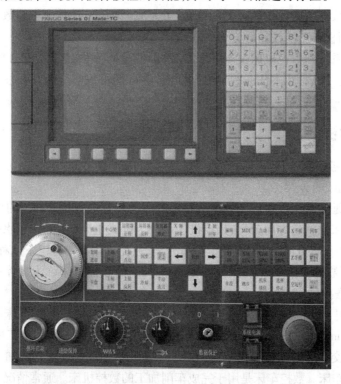

图 1 - 1　FANUC 0i Mate - TC 数控车床面板

图 1-2 FANUC 0i Mate-MC 数控铣床系统面板

二、任务分析

该任务是数控机床操作的首要任务,为了完成该项任务,必须了解数控机床、常用数控系统、操作面板各功能按钮等方面的知识。

由于数控系统和数控机床生产厂家众多,即使是同一种数控系统的数控机床操作面板也不尽相同。所以,在本任务的学习过程中,尽可能组织学生进行现场参观,以加强感性认识,做到举一反三、融会贯通。

三、知识链接

1. 认识数控机床

1) 数控机床的分类

数控机床是指采用数字控制技术按给定的运动轨迹进行自动加工的机电一体化加工设备。按照机床主轴的方向分类,数控机床可分为卧式机床(主轴位于水平方向)和立式机床(主轴位于垂直方向)。按照加工用途分类,数控机床主要有以下几种类型:

(1) 数控铣床。用于完成铣削加工或镗削加工的数控机床称为数控铣床。如图 1-3 所示为立式数控铣床。

(2) 加工中心。加工中心是指带有刀库(带有回转刀架的数控车床除外)和刀具自动交换装置(Automatic Tool Changer, ATC)的数控机床。通常所指的加工中心是指带有刀库和刀具自动交换装置的数控铣床。如图 1-4 所示为 DMG 五轴立式加工中心。

(3) 数控车床。数控车床是用于完成车削加工的数控机床。通常情况下也将以车削加工为主并辅以铣削加工的数控车削中心归类为数控车床。如图 1-5 所示为卧式数控车床。

2

图 1-3　立式数控铣床

图 1-4　DMG 五轴立式加工中心

（4）数控钻床。数控钻床主要用于完成钻孔、攻螺纹等加工,有时也可完成简单的铣削加工。数控钻床是一种采用点位控制系统的数控机床,即控制刀具从一点到另一点的位置,而不控制刀具的移动轨迹。如图 1-6 所示为立式数控钻床。

图 1-5　卧式数控车床

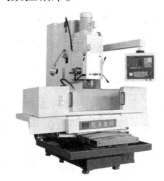

图 1-6　立式数控钻床

（5）数控电火花成型机床。数控电火花成型机床（即电脉冲机床）是一种特种加工机床,它利用两个不同极性的电极在绝缘液体中产生的电腐蚀来对工件进行加工,以达到一定形状、尺寸和表面粗糙度要求,对于形状复杂及难加工材料模具的加工有其特殊优势。电火花成型机床如图 1-7 所示。

（6）数控线切割机床。数控线切割机床如图 1-8 所示,其工作原理与电火花成型机床相同,但其电极是电极丝（钼丝、铜丝等）和工件。

图 1-7　数控电火花成型机床

图 1-8　数控线切割机床

（7）其他数控机床。数控机床除以上的几种常见类型外，还有数控磨床、数控冲床、数控激光加工机床、数控超声波加工机床等多种形式。

2）数控机床的组成

常见的数控机床主要由输入/输出装置、数控系统、伺服系统、辅助控制装置、反馈系统和机床本体组成，如图1-9所示。

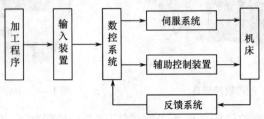

图1-9　数控机床组成

（1）输入/输出装置。输入装置的作用是将数控加工信息读入数控系统的内存存储。常用的输入装置有光电阅读机、手动输入（MDI）和远程通信等。输出装置的作用是为操作人员提供必要的信息，如各种故障信息和操作提示等。常用的输出装置有显示器和打印机等。

（2）数控系统。计算机数控系统是数控机床实现自动加工的核心单元，通常由硬件和软件组成。目前的数控系统普通采用通用计算机作为主要的硬件部分；而软件主要是指主控制系统软件，如数据运算处理控制软件和时序逻辑控制软件等。数控加工程序通过数据运算处理后，输出控制信号控制各坐标轴移动，而时序逻辑控制主要是由编程控制器（PLC）完成加工中各个动作的协调，使数控机床有条不紊地工作。

（3）伺服系统。伺服系统是计算机数控装置和机床本体之间的传动环节。它主要接收来自计算机数控装置的控制信息，并将其转换成相应坐标轴的进给运动和定位运动，伺服系统的精度和动态响应特性直接影响机床本体的生产率、加工精度和表面质量。伺服系统主要包括主轴伺服和进给伺服两大单元。伺服系统的执行元件有功率步进电动机、直流伺服电动机和交流伺服电动机。

（4）辅助控制装置。辅助控制装置是保证数控机床正常运行的重要组成部分。它主要完成数控系统和机床之间的信号传递，从而保证机床的协调运动和加工的有序进行。

（5）反馈系统。反馈系统的主要任务是对机床的运动状态进行实时的检测，并将检测结果转换成数控系统能识别的信号，以便数控系统能及时根据加工状态进行调整、补偿、保证加工质量。数控机床的反馈系统主要由速度反馈和位置反馈组成。

（6）机床本体。机床本体是指数控机床的机械结构部分，它是最终的执行环节。为了适应数控加工的特点，数控机床在布局、外观、传动系统、刀具系统及操作机构等方面都不同于普通机床。

3）数控机床的加工特点

数控加工和传统的切削加工，其基本加工方式类似。在传统加工中，机床操作员用手操作机床来完成零件的加工，需要依赖各种手柄和刻度，加工的精度和工件的一致性在很大程度上取决于操作者的技术水平、身体状况和工作态度，因而对操作者的操作技能要求较高。而数控加工是一种现代化的自动控制过程，主要依赖各种先进的控制系统和自动检测元件来代替手工操作,加工的精度和工件的一致性在很大程度上取决于机床的精度和程序的正确度。加工程序必须完整而正确地描述整个加工过程,对操作者的机床调整能力和程序编制能力要求较高;而加工过程中,人的参与程度较低。利用数控加工技术可以完成很多以前不能完成的曲面零件的加工,而且加工的准确度和精度都可以得到很好的保证。总体上说,和传统的机械加工手段相比,数控加工技术具有以下特点:

(1)加工效率高。传统机床的切削时间主要根据加工操作人员的技能、经验以及身体疲劳状况等而易于变化,而 CNC 机床加工则受计算机控制的影响,少量的手工工作仅限于工件的装卸,对大批量的运行加工来讲,这种非生产性的时间就显得微不足道了。CNC 机床这种相对固定的切削时间的主要优点体现在重复性工作上,这样,生产进度和分配到每个机床上的工作就可以计算得很准确,既便于管理又能提高生产效率。

(2)加工精度高。同传统的加工设备相比,数控系统优化了传动装置,提高了分辨率,减少了人为误差,因此加工的效率可以得到很大的提高。现在数控机床的精确性和重复性已成为数控技术的主要优势之一,零件程序一旦调试完成就可以存储在各种介质上,需要时调用即可,而且程序对机床的控制不会因操作人员的改变而变化,能极大地提高加工零件的精准性和一致性。

(3)劳动强度低。由于采用了自动控制方式,也就是说加工的全部过程是由数控系统完成,不像传统加工手段那样繁琐,操作者在数控机床工作时,只需要监视设备的运行状态,所以劳动强度很低。

(4)适应能力强。数控加工系统就像计算机一样,可以通过调整部分参数达到修改或改变其运作方式,因此加工的范围可以得到很大的扩展。一旦零件程序编写完成并验证无误,就可以为以后再次使用做好准备,即使零件在设计上做布局修改后,也只需对程序做相应的修改就可以,因而大大提高了机床的适用范围。

(5)准备时间缩短。安装时间是非生产性时间,但是它是必需的,是实际加工成本的一部分。任何机床车间的主管、编程人员、操作员都应把安装时间作为考虑的因素之一。由于数控机床设计的特点(模块化夹具、标准刀具、固定的定位器、自动换刀装置、托盘以及其他一些先进的辅具),使得数控机床的安装时间比普通机床更高效,从而大大缩短准备时间。

(6)适合复杂零件的加工。数控机床能加工各种复杂的轮廓。在传统的加工中,对复杂的零件轮廓,通常采用仿形加工或专用机床加工,这样加工周期和加工成本都很高,而且实用的零件很有限。如果采用数控机床加工就不同,只要机床的控制系统具备曲线加工功能,就可以完成外形复杂的轮廓加工,大大缩短加工周期和降低加工成本,适用范围很广。在数控技术应用的早期,大多数的数控机床都是为复杂轮廓的加工而产生的。

(7)易于建立计算机通信网络,有利于生产管理。

(8)设备初期投资大。

(9)由于系统本身的复杂性,增加了维修的技术难度和维修费用。

2. 常用数控系统介绍

1)FANUC 数控系统

FANUC 数控系统由日本富士通公司研制开发,该数控系统在我国得到了广泛的应用。目前,中国市场上用于数控铣床(加工中心)的数控系统主要有 FANUC 21i - MA/

MB/MC、FANUC 18i－MA/MB/MC、FANUC 0i－MA/MB/MC、FANUC 0－MD 等。

2）西门子数控系统

西门子数控系统由德国西门子公司开发研制,该系统在我国数控机床中的应用也相当普遍。目前,中国市场上常用的西门子系统有 SIEMENS 840D/C、SIEMENS 810T/M、802D/C/S 等型号。除 802S 系统采用步进电动机驱动外,其他型号系统均采用伺服电动机驱动。SIEMENS 828D 铣床数控系统操作面板如图 1－10(a)所示。

3）主要国产数控系统

自 20 世纪 80 年代初,我国数控系统生产与研制得到了飞速的发展,如华中数控系统、广州数控系统、大连大森系统、北京凯恩帝数控系统、南京华兴数控系统等。其中最为普及的是广州数控系统(如 GSK983MA)、华中数控系统(如 HNC－22M)及北京凯恩帝数控系统(如 KND100M),如图 1－10(b)、(c)所示。

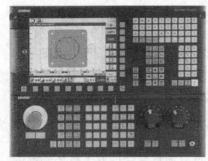  

　(a)　SIEMENS 828D 系统面板　　　(b)　GSK983MA 系统面板　　　(c)　HNC-818BM 系统面板

图 1－10　各数控系统面板

4）其他系统

除了以上三类主流数控系统外,国内使用较多的数控系统还有日本三菱数控系统、法国施耐德数控系统、西班牙的法格数控系统和美国的 A－B 数控系统等。

3. 数控系统面板功能介绍

由于数控机床的生产厂家众多,同一系统数控机床的操作面板可能各不相同,但其系统功能相同,因此操作方法也基本相似。现以沈阳第一机床厂生产的 CAK6140VA 卧式数控车床(FANUC 0i Mate－TC 数控系统)及自贡长征机床厂生产的 KV650 立式数控铣床(FANUC 0iMate－MC 数控系统)为例说明面板上各按钮的功能。

1）FANUC 0i Mate－TC 数控车床面板介绍

FANUC 0i Mate－TC 数控车床面板如图 1－1 所示,总体上由两块区域组成,其中上方区域为 MDI 键盘区,下方区域为机床控制面板区。

MDI 键盘主要用于实现机床工作状态显示、程序编辑、参数输入等功能,主要分为 MDI 功能键区和显示区。本书中用加□的字母或文字表示 MDI 功能按键,如 PROG 、 POS 等。用加[ ]的字母或文字表示显示区下方的软功能键,如[程序]、[工件系]等。

机床控制面板区域内的按钮/旋钮为机床厂家自定义功能键,本书用加" "的字母或文字表示,如"MDI"、"限位解除"等。

（1）MDI 键盘。FANUC 0i Mate－TC 数控系统与 FANUC 0i Mate－MC 数控系统的

MDI 键盘相同,如图 1－11 所示。它分为显示区(左半部分)和功能键区(右半部分)两部分。

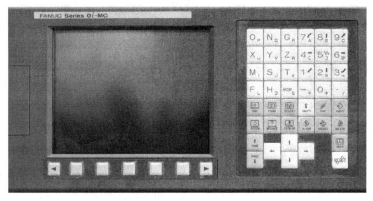

图 1－11　MDI 键盘

① 各按键功能。MDI 键盘各按键功能见表 1－1。

表 1－1　MDI 键盘各功能键

功能方向	MDI 功能键	功　能
显示功能键	POS	(POS)机床位置界面
	PROG	(PROG)程序管理界面
	OFS/SET	(OFFSET SETTING)补偿设置界面
	SYSTEM	(SYSTEM)系统参数界面
	MESSAGE	(MESSAGE)报警信息界面
	CSTM/GH	(COSTOM GRAPH)图形模拟界面
地址数字键		实现字符的输入,选择 SHIFT 键后再选择字符键,将输入右下角的字符。例如:选择 O/P 将在 LCD 的光标所处位置输入"O"字符,选择 SHIFT 键后再选择 O/P 将在光标所处位置处输入 P 字符;字符键中的"EOB"将输入";"号,表示换行结束

7

功能方向	MDI 功能键	功 能
编辑键	(SHIFT)	（SHIFT）上挡键，用于输入上挡字符或与其他键配合使用
	(CAN)	（CAN）删除键，用于删除缓存区中的单个字符
	(INPUT)	（INPUT）输入键，用于输入补偿设置参数或系统参数
	(ALTER)	（ALTER）替换键，用于程序字符的替换
	(INSERT)	（INSERT）插入键，用于插入程序字符
	(DELETE)	（DELETE）删除键，用于删除程序字、程序段及整个程序
翻页键	(PAGE ↑) (PAGE ↓)	翻页键，用于在屏幕上向前或向后翻页
光标移动键	← ↑ → ↓	光标键，用于将光标向箭头所指的方向移动
帮助键	(HELP)	（HELP）帮助键，用于显示系统操作帮助信息
复位键	(RESET)	（RESET）复位键，用于使机床复位
操作选择软键	◄ ▢ ►	位于显示屏下方，用于屏幕显示的软键功能选择

② 显示区布局。显示区的显示内容随着功能状态选择的不同而各不相同。在此以"编辑"状态下的程序管理界面为例介绍显示区的布局及显示内容，如图 1-12。

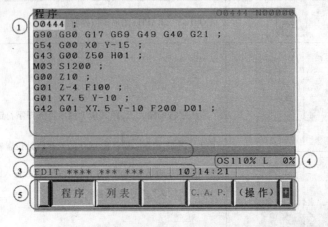

图 1-12　显示区

8

显示区中的各显示内容见表1－2。

表1－2 显示区内容

编号	显示内容
①	主显示区,该区域显示各功能界面,如机床位置界面、程序管理界面等
②	缓存区,该区域为系统接收输入信息的临时存储区。当需要输入程序及参数,选择 MDI 键盘上的字符时,该字符首先被输入到缓存区,再按下 INSERT 或 INPUT 键后才被输入到主显示区中
③	工作状态显示区,该区域显示当前机床的工作状态,如"编辑"（EDIT）状态、"自动"（MEM）状态、"报警"（ALM）状态、系统当前时间等
④	倍率修调显示区,该区域显示主轴倍率及进给倍率
⑤	软功能显示区,该区域显示与当前工作状态相对应的软功能,通过显示器下方的操作选择软键进行选择

③ 各显示界面。

（a）机床位置界面。该界面的显示内容与机床工作状态的选择有关,在不同的工作状态其显示内容不尽相同。

当机床工作状态为"编辑"时,选择 POS 功能键进入机床位置界面,点击菜单软键［相对］、［绝对］、［综合］,显示界面将对应显示相对坐标、绝对坐标、综合坐标,如图1－13所示。

（a）相对坐标界面

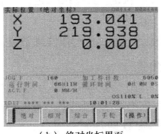
（b）绝对坐标界面

（c）综合坐标界面

图1－13 机床位置界面

● 相对坐标界面:相对坐标中的坐标值可在任意位置归零或预设为任意数值,该功能可用于测量数据、对刀、手工切削工件等方面。

若需将当前某坐标值归零,则输入该坐标轴后按菜单软键［归零］完成该操作;若需预设某坐标值,则先输入坐标轴及预设数值（如"Y－100."）,按菜单软键［预置］完成该操作。

［例1.1］将当前的 Z 坐标值归零。方法为:通过字符键输入 Z,按菜单软键［归零］完成该操作。

● 绝对坐标界面:当机床工作状态为"自动运行"时,该坐标系显示数据与编程的坐标数据相同,可通过其检查程序路线与刀具轨迹是否一致。

● 综合坐标界面:在该界面下,可同时显示相对坐标、绝对坐标及机床坐标,将机床的工作状态调节为"自动运行"时,该界面同时显示"待走量"坐标数据。

9

（b）程序管理界面。该界面显示内容与机床工作状态的选择有关,在不同的工作状态其显示内容不尽相同。

当机床工作状态为"编辑"时,选择 $\boxed{PROG}$ 功能键进入程序管理界面,选择菜单软键[列表],将列出系统中所有的程序,选择菜单软键[程序]或复选 $\boxed{PROG}$,将显示当前正在编辑的程序,当机床工作状态调节为"自动运行"时,将显示程序检查界面,如图 1 – 14 所示。

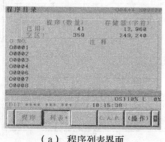  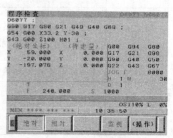

（a）程序列表界面　　（b）当前程序界面　　（c）程序检查界面

图 1 – 14　程序管理界面

（c）补偿设置界面。选择 $\boxed{OFS/SET}$ 功能键进入补偿设置界面,包含三个方面:工件坐标系（G54 – G59 工件原点偏移值设定）、偏置（设置刀具补偿参数）、设定（参数输入开关等设置）。

● 工件坐标系设置:选择菜单软键[工件系],进入工件坐标系设置界面,该界面主要用于设置对刀参数,如图 1 – 15（a）所示。

● 偏置设置:选择菜单软键[偏置],进入补偿参数设置界面,该界面主要用于设置刀具补偿参数,如图 1 – 15（b）所示。

数控铣床的刀具补偿包括刀具半径补偿和刀具长度补偿。在补偿参数表中,"外形（H）"与"磨损（H）"分别表示长度补偿数据与长度磨损数据;"外形（D）"与"磨损（D）"分别表示半径补偿数据与半径磨损数据。

● 设定:在该界面中可对系统参数写入状态、I/O 通道等进行设置,如图 1 – 15（c）所示。

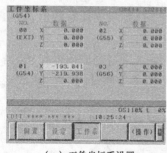 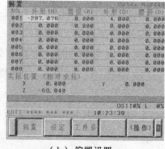 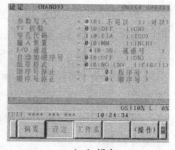

（a）工件坐标系设置　　（b）偏置设置　　（c）设定

图 1 – 15　补偿设置界面

（d）报警信息界面。选择 $\boxed{MESSAGE}$ 功能键进入报警信息界面,如图 1 – 16 所示。

10

该界面可显示机床报警信息及操作提示信息,操作者可根据信息内容排除报警,或按照操作提示信息进行操作。

当机床有报警产生时,LCD 下方将显示报警(红色的"ALARM"字样闪烁),同时机床三色指示灯中的红灯亮,在该界面下,通过选择功能软键[报警]及[组号]查询相关信息,也可选择[履历]查询报警信息的历史记录。

(e)图形模拟界面。选择 COSTOM GRAPH 功能键进入图形模拟界面,该界面用于校验程序时模拟显示刀具路线图。选择功能软键[参数],设置图形模拟时的图形参数;选择功能软键[图形],观察刀具路线图,确认程序是否正确。图形模拟界面如图 1-17 所示。

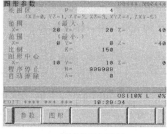

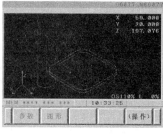

(a)图形参数设置界面　　　　(b)刀具路线模拟界面

图 1-16　报警信息界面　　　　　　图 1-17　图形模拟界面

(f)帮助界面。选择 MDI 键盘上的 HELP 功能键,进入数控系统帮助界面,在此界面可以通过相应的软功能键(如[报警]等)查询报警详述、系统操作方法及参数信息,如图 1-18 所示。

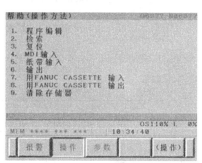

图 1-18　帮助界面

带有 FANUC 0i-mate 系统的 CAK6140VA 数控车床的控制面板及系统电源如图 1-20 所示,大部分按键在 FANUC 0i 数控铣床面板介绍中已讲到,这里不再重复。

(2)控制面板。FANUC 0i-mate 数控车床的控制面板如图 1-19 所示,表 1-3 中列出了该控制面板上各按钮的名称及功能。

2)FANUC 0i 数控铣床面板介绍

铣床面板如图 1-2 所示,总体上仍由 MDI 键盘、机床控制面板组成。由于该面板的 MDI 键盘与前面所述的 FANUC 0i-mate 数控车床面板一致,现只将机床控制面板及该数控铣床上的工作指示灯作如下介绍。

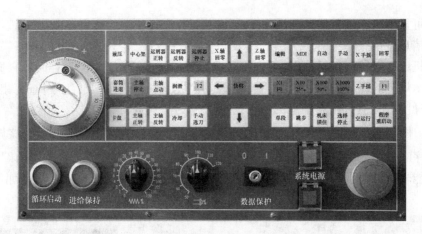

图 1-19　FANUC 0i-Mate 数控车床控制面板

表 1-3　控制面板按钮说明

功能方向	按　钮	名　称	功能说明
工作状态选择	回零	回参考点	机床初次上电后,必须首先执行回参考点操作,然后才可以运行程序
	手动	手动	机床处于手动连续进给状态,与坐标控制按钮配合使用可以实现坐标轴的连续移动
	X手摇	X 手摇(手轮)	选中"X 手摇"或"Z 手摇"按钮,指示灯亮,机床处于 X 轴或 Z 轴手摇进给操作状态,操作者可通过手轮控制刀架 X 轴或 Z 轴坐标运动,其速度快慢可由"×1、×10、×100、×1000"四个键来调节
	Z手摇	Z 手摇(手轮)	
	MDI	手动数据输入	此状态下,系统进入 MDI 状态,手工输入简短指令,按"循环启动"执行指令
	编辑	编辑	此状态下,系统进入程序编辑状态,可对程序数据进行编辑
	X轴回零	X 轴回零指示灯	该指示灯亮,表示 X 轴已返回零点
	Z轴回零	Z 轴回零指示灯	该指示灯亮,表示 Z 轴已返回零点
程序运行方式选择	自动	自动运行	此状态下,按"循环启动"按钮可执行加工程序
	单段	单段	在自动运行状态下,此按钮选中时,程序在执行完当前段后停止,按下"循环启动"按钮执行下一程序段,下一程序段执行完毕后又停止
	跳步	程序跳步	此按钮被按下后,数控程序中的跳步指令"/"有效,执行程序时,跳过"/"所在行程序段,执行后续程序
	选择停止	选择停止	此按钮被选中后,自动运行程序时在包含"M01"指令的程序段后停止,按下"循环启动"按钮继续运行后续程序

12

功能方向	按　钮	名　称	功　能　说　明
程序运行方式选择	空运行	空运行（DRY RUN）	此按钮被选中后，执行运动指令时，按系统设定的最大移动速度移动，通常用于程序效验，不能进行切削加工
	机床锁住	机床锁住	此按钮被按下后，机床进给运动被锁住，但主轴转动不能被锁住
辅助控制选择	冷却	手持单元选择	与"手轮"按钮配合使用，用于选择手轮方式
	冷却	冷却液	按下此按钮，冷却液打开；复选此按钮，冷却液关闭
	润滑	手动润滑	按下此按钮，机床润滑电动机工作，给机床各部分润滑；松开此按钮，润滑结束；一般不用该功能
	主轴正转	主轴正转	在"手动"状态按下此按钮，将使主轴正转
	主轴反转	主轴反转	在"手动"状态按下此按钮，将使主轴反转
	主轴停止	主轴点动	在"手动"状态下，点按该按钮，主轴低速旋转数圈后停止
	主轴停止	主轴反转	在"手动"状态按下此按钮，将使主轴停止运转
自动循环状态选择		进给保持	此按钮被按下后，正在运行的程序及坐标运动处于暂停状态（但主轴转动、冷却状态保持不变），再按"循环启动"后恢复自动运行状态
		循环启动	程序运行开始；当系统处于"自动运行"或"MDI"状态时按下此按钮，系统执行程序，机床开始动作
坐标控制	X1 X10 X100 X1000 F0 25% 50% 100%	增量倍率	采用"X手摇"或"Z手摇"方式移动坐标轴时，可通过该按钮选择增量步长；×1＝0.001mm，×10＝0.01mm，×100＝0.1mm，×1000＝1mm
	↑ ← 快移 → ↓	坐标轴移动按钮	在"手动"状态下，按下该按钮使所选轴产生箭头所指方向移动；在"回零"状态时，按下"↓"、"→"按钮将使X轴和Z轴回零
	快移	快速按钮	同时按下该按钮及"坐标移动"按钮，将进入手动快速运动状态
急停		急停按钮	按下急停按钮，使机床立即停止运行，并且所有的输出（如主轴的转动等）都会关闭。该按钮在紧急情况或关机时使用

13

功能方向	按 钮	名 称	功 能 说 明
倍率修调		进给倍率修调旋钮	进给倍率（FEED RATE OVERRIDE）用于调节进给/快速运动倍率（0%～120%）
		主轴倍率倍率修调旋钮	主轴倍率（SPINDLE SPEED OVERRIDE）用于调节主轴旋转倍率（50%～120%）
系统电源		系统电源开/关	用于打开（ON）或关闭（OFF）系统电源
写保护		写保护开关	程序是否可以编辑的保护开关，当置于"I"时打开写保护，置于"O"时关闭写保护

（1）控制面板。带有 FANUC 0i 数控系统的 KV650 数控铣床控制面板如图 1-20 所示,表 1-4 列出了该控制面板上各按钮的名称及功能。

图 1-20 KV650 数控铣床控制面板

表 1-4 控制面板按钮说明

功能方向	按 钮	名 称	功 能 说 明
工作状态选择		编辑（EDIT）	此状态下,系统进入程序编辑状态,可对程序数据进行编辑
		手动数据输入（MDI）	此状态下,系统进入 MDI 状态,手工输入简短指令,按"循环启动"按钮执行指令

功能方向	按　钮	名　称	功　能　说　明
工作状态选择		在线加工（DNC）	此状态下，系统进入在线加工模式，通过计算机与CNC的连接，可执行外部输入/输出设备中存储的程序
		回参考点（REF）	机床初次上电后，必须首先执行回参考点操作，然后才可以运行程序
		手动（JOG）	机床处于手动连续进给状态，与坐标控制按钮配合使用可以实现坐标轴的连续移动
		增量进给/步进（INC）	机床处于步进状态，与坐标控制按钮配合使用可以实现坐标轴的单步移动
		手轮（HANDLE）	机床处于手轮控制状态，与"手持单元选择"按钮配合使用可实现手轮（手持单元）控制坐标轴移动
程序运行方式选择		自动运行（AUTO）	此状态下，按"循环启动"按钮可执行加工程序
		单段（SINGLE BLOCK）	在自动运行状态下，此按钮选中时，程序在执行完当前段后停止，按下"循环启动"按钮执行下一程序段，下一程序段执行完毕后又停止
		程序跳步（BLOCK DELETE）	此按钮被按下后，数控程序中的跳步指令"/"有效，执行程序时，跳过"/"所在行程序段，执行后续程序
		选择停止（OPT STOP）	此按钮被选中后，自动运行程序时在包含"M01"指令的程序段后停止，按下"循环启动"按钮继续运行后续程序
		程序停止	自动运行程序时在包含"M00"指令的程序段后停止，按下"循环启动"按钮继续运行后续程序
		空运行（DRY RUN）	此按钮被选中后，执行运动指令时，按系统设定的最大移动速度移动，通常用于程序效验，不能进行切削加工
		机床锁住（MC LOCK）	此按钮被按下后，机床进给运动被锁住，但主轴转动不能被锁住
	辅助功能锁住	辅助功能锁住	在自动运行程序前，按下此按钮，程序中的 M、S、T 功能被锁住不执行
	Z轴锁住	Z轴锁住	在手动操作或自动运行程序前，按下此按钮，Z轴被锁住，不产生运动
辅助控制选择	手持单元选择	手持单元选择	与"手轮"按钮配合使用，用于选择手轮方式
	主冷却液	主冷却液	按下此按钮，冷却液打开；复选此按钮，冷却液关闭
	手动润滑	手动润滑	按下此按钮，机床润滑电机工作，给机床各部分润滑；松开此按钮，润滑结束；一般不用该功能
	限位解除	限位解除	用于坐标轴超程后的解除。当某坐标轴超程后，该按钮灯亮，点按此按钮，然后将该坐标轴移出超程区。超程解除后需回零

功能方向	按钮	名称	功能说明
自动循环状态选择		循环暂停（CYCLE STOP）	此按钮被按下后,正在运行的程序及坐标运动处于暂停状态(但主轴转动、冷却状态保持不变),再按"循环启动"后恢复自动运行状态
		循环启动（CYCLE START）	程序运行开始;当系统处于"自动运行"或"MDI"状态时按下此按钮,系统执行程序,机床开始动作
坐标控制	X1 X10 X100 X1000	增量倍率	采用"步进"或"手轮"方式移动坐标轴时,可通过该按钮选择增量步长: ×1 = 0.001mm, ×10 = 0.01mm, ×100 = 0.1mm, ×1000 = 1mm
	X Y Z	X/Y/Z轴选择按钮	手动状态下X/Y/Z轴选择按钮
	— +	负/正方向移动按钮	手动或步进状态下,按下该按钮使所选轴产生负/正移动;在回零状态时,按下"+"按钮将所选轴回零
		快速按钮（RAPID）	同时按下该按钮及负/正方向按钮,将进入手动快速运动状态
主轴控制		主轴控制按钮	依次为:主轴正转(CW)、主轴停止(STOP)、主轴反转(CCW)
急停		急停按钮（E-STOP）	按下急停按钮,使机床立即停止运行,并且所有的输出(如主轴的转动等)都会关闭。该按钮在紧急情况或关机时使用
倍率修调		主轴倍率/进给倍率修调旋钮	主轴倍率(SPINDLE SPEED OVERRIDE)用于调节主轴旋转倍率(50% ~ 120%);进给倍率(FEED RATE OVERRIDE)用于调节进给/快速运动倍率(0% ~ 120%)
系统电源	ON OFF	系统电源开关	用于打开(ON)或关闭(OFF)系统电源
写保护		写保护开关	程序是否可以编辑的保护开关,当置于"I"时打开写保护,置于"O"时关闭写保护

（2）工作指示灯。数控机床的工作指示灯(三色灯)一般安装在机床外壳或系统面板上方,操作者可以通过观察指示灯的状态来判断数控机床的工作状态。数控机床工作指示灯由红、黄、绿三个指示灯组合而成,具体内容见表1-5。

表1-5 指示灯说明

指示灯状态	功能指示
红灯亮	机床有报警信息,无法正常运行,需及时排除故障
黄灯亮(频闪)	机床有操作信息,操作者应根据信息内容进行必要操作后再运行机床。常见的信息:开机后未回参考点,气压或油压不足
绿灯亮	机床工作正常

四、任务实施

根据图1-1、图1-2,标出各按钮的含义与功能。

16

［操作提示］任务的实施场所是实习车间。在本书以后的任务中,如果每一任务中有多个子任务需要实施时,教师在每讲完一个任务的理论知识后,都要让学生进行该任务的练习,以增强学生的感性认识。

任务二 数控程序编辑与输入

知识点

- 数控机床的坐标系
- 数控编程的分类、步骤与方法
- 数控加工工艺设计内容
- 数控系统常用功能字
- 数控编程格式

技能点

- 数控程序的手工输入与编辑
- 数控程序的校验

一、任务描述

将下列程序手工输入数控机床。

O0010;
G90 G94 G40 G17 G21;
G91 G28 Z0;
G54 G00 X - 16. 0 Y84. 0;
G43 G00 Z50. 0 H01;
M03 S800;
G00 Z5. 0;
G01 Z - 2. 0 F200;
X84. 0;
Y15. 0;
X15. 0;
Y38. 0;
X61. 0;
X61. 0;
X - 15. 0;
G00 Z50. 0;
M30;

二、任务分析

要完成该项任务,需了解数控机床的坐标系,掌握数控编程的内容与步骤、数控系统常用功能、数控程序格式等理论知识以及数控程序的编辑、程序校验等操作技能。

本任务的教学重点应是数控程序输入的正确性。如果学校有数控计算机仿真设备,本任务的操作可在数控仿真设备上完成。

三、知识链接

1. 数控机床坐标系

数控加工中,对零件上某一个位置的描述是通过坐标来完成的。因此,数控编程的首要任务就是确定机床的坐标系。数控机床用户、数控机床制造厂及数控系统生产厂也必须要有一个统一的坐标系标准。

1) 数控机床坐标系及运动方向

在数控机床上加工零件,机床动作是由数控系统发出的指令来控制的。为了确定机床的运动方向和移动距离,就要在机床上建立一个坐标系,这个坐标系就叫机床坐标系,也叫标准坐标系。机床坐标系是机床上固有的,用来确定工件坐标系的基本坐标系。

(1) 坐标系的确定原则:

① 刀具相对于静止工件运动的原则。这一原则使编程人员能在不知道是刀具移近工件还是工件移近刀具的情况下,就可依据零件图样,确定机床的加工过程。

② 右手笛卡儿直角坐标系原则。数控机床的坐标系采用右手笛卡儿直角坐标系。如图 1-21(a)所示,三根手指自然伸开、相互垂直,大拇指的指向为 X 轴的正方向,食指指向为 Y 轴正方向,中指指向为 Z 轴正方向。图 1-21(b)规定了旋转轴 A、B、C 轴的转动正方向。

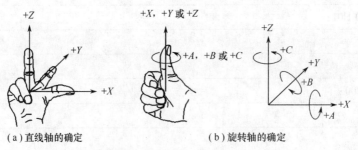

(a) 直线轴的确定　　　　　　(b) 旋转轴的确定

图 1-21　右手笛卡儿直角坐标系

③ 运动方向判断原则。数控机床的某一部件运动的正方向,是增大工件和刀具之间距离的方向。

(2) 机床坐标系的确定:

① Z 坐标轴。Z 坐标轴是由传递主切削动力的主轴所决定的,一般平行于主轴轴线的坐标轴即为 Z 坐标,如图 1-22(a)所示数控车床及如图 1-22(c)、(d)所示数控铣床。Z 坐标的正向为刀具离开工件的方向。

如果机床上有几个主轴,则选一个垂直于工件装夹平面的主轴为 Z 坐标轴,如图 1-

22(b)所示双柱立式车床;如果主轴能够摆动,则选垂直于工件装夹平面的方向为 Z 坐标轴方向;如果机床无主轴,则选垂直于工件装夹平面的方向为 Z 坐标轴方向。

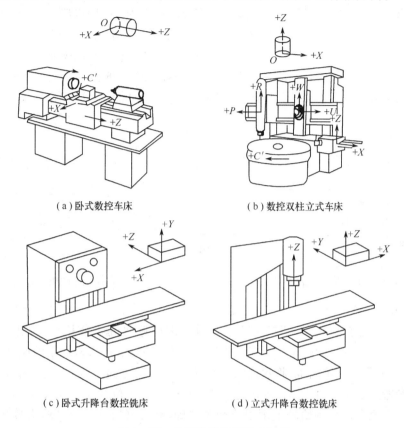

(a)卧式数控车床　　　　　　　(b)数控双柱立式车床

(c)卧式升降台数控铣床　　　　　(d)立式升降台数控铣床

图 1－22　常见数控机床的坐标系

② X 坐标轴。X 坐标轴通常平行于工件的装夹平面,一般在水平面内。确定 X 轴的方向时,要考虑两种情况:

(a) 如果工件做旋转运动(如图 1－22(a)所示数控车床),则 X 轴在工件的径向,且刀具离开工件的方向为 X 坐标的正方向。

(b) 如果刀具做旋转运动,则分为两种情况:当 Z 坐标轴水平时(如图 1－22(c)所示卧式数控铣床),观察者沿刀具主轴向工件看时,＋X 运动方向指向右方;当 Z 坐标轴垂直时(如图 1－22(d)所示立式数控铣床),观察者面对刀具主轴向立柱看时,＋X 运动方向指向右方。

③ Y 坐标轴。在确定 X、Z 坐标的正方向后,可以根据 X 和 Z 坐标轴的方向,按照右手笛卡儿直角坐标系来确定 Y 坐标轴的方向。

④ 旋转坐标。围绕 X、Y、Z 坐标旋转的旋转坐标分别用 A、B、C 表示,根据右手螺旋定则,大拇指的指向为 X、Y、Z 坐标中任意轴的正向,则其余四指的旋转方向即为旋转坐标 A、B、C 的正向,如图 1－21(b)所示。

⑤ 附加坐标轴。为了编程和加工的方便,在 X、Y、Z 坐标轴以外有时还要设置平行于 X、Y、Z 坐标轴的附加坐标轴。通常可以采用的附加坐标轴有:第二组 U、V、W 坐标,第

三组 P、Q、R 坐标,如图 1-22(b)所示。

2）机床原点

机床原点（亦称为机床零点）是机床上设置的一个固定点,用以确定机床坐标系的原点。它在机床装配、调试时就已设置好,一般情况下不允许用户进行更改。

机床原点又是数控机床加工运动的基准参考点,数控车床的机床原点一般取在卡盘端面与主轴中心线的交点处,如图 1-23 所示。数控铣床上的机床原点一般取在 X、Y、Z 坐标的正方向极限位置上,即刀具远离工件的极限点处,如图 1-24 所示。

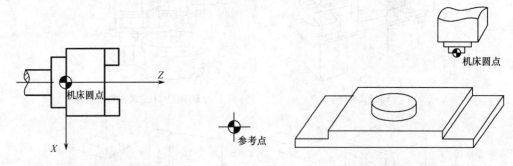

图 1-23　数控车床的机床原点及参考点　　　　图 1-24　数控铣床的机床原点

3）机床参考点

对于大多数数控机床,开机第一步总是首先进行返回机床参考点（即机床回零）操作。开机回参考点的目的就是为了建立机床坐标系,并确定机床坐标系的原点。该坐标系一经建立,只要机床不断电,将永远保持不变,并且不能通过编程对它进行修改。

机床参考点是用于对机床运动进行检测和控制的固定位置点。机床参考点的位置是由机床制造厂家在每个进给轴上用限位开关精确调整好的,坐标值已输入数控系统中。因此参考点对机床原点的坐标是一个已知数。

通常在数控铣床上机床原点和机床参考点是重合的;而在数控车床上机床参考点是离机床原点最远的极限点,如图 1-23 所示。

4）编程坐标系

（1）编程坐标系。编程坐标系是针对某一工件,根据零件图样而建立的用于编制加工程序的坐标系。编程坐标系的原点称为编程原点,它是编制加工程序时进行数据计算的基准点。

（2）编程原点的一般选择方法。

编程原点应尽量选择在零件的设计基准或工艺

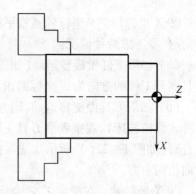

图 1-25　车削零件的工件原点

基准上,工件坐标系中各轴的方向应该与所使用的数控机床相应的坐标轴方向一致。车削零件的工件原点常设置在右端面的轴线处,如图 1-25 所示。铣削零件的编程原点常设置为:Z 轴方向的原点一般取在工件的上表面。XY 平面原点的选择有两种情况:当工件对称时,一般设置在对称中心;当工件不对称时,一般设置在零件的一角处。如图 1-26(a)所示工件的编程原点设在对称中心,如图 1-26(b)所示工件的编程原点设在右上角。

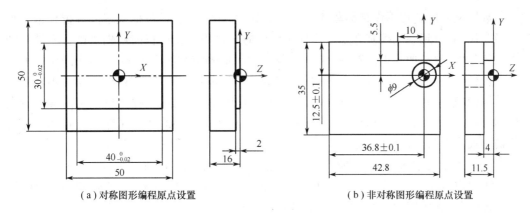

（a）对称图形编程原点设置　　　　　　　（b）非对称图形编程原点设置

图 1 - 26　编程原点设置

5）加工坐标系

（1）加工原点。加工原点亦称工件原点，是指工件（毛坯）在机床上被装夹好后，相应的编程原点在机床坐标系中的坐标位置。

在运行程序之前，首先要将加工原点在机床坐标系中的坐标位置输入数控系统，然后数控系统才能根据加工原点坐标值及编程数据来完成对工件的加工。确定加工原点在机床坐标系中的坐标位置是通过对刀来实现的，有关对刀的相应知识在后续章节中将会详细介绍。

加工原点与编程原点的区别在于它们的确定位置不同，加工原点是在实际被加工工件（毛坯）上确定的加工基准，而编程原点是在图纸上确定的编程基准；加工原点相对于实际工件（毛坯）的位置可以发生改变，编程原点相对于图纸上工件位置是固定的。

当毛坯上的加工余量不均匀时，需要合理选择加工原点，才能保证工件加工结果的完整性。如图 1 - 27 所示的工件，因其毛坯各表面不平整、材料缺陷，因此加工原点选择如图所示位置。高度方向上低于毛坯上表面，水平方向上为了保证工件的完整性而需要偏离毛坯的对称中心。

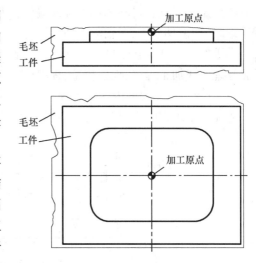

图 1 - 27　加工原点的设置

（2）加工坐标系。加工坐标系亦称工件坐标系，当加工原点确定后，加工坐标系便随之确定。加工坐标系的各坐标轴方向与编程坐标系各坐标轴方向相同。

2. 数控编程的步骤与方法

1）数控编程概念与分类

（1）数控编程的概念。为了使数控机床能根据零件加工的要求进行动作，必须将这些要求以机床数控系统能识别的指令形式告知数控系统，这种数控系统可以识别的指令称为程序，制作程序的过程称为数控编程。

21

数控编程的过程不仅指编写数控加工指令代码的过程,还包括从零件分析到编写加工指令代码,再到制成控制介质以及程序校核的全过程。在编程前首先要进行零件的加工工艺分析,确定加工工艺路线、工艺参数、刀具的运动轨迹、位移量、切削用量(切削速度、进给量、背吃刀量)以及各项辅助功能(换刀、主轴正反转、切削液开关等);接着根据数控机床规定的指令代码及程序格式编写加工程序单;再把这一程序单中的内容记录在控制介质上(如软磁盘、移动存储器、硬盘),检查正确无误后采用手工输入方式或计算机传输方式输入数控机床的数控装置中,从而指挥机床加工零件。

(2)数控编程的分类。数控编程可分为手工编程和自动编程两种。

① 手工编程。是指所有编制加工程序的全过程,即图样分析、工艺处理、数值计算、编写程序单、制作控制介质、程序校验都由手工来完成。

手工编程不需要计算机、编程器、编程软件等辅助设备,只需要有合格的编程人员即可完成。手工编程具有编程快速、及时的优点,但其缺点是不能进行复杂曲面的编程。手工编程比较适合批量较大、形状简单、计算方便、轮廓由直线或圆弧组成的零件的加工。对于形状复杂的零件,特别是具有非圆曲线、列表曲线及曲面的零件,采用手工编程则比较困难,最好采用自动编程的方法进行编程。

② 自动编程。是指用计算机编制数控加工程序的过程。

自动编程的优点是效率高,程序正确性好。自动编程由计算机代替人完成复杂的坐标计算和书写程序单的工作,它可以解决许多手工编制无法完成的复杂零件编程的难题;但其缺点是必须具备自动编程系统或编程软件。自动编程较适合于形状复杂零件的加工程序编制,如模具加工、多轴联动加工等。

采用 CAD/CAM 软件自动编程与加工的过程为:图样分析、零件造型、生成刀具轨迹、后置处理生成加工程序、程序校验、程序传输并进行加工。

2)数控手工编程的内容与步骤

数控手工编程的内容与步骤编程步骤如图 1 - 28 所示。

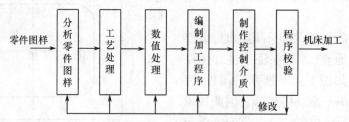

图 1 - 28　数控编程的步骤

(1)分析零件图样。主要进行零件轮廓分析,零件尺寸精度、形位精度、表面粗糙度、技术要求的分析以及零件材料、热处理等要求的分析。

(2)确定加工工艺。选择加工方案,确定加工路线,选择定位与夹紧方式,选择刀具,选择各项切削参数,选择对刀点、换刀点等。

(3)数值计算。选择编程坐标系原点,对零件轮廓上各基点或节点进行准确的数值计算,为编写加工程序单做好准备。

(4)编写加工程序单。根据数控机床规定的指令及程序格式编写加工程序单。

(5)制作控制介质。简单的数控加工程序可直接通过键盘进行手工输入。当需要自

22

动输入加工程序时,必须预先制作控制介质。现在大多数程序采用软盘、移动存储器、硬盘作为存储介质,采用计算机传输进行自动输入。

(6)程序校验。加工程序必须经过校验并确认无误后才能使用。程序校验一般采用机床空运行的方式进行,有图形显示功能的机床可直接在 CRT 显示屏上进行校验,另外还可采用计算机数控模拟等方式进行校验。

3)数控加工工艺设计内容

(1)零件图样分析。在设计零件的加工工艺规程时,首先要对加工对象进行深入分析。对于数控车削加工应考虑以下几方面:

① 构成零件轮廓的几何条件。在手工编程时,要计算每个节点坐标;在自动编程时,要对构成零件轮廓所有几何元素进行定义。因此在分析零件图时应注意:

- 零件图上是否漏掉某尺寸,使其几何条件不充分,影响到零件轮廓的构成。
- 零件图上的图线位置是否模糊或尺寸标注不清,使编程无法下手。
- 零件图上给定的几何条件是否不合理,造成数学处理困难。
- 零件图上尺寸标注方法应适应数控车床加工的特点,应以同一基准标注尺寸或直接给出坐标尺寸。

② 尺寸精度要求。分析零件图样尺寸精度的要求,以判断能否利用车削工艺达到,并确定控制尺寸精度的工艺方法。

在该项分析过程中,还可以同时进行一些尺寸的换算,如增量尺寸与绝对尺寸及尺寸链计算等。在利用数控车床车削零件时,常常对零件要求的尺寸取最大和最小极限尺寸的平均值作为编程的尺寸依据。

③ 形状和位置精度的要求。零件图样上给定的形状和位置公差是保证零件精度的重要依据。加工时,要按照其要求确定零件的定位基准和测量基准,还可以根据数控车床的特殊需要进行一些技术性处理,以便有效地控制零件的形状和位置精度。

④ 表面粗糙度要求。表面粗糙度是保证零件表面微观精度的重要要求,也是合理选择数控车床、刀具及确定切削用量的依据。

⑤ 材料与热处理要求。零件图样上给定的材料与热处理要求,是选择刀具、数控车床型号、确定切削用量的依据。

(2)机床的选择。数控机床的选择考虑的因素主要有毛坯的材料和类型、零件轮廓形状复杂程度、尺寸大小、加工精度、零件数量、热处理要求等。概括起来机床的选用要满足以下要求:

① 保证加工零件的技术要求,能够加工出合格产品。

② 有利于提高生产率。

③ 有利于降低生产成本。

由于机床工艺范围、技术规格、加工精度、生产率及自动化程度各不相同。为了正确地为每一道工序选择机床,除了充分了解机床的性能外,尚需考虑以下几点:

① 机床的类型应与工序划分的原则相适应。数控机床适用于工序集中的单件小批量生产;对于大批量生产,则应选择高效自动化机床和多刀、多轴机床;工序较分散则应选择结构简单的专用机床。

② 机床的主要规格尺寸应与工件的外形尺寸和加工表面的有关尺寸相适应。即小

工件用小规格机床加工,大工件用大规格的机床加工。

③ 机床的精度与工序要求的加工精度相适应。粗加工工序,应选用精度低的机床;精度要求高的精加工工序,应选用精度高的机床。但机床精度不能过低,也不能过高;机床精度过低,不能保证加工精度;机床精度过高,会增加零件制造成本。应根据零件加工精度要求合理选择机床。

(3) 工序的划分。根据数控加工的特点,数控加工工序的划分一般可按下列方法进行:

① 以一次安装、加工作为一道工序。这种方法适合于加工内容较少的零件,加工完后就能达到待检状态。

② 以同一把刀具加工的内容划分工序。有些零件虽然能在一次安装中加工出很多待加工表面,但考虑到程序太长,会受到某些限制,如控制系统的限制(主要是内存容量),机床连续工作时间的限制(如一道工序在一个工作班内不能结束)等。此外,程序太长会增加出错与检索的困难。因此程序不能太长,一道工序的内容不能太多。

③ 以加工部位划分工序。对于加工内容很多的工件,可按其结构特点将加工部位分成几个部分,如内腔、外形、曲面或平面,并将每一部分的加工作为一道工序。

④ 以粗、精加工划分工序。对于经加工后易发生变形的工件,由于对粗加工后可能发生的变形需要进行校形,故一般来说,凡要进行粗、精加工的过程,都要将工序分开。

(4) 零件装夹方法的确定和夹具选择。数控机床上零件安装要尽量选用已有的通用夹具装夹,且应注意减少装夹次数,尽量做到在一次装夹中能把零件上所有要加工表面都加工出来。零件定位基准应尽量与设计基准重合,以减少定位误差对尺寸精度的影响。

数控加工所用夹具,首先要保证夹具的坐标方向与机床的的坐标方向相对固定;其次要能协调零件与机床坐标系的尺寸关系。此外,还要考虑以下几点:

① 当零件加工批量不大时,应尽量采用组合夹具、可调夹具和其他通用夹具,以缩短准备时间、节省生产费用。

② 在成批生产时才考虑采用专用夹具,并力求结构简单。

③ 夹具要开敞,加工部位开阔,夹具的定位、夹紧机构元件不能影响加工中的送给(如产生碰撞等)。

④ 装卸零件快速、方便、可靠,以缩短准备时间,批量较大时应考虑采用气动或液压夹具、多工位夹具。

(5) 加工顺序的确定。在数控机床加工过程中,由于加工对象复杂多样,特别是轮廓曲线的形状及位置千变万化,加上材料不同、批量不同等多方面因素的影响,在对具体零件制定加工顺序时,应该进行具体分析和区别对待,灵活处理。只有这样,才能使所制定的加工顺序合理,从而达到质量优、效率高和成本低的目的。应遵循下列原则:

① 先粗后精。为了提高生产效率并保证零件的精加工质量,在切削加工时,应先安排粗加工工序,在较短的时间内,将精加工前大量的加工余量去掉,同时尽量满足精加工的余量均匀性要求。

当粗加工工序安排完后,再安排换刀后进行的半精加工和精加工。其中,安排半精加工的目的是,当粗加工后所留余量的均匀性满足不了精加工要求时,则可安排半精加工作为过渡性工序,以便使精加工余量小而均匀。

② 先近后远。在一般情况下,特别是在粗加工时,通常安排离对刀点近的部位先加工,离对刀点远的部位后加工,以便缩短刀具移动距离,减少空行程时间。

③ 内外交叉。对既有内表面(内型腔),又有外表面需加工的零件,安排加工顺序时,应先进行内外表面粗加工,后进行内外表面精加工。切不可将零件上一部分表面(外表面或内表面)加工完毕后,再加工其他表面(内表面或外表面)。

④ 基面先行原则。用作精基准的表面应优先加工出来,因为定位基准的表面越精确,装夹误差就越小。

上述原则并不是一成不变的,对于某些特殊情况,则需要采取灵活可变的方案。这些都有赖于编程者实际加工经验的不断积累与学习。

(6) 加工路线的确定。进给路线是刀具在整个加工工序中相对于工件的运动轨迹,它不但包括了工步的内容,而且也反映出工步的顺序。进给路线也是编程的依据之一。

加工路线的确定首先必须保证被加工零件的尺寸精度和表面质量,其次考虑数值计算简单、走刀路线尽量短、效率较高等。因精加工的进给路线基本上都是沿其零件轮廓顺序进行的,因此确定进给路线的工作重点是确定粗加工及空行程的进给路线。

(7) 刀具选择。刀具的选择是数控加工工序中的重要内容这一,它不仅影响机床的加工效率,而且直接影响加工质量。另外,数控机床主轴转速比普通机床高 1~2 倍,且主轴输出功率大,因此与传统加工方法相比,数控加工对刀具的要求更高,不仅要求精度高、强度大、刚度好、耐用度高,而且要求尺寸稳定、安装高速方便。

刀具的选择应考虑工件材质、加工轮廓类型、机床允许的切削用量和刚性以及刀具耐用度等因素。一般情况下应优先选用标准刀具(特别是硬质合金可转位刀具),必要时也可采用各种高效的复合刀具及其他一些专用刀具。对于硬度大的难加工工件,可选用整体硬质合金、陶瓷刀具、金刚石刀具等。刀具的类型、规格和精度等级应符合加工要求。

(8) 切削用量选择。数控加工中,切削用量是表示机床主体的主运动和进给运动大小的重要参数,包括背吃刀量、进给量和主轴转速等,并与普通机床加工中所要求的各切削用量对应一致。切削用量选择是否合理,对于能否充分发挥机床潜力与刀具切削性能,实现优质、高产、低成本和安全操作具有很重要的作用。

3. 数控系统常用功能字

1)常用功能字

(1) 顺序号字 N。顺序号又称程序段号或程序段序号。顺序号位于程序段之首,由顺序号字 N 和后续数字组成。顺序号字 N 是地址符,后续数字一般为 1~4 位的正整数。数控加工中的顺序号实际上是程序段的名称,与程序执行的先后次序无关。数控系统不是按顺序号的次序来执行程序,而是按照程序段编写时的排列顺序逐段执行。

一般使用方法:编程时将第一程序段冠以 N10,以后以间隔 10 递增的方法设置顺序号,这样,在调试程序时,如果需要在 N10 和 N20 之间插入程序段时,就可以使用 N11、N12 等。

(2) 准备功能字 G。准备功能字的地址符是 G,又称为 G 功能或 G 指令,是用于建立机床或控制系统工作方式的一种指令。后续数字大多为两位正整数(包括 00)。不少机床此处的前置"0"允许省略,如 G4 实际是 G04。随着数控机床功能的增加,G00~G99 已不够使用,所以有些数控系统的 G 功能字后续数字已经使用三位数。现在国际上实际使用的 G 功能字的标准化程度较低,只有 G00 – G04、G17 – G19、G40 – G42 等的含义在各系统基本相同。用户在编程时必须遵照机床编程说明书行事,不可张冠李戴。FANUC – 0i 数控车削系统常用 G 功能字见附表 1,铣削系统常用 G 功能字见附表 2。

（3）尺寸字。尺寸字用于确定机床上刀具运动终点的坐标位置,表示暂停时间等指令也列入其中。地址符用的最多的有三组。第一组 X、Y、Z、U、V、W 等,用于确定终点的直线坐标尺寸;第二组 A、B、C 等,用于确定终点的角度坐标尺寸;第三组 I、J、K,用于确定圆弧轮廓的圆心坐标尺寸。在一些数控系统中,还可以用 P 指令暂停时间、用 R 指令圆弧的半径等。

（4）进给功能字 F。进给功能字的地址符是 F,又称为 F 功能或 F 指令,用于指定切削的进给速度。F 可分为主轴每转进给 f 和每分钟进给 V_F 两种。其中,FANUC – 0i 车削系统一般默认的是每转进给,铣削系统一般默认的是每分钟进给。

这两种进给方式可以相互转化,转化公式为

$$V_F = f \times n$$

式中:V_F 为刀具或工件每分钟进给量;f 为刀具或工件每转进给量,对于铣刀,$f = f_z \times z$;f_z 为铣刀每齿进给量;z 为铣刀齿数;n 为主轴转速。

① 每分钟进给（车床:G98,铣床:G94）:

编程格式 G98（G94） F_;

F 后面的数字表示的是刀具或工件每分钟进给量,单位为 mm/min。

［例 1.2］ G98（G94） F100 表示进给量为 100mm/min。

② 每转进给（车床:G99,铣床:G95）:

编程格式 G99（G95） F_;

F 后面的数字表示的是主轴每转一转,刀具或工件的进给量,单位为 mm/r。

［例 1.3］ G99（G95） F0.2 表示进给量为 0.2 mm/r。

F 指令在螺纹切削程序段中常用来指令螺纹的导程。

在编程时,进给速度不允许用负值来表示,一般也不允许用 F0 来控制进给停止。在除螺纹加工以外的实际操作过程中,均可通过操作机床面板上的"进给倍率修调旋钮"（见图 1 – 19）来对进给速度进行实时修正。通过"进给倍率修调旋钮",可以控制其进给速度值为 0。

（5）主轴转速功能字 S。主轴转速功能字的地址符是 S,又称为 S 功能或 S 指令,用于指定主轴转速,单位为 r/min。对于具有恒线速度功能的数控机床,程序中的 S 指令还可以用来指定线速度,单位为 m/min。FANUC – 0i 车削、铣削系统一般默认的都是转速 r/min。

线速度 V_c 与转速 n 之间可以相互转化,其转化公式为

$$V_c = n\pi D/1000$$

式中:V_c 为切削线速度,单位为 m/min;n 为主轴转速,单位为 r/min;D 为工件或刀具直径,单位为 mm。

① 恒线速度控制:

编程格式 G96 S_

S 后面的数字表示的是主轴恒定的线速度,单位为 m/min。

［例1.4］G96 S150 表示切削点线速度控制在 150 m/min。

此指令一般在车削盘类零件端面或零件直径变化较大的情况下采用，这样可保证直径变化但工件切削线速度不变，从而保证切削速度不变，使得工件表面的粗糙度保持一致。

注意：使用恒线速度功能，主轴必须能自动变速，并应在系统参数中设定主轴最高限速。

② 恒转速控制：

编程格式 G97 S_

S 后面的数字表示主轴转速，单位为 r/min。

［例1.5］G97 S3000 表示设定主轴转速为 3000 r/min。

③ 最高转速限制：

编程格式 G50 S_

S 后面的数字表示的是主轴的最高转速，单位为 r/min。

［例1.6］G50 S3000 表示设定主轴最高转速为 3000r/min。

编程时，主轴转速不允许用负值来表示，但允许用S0，表示转速为 0。在实际操作过程中，可通过机床操作面板上的"主轴倍率修调旋钮"（见图 1 - 19）来对主轴转速值进行修正，其调整范围一般为 50% ~ 120%。

（6）刀具功能字 T。刀具功能字的地址符是 T，又称为 T 功能或 T 指令，用于指定加工时所用刀具的编号。对于数控车床，其后的数字还兼作指定刀具长度补偿和刀尖半径补偿用。

数控车床中，T 后面通常有四位数字，前两位是刀具号，后两位是刀具补偿号。如后两位数为 0，表示取消刀具补偿。

［例1.7］T0303 表示选用 3 号刀及 3 号刀具长度补偿值和刀尖圆弧半径补偿值。

T0300 表示取消刀具补偿。

数控铣床中，T 后面通常只有两位数字，表示刀具号。

（7）辅助功能字 M。辅助功能字的地址符是 M，后续数字一般为 1 ~ 3 位正整数，又称为 M 功能或 M 指令，用于指定数控机床辅助装置的开关动作，常用 M 代码见表 1 - 6。

表 1 - 6　M 指令

M00	程序暂停，可用循环启动命令使程序继续运行
M01	计划暂停，与 M00 作用相似，但 M01 可以用机床"任选停止按钮"选择是否有效
M03	主轴正转
M04	主轴反转
M05	主轴旋转停止
M08	冷却液开
M09	冷却液关
M02	程序停止
M30	程序停止，程序复位到起始位置

2）常用功能字的属性

（1）指令分组。所谓指令分组，就是将系统中不能同时执行的指令分为一组，并以编号区别。例如G00、G01、G02、G03就属于同组指令，其编号为01组。类似的同组指令还有很多，详见附表1和附表2。

同组指令具有相互取代的作用，同一组指令在一个程序段内只能有一个生效。当在同一程序段内出现两个或两个以上的同组指令时，只执行其最后输入的指令，有的机床此时会出现系统报警。对于不同组的指令，在同一程序段内可以进行不同的组合。

［例1.8］G90 G94 G40 G21 G17 G54；（规范程序段，所有指令均不同组）

G01 G02 X30.0 Y30.0 R30.0 F100；（不规范程序段，G01与G02是同组指令）

（2）模态指令。模态指令（又称续效指令）表示该指令在某个程序段中一经指定，在接下来的程序段中将持续有效，直到出现同组的另一个指令时，该指令才失效，如常用的G00、G01~G03及X、Y、Z、F、S等。

模态指令的出现，避免了在程序中出现大量的重复指令，使程序变得清晰明了。同样，当尺寸功能字在前后程序段中出现重复，则该尺寸功能字也可以省略。

［例1.9］下列程序段中，有下划线的指令可以省略。

G01 X20.0 Y20.0 F150.0；

G01 X30.0 Y20.0 F150.0；

G02 X30.0 Y-20.0 R20.0 F100.0；

仅在编入的程序段内才有效的指令称为非模态指令（或称为非续效指令），如G指令中的G04指令、M指令中的M00指令等。

对于模态指令与非模态指令的具体规定，因数控系统的不同而各异，编程时请查阅有关系统说明书。

（3）开机默认指令。为了避免编程人员出现指令遗漏，数控系统中对每一组的指令，都选取其中的一个作为开机默认指令，此指令在开机或系统复位时可以自动生效。

常见的开机默认指令有G01、G17、G40、G54、G94、G97等。如当程序中没有G96或G97指令时，用程序"M03 S200；"指定主轴的正转转速是200r/min。

4. 数控编程格式

1）程序结构

一个完整的零件加工程序，主要由程序名、程序主体、程序结束指令组成。如下面是一个小程序：

程序名：　　　　O1234；

程序主体：　　　N01 T0101；

　　　　　　　　N02 M03 S1000；

　　　　　　　　N03 G00 X100 Z100；

　　　　　　　　…

程序结束指令：N10 M30；

（1）程序名。程序名是该加工程序的标识，一般是"O"和后续1~4位正整数组成，一般要求单列一段。

（2）程序主体。程序主体由若干个程序段组成，每个程序段一般占一行。

（3）程序结束指令。程序结束指令可以用 M02 或 M30（FANUC－0i 系统只能用 M30），一般要求单列一段。

2）程序段的格式

程序段的格式，是指一个程序段中指令字的排列顺序和书写规则，不同的数控系统往往有不同的程序段格式，格式不符合规定，数控系统就不能接受。

通常，程序段由程序段号 N×× 开始，以程序段结束标记"CR"（或"LF"）结束，实际使用时常用符号"；"或"＊"表示"CR"（或"LF"），本书中 FANUC－0i 系统一律以符号"；"表示程序段结束。

目前广泛采用的是地址符可变程序段格式（或者称字地址程序段格式），其格式为：

N_ G_ X_ Y_ Z_ F_ S_ T_ M_；

程序段中的每个指令字均以字母（地址符）开始，其后再跟符号和数字；指令字在程序段中的顺序没有严格的规定，即可以任意顺序地书写；不需要的指令字或者与上段相同的续效代码可以省略不写，如：N30 G01 X88.1 Y30.2 F500。

3）程序的斜杠跳跃

有时，在程序段的前面编有"/"符号。该符号称为斜杠跳跃符号，该程序段称为可跳跃程序段，如：/N80 M05。

这样的程序段，可以由操作者对程序段和执行情况进行控制。当机床上的"程序跳步"按钮 （见图 1－19）被按下时，程序在执行中将跳过这些程序段；当机床上的"程序跳步"按钮没有按下时，该程序段照常执行，即与不加"/"符号的程序段相同。

4）程序段注释

为了方便检查、阅读数控程序，在许多数控系统中允许对程序段进行注释，注释可以作为对操作者的提示显示在荧屏上，但注释对机床动作没有丝毫影响。FANUC－0i 系统的程序注释用"（ ）"括起来，而且必须放在程序段的最后，不允许将注释插在地址和数字之间。

如：O0010；　　　　　　　（PROGRAM NAME－10）

　　G21 G98 G40；

　　T0101；　　　　　　　（TOOL 01）

四、任务实施

1. 程序的输入与编辑

1）程序编辑操作

（1）建立一个新程序。建立新程序的流程如图 1－29 所示。

① 控制面板按钮选择"编辑"；

② 在 MDI 面板中，按下程序管理的显示功能键 PROG ；

③ 输入以"O"开头的程序名，如 O1234；

④ 按下 INSERT 键完成"O1234"的插入；

⑤ 按下 EOB 键；

⑥ 按下 $\boxed{\text{INSERT}}$ 键即可完成程序的新建。

【操作提示】建立新程序时,要注意建立的程序号应为内存储器没有的新程序号。

(2)调用内存储器中已有的程序。调用内存储器中已有程序的流程如图 1−30 所示。

① 控制面板按钮选择"编辑";

② 在 MDI 面板中,按下显示功能键 $\boxed{\text{PROG}}$;

③ 输入要调用的程序名,如 O1122;

④ 按下光标任意一个键即可完成程序"O1122"的调用。

【操作提示】程序调用时,一定要调用内存储器中已存在的程序。

(3)删除程序。删除程序的流程如图 1−31 所示。

① 控制面板按钮选择"编辑";

② 在 MDI 面板中,按下程序管理的显示功能键 $\boxed{\text{PROG}}$;

③ 输入要删除的程序名,如 0123;

④ 按下程序管理的显示功能键 $\boxed{\text{DELETE}}$;

⑤ 按下软功能键[执行]即可完成单个程序"00123"的删除。

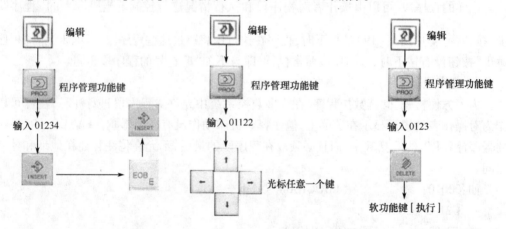

图 1−29　建立新程序的流程图　图 1−30　调用已有程序的流程图　图 1−31　删除程序的流程图

【操作提示】如果要删除内存储器中的所有程序,只要在输入"0~9999"后按下 $\boxed{\text{DELETE}}$ 键再按下[执行]键,即可删除内存储器中所有程序。

如果要删除指定范围内的程序,只要在输入"OXXXX,OYYYY"后按下 $\boxed{\text{DELETE}}$ 键再按下[执行]键,即可将内存储器中"OXXXX~OYYYY"范围内的所有程序删除。

2)程序字操作

(1)扫描程序字。控制面板按钮选择"编辑",按下光标向左或向右移动键,光标将在屏幕上向左或向右移动一个地址字;按下光标向上或向下移动键,光标将移动到上一个或下一个程序段的开头。按下 $\boxed{\text{PAGE UP}}$ 或 $\boxed{\text{PAGE DOWN}}$ 键,光标将向前或向后翻页。

(2)插入一个程序字。在"编辑"模式下,将光标移动到插入位置处,键入要插入的

30

程序字,按下 $\boxed{\text{INSERT}}$ 键。

（3）字的替换。在"编辑"模式下,光标移动到要替换的字处,键入要替换的程序字,按下 $\boxed{\text{ALTER}}$ 键。

（4）字的删除。在"编辑"模式下,光标移动到将要删除的字处,按下 $\boxed{\text{DELETE}}$ 键。

（5）输入过程中字的取消。在程序字符的输入过程中,如发现当前字符输入错误,按一次 $\boxed{\text{CAN}}$ 键,则删除一个当前输入的字符。

【操作提示】程序、程序段和程序字的输入与编辑过程中出现的报警,可通过按复位功能键 $\boxed{\text{RESET}}$ 来消除。

2. 输入本任务程序

程序的输入过程如下:

（1）控制面板上的模式按钮选择"编辑",按下 MDI 面板上的 $\boxed{\text{PROG}}$ 键,然后输入下列程序及选择功能按钮。

O0010 $\boxed{\text{INSERT}}$ $\boxed{\text{EOB}}$ $\boxed{\text{INSERT}}$

G90 G95 G40 G17 G21 $\boxed{\text{EOB}}$ $\boxed{\text{INSERT}}$

G91 G28 Z0 $\boxed{\text{EOB}}$ $\boxed{\text{INSERT}}$

G00 X – 16. 0 Y84. 0 M04 $\boxed{\text{EOB}}$ $\boxed{\text{INSERT}}$

……

M30 $\boxed{\text{EOB}}$ $\boxed{\text{INSERT}}$

$\boxed{\text{RESET}}$

（2）输入后,发现第二行中 G95 应改成 G94,第四行少输了 G54 且多输了 M04,作如下修改:

① 将光标移动到 G95 上,输入 G94,按下 $\boxed{\text{ALTER}}$;

② 将光标移动到第三行末尾的";"上,输入 G54,按下 $\boxed{\text{INSERT}}$;

③ 将光标移动到 M04 上,按下 $\boxed{\text{DELETE}}$。

3. 数控程序的校验

数控程序校验的操作流程如图 1 – 32 所示,具体操作步骤为:

（1）模式按钮选择"编辑",MDI 面板内按下 $\boxed{\text{PROG}}$,调出程序"O0010";

（2）按下功能面板上的程序校验按钮"COSTOM GRAPH"。

（3）按下机床锁住按钮"MC LOCK"。

（4）按下空运行（也可称为试运行）按钮"DRY RUN"。

（5）按下模式选择按钮"AUTO"。

（6）按下循环启动"CYCLE START"按钮,机床不移动,但在屏幕上绘出刀具的运动轨迹。

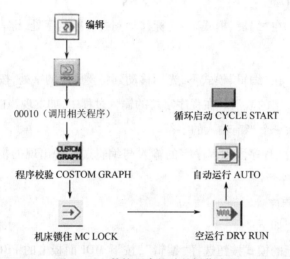

图 1 – 32   数控程序校验的操作流程

思考与练习

1. 什么叫机床坐标系？如何确定数控机床坐标系的方向？
2. 什么叫编程坐标系？如何确定编程坐标系原点？
3. 如何进行机床回参考点操作？开机后的回参考点操作有何作用？
4. 什么是数控编程？数控编程的内容和步骤有哪些？
5. 写出一个完整的数控程序段，并说明各部分的组成。
6. 什么叫代码分组？什么叫模态代码？什么叫开机默认代码？
7. 如何进行删除数控系统内存储器中所有程序的操作？
8. 如何进行机床锁住校验和机床空运行校验？
9. 将下列程序输入数控系统，并采用图形显示功能进行程序校验。

O0030;
N10 G90 G94 G17 G21 G40;
N20 G91 G28 Z0;
N30 G54 G00 X – 30.0 Y – 30.0;
N40 G43 Z50.0 H01;
N50 M03 S600;
N60 G01 Z – 5.0 F100;
N70   X0 Y0 F200;
N80   Y45.0;
N90   X21.0;
N100 G03 X34.0 Y32.0 I13.0 J0;
N110 G02 X50.0 Y0 I16.0 J – 12.0;

N120 G01 X20. 0;

N130　　 X0 Y15. 0;

N140 G00 X − 30. 00 Y − 30. 0;

N150 G00 Z30. 0;

N160 M05;

N170 M30;

第二章　数控车削轮廓加工

任务一　建立工件坐标系

知识点
- 数控车床的类型与结构布局
- 数控车床的型号与识别
- 数控车床的主要加工对象和内容
- 数控车床的对刀方法

技能点
- 对刀操作及建立工件坐标系操作

一、任务描述

掌握数控车床对刀原理,独自完成数控车床的对刀操作。

二、任务分析

该任务是任何数控车床加工前必不可少的部分,为了完成该项任务,必须了解数控车床的相关知识,掌握数控车床的对刀原理与对刀操作过程。

三、知识链接

1. 数控车床相关知识

1)数控车床的类型

(1)按主轴位置分为卧式数控车床、立式数控车床,如图 2-1 所示。

(a)卧式数控车床　　　　　　　　　　(b)立式数控车床

图 2-1　按主轴位置分类的数控车床

（2）按可控轴数分为两轴、四轴（车床车削中心）。

（3）按系统功能分为经济型数控车床、全功能数控车床、车削加工中心、车铣复合加工中心，如图2-2所示。

（a）经济型数控车床

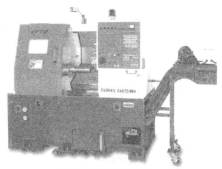

（b）全功能数控车床

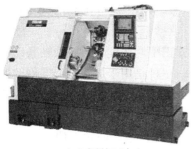

（c）车削加工中心

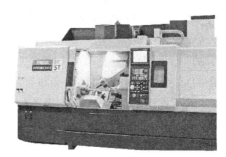

（d）车铣复合加工中心

图2-2 按系统功能分类的数控车床

2）数控车床的结构布局

数控车床的布局形式与普通车床基本一致，但数控车床的刀架和导轨的布局形式与普通车床相比有很大变化，直接影响着数控车床的使用性能、结构及外观。

（1）床身结构和导轨的布局。数控车床床身的布局形式主要有水平床身、倾斜床身、水平床身斜滑鞍及立床身等，如图2-3所示。

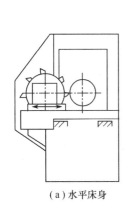

（a）水平床身

（b）倾斜床身

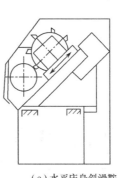

（c）水平床身斜滑鞍

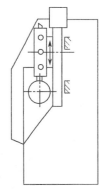

（d）立床身

图2-3 数控车床的床身结构与导轨布局

水平床身的工艺性好,便于导轨面的加工。水平床身配上水平放置的刀架,可提高刀架的运动精度,一般可用于大型数控车床或小型精密数控车床的布局。但是水平床身由于下部空间小,故排屑困难。从结构尺寸上看,刀架水平放置使得滑板横向尺寸较长,从而加大了机床宽度方向的结构尺寸。

倾斜床身的导轨倾斜角度多采用30°、45°、60°和75°等,当导轨倾斜角度为90°时,称为立床身。倾斜角度小,排屑不便;倾斜角度大,导轨的导向性及受力情况差。其倾斜角度的大小还直接影响机床外形高度与宽度的比例。综合考虑以上因素,中小规格的数控车床,其床身的倾斜角度以60°为宜。

水平床身斜滑鞍的布局形式,一方面有水平床身工艺性好的特点,另一方面机床宽度方向的尺寸较水平配置滑板小,且排屑方便。

总的来说,水平床身斜滑鞍和斜床身的布局形式,被中、小型数控车床所普遍采用。这是由于此两种布局形式排屑容易,热铁屑不会堆积在导轨上,也便于安装自动排屑器;操作方便,易于安装机械手,以实现单机自动化;机床占地面积小,外形简洁、美观,容易实现封闭式防护。

(2)刀架的布局。刀架可分为排式刀架和回转式刀架两大类。目前两轴联动数控车床多采用回转式刀架,它在机床上的布局有两种形式:一种是用于加工盘类零件的回转刀架,其回转轴垂直于主轴;另一种是用于加工轴类和盘类零件的回转刀架,其回转轴平行于主轴。

四坐标轴控制的数控车床,床身上安装有两个独立的滑板和回转刀架。每个刀架的切削进给量是分别控制的,可同时切削零件的不同部位,既扩大了加工范围,又提高了加工效率,适合加工曲轴、飞机零件等形状复杂、批量较大的零件。

3)数控车床的型号与识别

按照 GB/T15375 – 94《金属切削机床型号编制方法》规定,我国的机床型号由汉语拼音字母和阿拉伯数字按一定规律组合而成。如图 2 – 4 所示为机床型号编制标准。

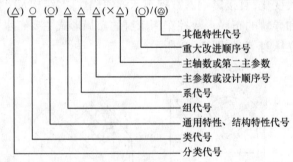

图 2 – 4　机床型号编制标准

有"( )"的代号或数字,当无内容时则不表示,若有内容则不带括号;

有"○"符号者,为大写的汉语拼音字母;

有"△"符号者,为阿拉伯数字;

有"⊘"符号者,为大写的汉语拼音字母,或阿拉伯数字,或两者兼有。

在整个型号规定中,最重要的是类代号、组代号、主参数以及通用特性代号和结构特性代号。

（1）机床类代号及通用特性代号见表2－1、表2－2。

表2－1　机床类代号

类别	车床	钻床	镗床	磨床			齿轮加工机床	螺纹加工机床	铣床	刨、插床	拉床	锯床	其他机床
代号	C	Z	T	M	2M	3M	Y	S	X	B	L	G	Q
读音	车	钻	镗	磨	二磨	三磨	牙	丝	铣	刨	拉	割	其他

表2－2　机床通用特性代号

通用特性	高精度	精密	自动	半自动	数控	加工中心（自动换刀）	仿形	轻型	加重型	简式或经济型	柔性加工单元	数显	高速
代号	G	M	Z	B	K	H	F	Q	C	J	R	X	S
读音	高	密	自	半	控	换	仿	轻	重	简	柔	显	速

（2）结构特性代号：对主参数相同，但结构、性能不同的机床，用结构特性代号予以区分，如A、D、E等。

（3）机床的组系代号：同类机床因用途、性能、结构相近或有派生而分为若干组，见表2－3。

表2－3　车床类、组划分表

组别\ 类别	0	1	2	3	4	5	6	7	8	9
车床 C	仪表车床	单轴自动车床	多轴自动半自动车床	回轮转塔车床	曲轴及凸轮轴车床	立式车床	落地及卧式车床	仿形及多刀车床	轮轴辊锭及铲齿车床	其他车床

［例2.1］C6：落地及卧式车床

       C51：单柱立式车床

       C52：双柱立式车床。

       CA6140：C：类代号（车床）；

             A：结构特性代号；

             6：组代号（落地及卧式车床）；

             1：系代号（卧式车床系）；

             40：主参数（加工最大回转直径的1/10，即最大加工件回转直径为$\phi 400\text{mm}$）。

2. 数控车削主要加工对象和内容

数控车削是数控加工中用得最多的加工方法之一，主要用于加工轴类零件的内外圆柱面、圆锥面、螺纹、成型回转面等，对盘类零件，可进行钻孔、扩孔、铰孔、镗孔等加工，还可完成端面、切槽、倒角等加工，如图2－5所示。

结合数控车床的特点，与普通车床相比，数控车床适于车削具有以下要求和特点的回转体零件：

（1）精度要求高的回转体零件；

（2）表面粗糙度要求高的回转体零件；

（3）表面形状复杂或难以控制尺寸的回转体零件；

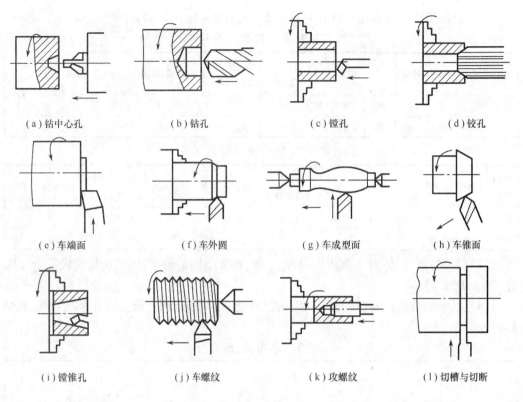

（a）钻中心孔　　　　（b）钻孔　　　　　（c）镗孔　　　　　（d）铰孔

（e）车端面　　　　　（f）车外圆　　　　（g）车成型面　　　　（h）车锥面

（i）镗锥孔　　　　　（j）车螺纹　　　　（k）攻螺纹　　　　（l）切槽与切断

图 2 - 5　数控车床加工内容

（4）带特殊螺纹的回转体零件。

3. 数控车削对刀方法

对刀即是通过一定的方法找到工件原点在机床坐标系中坐标值的过程。若设定工件右端面中心为工件原点，则对刀所需求的的坐标值为图 2 - 6 所示的 X 偏置值和 Z 偏置值。

1）Z 偏置值的确定

如图 2 - 7 所示，当刀具刀尖与毛坯端面靠齐时，刀尖的机床坐标 Z 值便与工件圆点的 Z 偏置值相等。为了让刀具刀尖准确地靠上毛坯端面，需要对毛坯进行试切，即用刀具车削一部分端面，此时刀尖与右端面贴合紧密，则把该方向上机床 Z 坐标值记为 Z 偏置值。

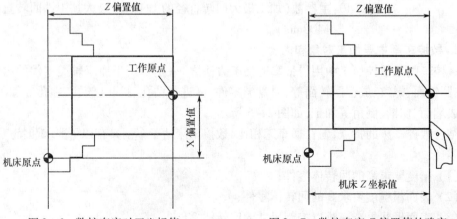

图 2 - 6　数控车床对刀坐标值　　　　　图 2 - 7　数控车床 Z 偏置值的确定

2）X 偏置值的确定

偏置值可采用间接测量的方式获得。如图 2 - 8 所示,对毛坯进行试切(用刀具在毛坯上车削出一段外圆柱),使刀具刀尖与该外圆柱面对齐,并测得该圆柱直径 D。由于数控车床采用直径编程,X 偏置值的大小为机床 X 坐标值的大小与外圆直径 D 之差。即 X 偏置值的计算公式为

$$X_o = X_B - D$$

式中:X_o 为工件原点的 X 偏置值;X_B 为机床 X 坐标值;D 为被切外圆柱的直径。

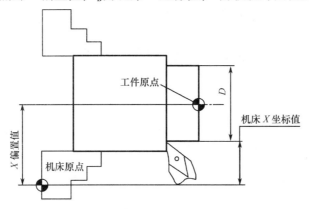

图 2 - 8　数控车床 X 偏置值的确定

四、任务实施

1. Z 轴方向的对刀

Z 轴方向的对刀操作步骤为:

(1) 主轴正转,确定当前切削刀具的刀位号(如为 01)。

(2) 用手轮方式移动刀具,如图 2 - 7 所示沿 $-X$ 方向试切毛坯右端面(车光即可)。

(3) 沿 $+X$ 方向退出刀具,主轴停转。

(4) 按下偏置功能键 ◪。

(5) 选择"刀具补正/形状",将光标移到某行的 Z 处(通常行号应与刀位号相同,如刀位号为 01 的刀具,光标即移到 01 行)。

(6) 输入"$Z0$"后点"测量"即可完成 Z 轴方向对刀。

2. X 轴方向的对刀

X 轴方向的对刀操作步骤为:

(1) 主轴正转,确定当前切削刀具的刀位号(如为 01)。

(2) 用手轮方式移动刀具,如图 2 - 8 所示沿 $-Z$ 方向试切外圆柱(外圆面够测量即可)。

(3) 沿 $+Z$ 方向退出刀具,主轴停转。

(4) 测量已车外圆的直径(如为 $\phi42$),按下偏置功能键 ◪。

(5) 选择"刀具补正/形状",将光标移到某行的 X 处(通常行号应与刀位号相同,如刀位号为 01 的刀具,光标即移到 01 行)。

（6）输入"X42"后单击"测量"即可完成 X 轴方向对刀。

3. 对刀注意事项

（1）为了防止工件上的硬皮层损伤刀尖,在进行试切时,刀尖切入工件的厚度要略大于硬皮层的厚度。

（2）试切对刀时,主轴转速不宜过高。

4. 建立工件坐标系

数控车床中,编程人员只需在程序中写明"T××××"（相关内容见第一章任务二中的数控系统常用功能字 T）即可建立工件坐标系。

任务二　数控车削台阶轴

知识点

- 数控车削刀具
- 台阶轴车削刀路安排
- 车削用量选择
- 数控车削基点计算方法
- G00、G01 编程指令
- 数控车削调头加工方法

技能点

- 编制台阶轴的完整车削程序并能加工出合格的零件
- 对外圆、端面出现的误差进行分析

一、任务描述

采用数控车床完成如图 2 – 9 所示零件的加工,试编写加工程序（该零件为单件生产,毛坯尺寸为 $\phi65 \times 145$ 的棒料,材料为 45 钢）。

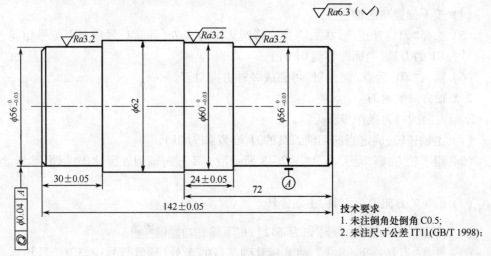

图 2 – 9　心轴零件图

40

二、任务分析

该任务涉及端面与台阶轴的加工,并在加工完一端后需调头加工另一端。编程前需要设计出合理的加工工艺,包括刀具、量具的选择,切削刀路的安排,车削用量的选择等。编程过程中需掌握基点计算方法、相关编程指令及调头加工方法。

台阶轴加工过程中,因一些常见因素会导致外圆及端面产生加工误差。因此,在加工前应了解引起这些加工误差的常见因素,并在加工过程中加以避免,可达到事半功倍的效果。

三、知识链接

1. 数控车削刀具

1)刀具材料

(1)刀具材料的基本要求。金属加工时,刀具由于受到很大切削力、摩擦力和冲击力,产生很高的切削温度。在这种高温、高压和剧烈摩擦环境下工作,刀具材料需满足如下基本要求:

① 高硬度;

② 高强度与强韧性;

③ 较强的耐磨性和耐热性;

④ 优良导热性;

⑤ 良好的工艺性与经济性。

(2)常用刀具材料:

① 高速钢。高速钢(HSS)指加入了较多的钨、钼、铬、钒等合金元素的高合金工具钢。按照用途不同,高速钢可以分为通用型高速钢和高性能高速钢;按照制造工艺方法不同,可以分为熔炼高速钢和粉末冶金高速钢。

高速钢刀制造简单、刃磨方便、刃口锋利、韧性好,能承受较大的冲击力。但耐热性差,不宜高速切削。主要适合制造小车刀、螺纹刀及形状复杂的成型刀。

② 硬质合金。硬质合金是由碳化钨、碳化钛粉末,用钴作黏合剂,经高压成型高温煅烧而成。其主体为 WC - Co 系,在铸铁、非铁金属和非金属的切削中占有非常重要的地位。同时,硬质合金由于在铁系金属的切削中显示出了极好的性能,因此被广泛用作刀具材料。

按硬质合金刀片的使用方法,可分为焊接式刀片和可转位机夹式刀片两类,目前可转位机夹式刀片应用较广。

硬质合金常温硬度很高,达到 78 ~82HRC,热熔性好,热硬性可达 800 ~1000℃以上,切削速度比高速钢提高 4 ~7 倍。此外,硬质合金耐磨性好、耐高温,适合于高速切削。

硬质合金缺点是脆性大,抗弯强度和抗冲击韧性不强。抗弯强度只有高速钢的1/3 ~ 1/2,抗冲击韧性只有高速钢的 1/4 ~ 1/35。

(a)普通硬质合金的种类、牌号及适用范围。

• 钨钴类,合金代号 YG,对应于国标 K 类。常用的有 YG3\YG5\YG8 等(后面的数字为含钴的百分数)。主要用于加工铸铁、有色金属等脆性材料。适用于加工短切屑的黑色金属、有色金属和非金属材料。

• 钨钛钴类,合金代号 YT,对应于国标 P 类。常用的有 YT5\YG15\YG30 等(后面

41

的数字为含钛的百分数）。主要用于加工碳钢等塑性金属和韧性较好的材料，但其不耐冲击，不宜加工铸铁等脆性材料。

· 钨钛钽（铌）钴类，合金代号 YW，对应于国标 M 类。常用的有 YW1\YW2 等。主要用于加工高温合金、高猛钢、不锈钢、铸铁、合金铸铁等。

（b）涂层刀具。涂层刀具是在韧性较好的硬质合金基体上或高速钢刀具基体上涂覆一层耐磨性较高的难熔金属化合物制成。

涂层刀具具有高的抗氧化性能和抗粘结性能，因此具有较高的耐磨性。涂层摩擦系数较低，可降低切削时的切削力和切削温度，提高刀具耐用度，高速钢基体涂层刀具耐用度可提高 2～10 倍，硬质合金基体刀具可提高 1～3 倍。

涂层刀具应用范围十分广泛，非金属、铝合金、铸铁、钢、高强度钢、高硬度钢、耐热合金、钛合金等材料的切削都可以使用，相比硬质合金性能较好。

硬质合金涂层刀具在涂覆后强度和韧性都有所降低，不适合受力大和冲击大的粗加工，涂层刀具经过钝化处理，切削刃锋利程序减小，不适合进给量很小的精密切削。

2）数控车削刀具常用类型

随着数控机床结构、功能的发展，现在数控车床所使用的刀具，是多种不同类型的刀具同时在数控车床的刀架上轮换使用，可以自动换刀、提高加工效率。数控刀具按不同的分类方式可分成以下几类：

（1）从设备安装方式上分左偏刀具和右偏刀具，如图 2－10 所示。

（a）左偏刀具　　　　　　　　　　　　　　　　　（b）右偏刀具

图 2－10　数控车削刀具分类

（2）从结构上分整体式、镶嵌式和减振式，如图 2－11 所示。各种刀具的特点见表 2－4。

（a）整体式　　　　　　　　　（b）镶嵌式　　　　　　　（c）减振式内孔车刀

图 2－11　数控车削刀具分类

表 2 - 4　各种刀具的特点

名　称	说　明
整体式	由整块材料磨制而成,使用时可根据不同用途将切削部分修磨成所需要的形状
镶嵌式	分为焊接式和机夹式
减振式	当刀具的工作臂长度与直径比大于 4 时,为了减少刀具的振动,提高加工精度,所采用的一种特殊结构的刀具,主要用于镗孔

（3）从功能上分外圆车刀、内孔车刀、螺纹车刀、切槽刀、端面车刀,如图 2 - 12 所示。各种刀具的用途见表 2 - 5。

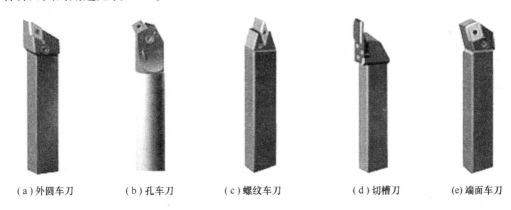

（a）外圆车刀　　　（b）孔车刀　　　（c）螺纹车刀　　　（d）切槽刀　　　（e）端面车刀

图 2 - 12　数控车削刀具分类

表 2 - 5　各种刀具的用途

名　称	说　明
外圆车刀	主要用于车削外圆柱面、外圆锥面、倒角,也可用于车削端面
内孔车刀	用于车削内孔
螺纹车刀	用于车削螺纹
切槽刀	在工件上切槽、切断等,根据加工部位不同,可分为外切槽刀和内切槽刀
端面车刀	用于车削工件端面

3）可转位机夹刀具

目前,数控车床用刀具的主流是可转位刀片的机夹刀具,下面对可转位刀具作详细介绍。

（1）可转位刀具特点。数控车床所采用的可转位车刀,其几何参数是通过刀片结构形状和刀体上刀片槽座的方位安装组合形成的,与通用车床相比一般无本质的的区别,其基本结构、功能特点是相同的。但数控车床的加工工序是自动完成的,因此对可转位车刀的要求又有别于通用车床所使用的刀具,具体要求和特点见表 2 - 6。

（2）可转位车刀的种类。可转位车刀按其用途可分为外圆车刀、端面车刀、内圆车刀、切断刀、螺纹车刀等,见表 2 - 7。

表 2-6　可转位车刀特点

要　求	特　点	目　的
精度	采用 M 级或更高精度等级的刀片;多采用精密级的刀杆;用带微调装置的刀杆在机外预调好	保证刀片重复定位精度,方便坐标设定,保证刀尖位置精度
可靠性	采用断屑可靠性高的断屑槽形或有断屑台和断屑器的车刀;采用结构可靠的车刀,采用复合式夹紧结构和夹紧可靠的其他结构	断屑稳定,不能有紊乱和带状切屑;适应刀架快速移动和换位以及整个自动切削过程中夹紧不得有松动的要求
换刀迅速	采用车削工具系统;采用快换小刀夹	迅速更换不同形式的切削部件,完成多种切削加工,提高生产效率
刀片材料	刀片较多采用涂层刀片	满足生产节拍要求,提高加工效率
刀杆截形	刀杆较多采用正方形刀杆,但因刀架系统结构差异大,有的需采用专用刀杆	刀杆与刀架系统匹配

表 2-7　可转位车刀的种类

类　型	主偏角	适用机床
外圆车刀	90°、50°、60°、75°、45°	普通车床和数控车床
仿形车刀	93°、107.5°	仿形车床和数控车床
端面车刀	90°、45°、75°	普通车床和数控车床
内圆车刀	45°、60°、75°、90°、91°、93°、95°、107.5°	普通车床和数控车床
切断车刀		普通车床和数控车床
螺纹车刀		普通车床和数控车床
切槽车刀		普通车床和数控车床

（3）可转位车刀的结构形式。

① 杠杆式。杠杆式结构如图 2-13 所示,由杠杆、螺钉、刀垫、刀垫销、刀片组成。这种方式依靠螺钉旋紧压靠杠杆,由杠杆的力压紧刀片达到夹固的目的。其特点适合各种正、负前角的刀片,有效的前角范围为 -6°～+18°;切屑可无阻碍地流出,切削热不影响螺孔和杠杆;两面槽壁给刀片有力的支撑,并确保转位精度。

② 楔块式。楔块式结构如图 2-14 所示,刀具如图 2-16 所示,由紧定螺钉、刀垫、销、楔块、刀片所组成。这种方式依靠销与楔块的挤压力将刀片紧固。其特点适合各种负前角刀片,有效前角的变化范围为 -6°～+18°,两面无槽壁,便于仿形切削或倒转操作时留有间隙。

③ 楔块夹紧式。楔块夹紧式结构如图 2-15 所示,刀具如图 2-17 所示,由紧定螺钉、刀垫、销、压紧楔块、刀片所组成。这种方式依靠销与楔块的挤压力将刀片夹紧。其特点同楔块式,但切屑流畅性不如楔块式。

此外还有螺栓上压式、压孔式、上压式等形式。

（4）刀片形状的选择。数控车削加工用刀片形状如图 2-18 所示,主要参数选择方法如下。

① 刀尖角。刀尖角的大小决定了刀片的强度。在工件结构形状和系统刚性允许的前提下,应选择尽可能大的刀尖角,通常这个角度在 35°～90° 之间。图 2-18 中形圆刀

片,在重切削时具有较好的稳定性,但易产生较大的径向力。

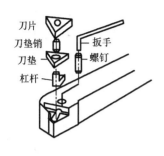
图 2 – 13　杠杆式

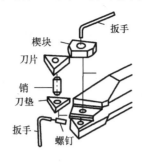
图 2 – 14　楔块式

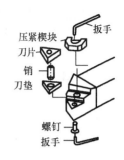
图 2 – 15　楔块夹紧式

图 2 – 16　楔块式刀具

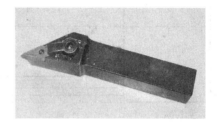
图 2 – 17　楔块夹紧式刀具

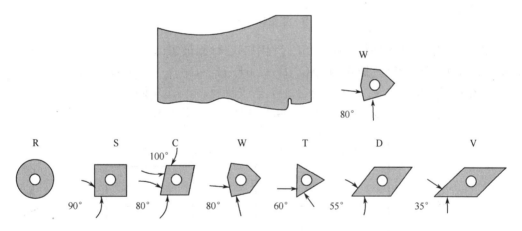
图 2 – 18　选择刀片形状

② 刀片形状的选择。刀片形状主要依据被加工工件的表面形状、切削方法、刀具寿命和刀片的转位次数等因素选择。

正三角形刀片可用于主偏角为 60°或 90°的外圆车刀、端面车刀和内孔车刀。由于刀片刀尖角小、强度差、耐用度低,故只适用于较小切削量的工件。

正方形刀片的刀尖角为 90°,比正三角形刀片的 60°要大,因此其强度和散热性能均有所提高。这种刀片通用性较好,主要用于主偏角为 45°、60°、75°等的外圆车刀、端面车刀和镗孔刀。

菱形刀片和圆形刀片主要用于成型表面和圆弧表面的加工,也可用于其他形状轮廓的加工,刀片通用性较好,其形状及尺寸可结合加工对象参照国家标准确定。

45

2. 车削台阶轴的刀路安排

1）粗加工刀路安排

（1）循环方式。圆柱形台阶轴在粗加工时,通常采用矩形循环的刀具路径,如图2－19所示。图2－19中,圆柱表面的粗车进给路线是 $A \to B \to C \to D \to A \to E \to F \to D \to A \to H \to I \to D \to A$。其中,图2－19(a)所示为圆柱表面的轴向粗车进给路线,主要适用于轴向余量较多的情况;图2－19(b)所示为圆柱表面的径向粗车进给路线,主要适用于径向余量较多的情况。

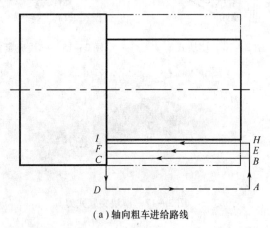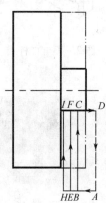

（a）轴向粗车进给路线　　　　　　　　　　　　（b）径向粗车进给路线选

图2－19　矩形循环的刀具路径

（2）台阶轴的刀路安排。为使加工过程中的空行程最短,台阶轴的粗加工刀路如图2－20所示,粗车进给路线是 $A \to B \to C \to D \to A \to E \to F \to D \to A \to H \to I \to K \to A$。

如图2－20所示零件,毛坯直径为 $\phi 45$,若安排每刀车削深度为 $2mm$,留 $0.25mm$ 精加工余量,则可按 $\phi 45 \to \phi 41 \to \phi 38.5 \to \phi 34.5$ 的加工顺序进行粗加工。

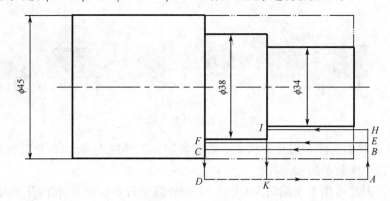

图2－20　台阶轴刀具路径

2）精加工刀路安排

（1）各部位精度要求一致的进给路线。当各部位精度要求一致时,最后一刀要连续加工,刀具路径与外轮廓线条重叠,如图2－21所示。此外,要合理安排进、退刀位置,尽量从延长线方向切入切出,不要在光滑连接的轮廓上安排切入、切出、换刀及停顿,以免因切削力变化而造成弹性变形,产生表面划伤、形状突变或滞留刀痕等缺陷。

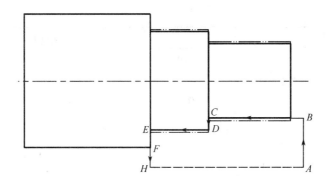

图 2-21　精加工刀具路径

（2）各部位精度要求不一致的进给路线。当各部位精度要求相差不大时,以精度要求高的部位为准,连续加工所有部位;当各部位精度要求相差较大时,可将精度相近的部位安排在同一进给路线,并先加工精度低的部位,再加工精度高的部位。

3. 车削用量选择

1）背吃刀量 a_p 的确定

背吃刀量是指在垂直于进给方向上,待加工表面与已加工表面间的距离。

当机床主体、夹具、刀具、零件间的工艺系统刚性和机床功率允许时,尽可能选取较大的背吃刀量,以减少走刀次数,提高生产效率。当零件精度要求较高时,则应考虑留出精车余量,其所留的精车余量一般比普通车削时所留余量小,常取 $0.1 \sim 0.5 \text{mm}$。

2）主轴转速的确定

主轴转速应根据零件上被加工部位的直径与切削速度来确定,计算公式为

$$n = 1000 V_c / \pi D$$

式中：n 为主轴转速,单位为 r/min；V_c 为切削线速度(又称线速度),单位为 m/min；D 为工件或刀具直径,单位为 mm。

在确定主轴转速前,需要按零件和刀具的材料及加工性质(如粗、精加工)等条件确定其允许的切削速度。表 2-8 为硬质合金外圆车刀切削速度的参考值。如何确定加工时的切削速度,除了可参考表 2-8 列出的数值外,主要根据实践经验进行确定。

表 2-8　硬质合金外圆车刀切削速度参考值

工件材料	热处理状态	背吃刀量 a_p/mm		
		(0.3,2)	(2,6)	(6,10)
		$f/(\text{mm} \cdot \text{r}^{-1})$		
		(0.08,0.3)	(0.3,0.6)	(0.6,1)
		$V_c(\text{m} \cdot \text{min}^{-1})$		
低碳钢、易切钢	热轧	140 ~ 180	100 ~ 120	70 ~ 90
中碳钢	热轧	130 ~ 160	90 ~ 110	60 ~ 80
	调质	100 ~ 130	70 ~ 90	50 ~ 70
合金结构钢	热轧	100 ~ 130	70 ~ 90	50 ~ 70
	调质	80 ~ 110	50 ~ 70	40 ~ 60

工件材料	热处理状态	背吃刀量 a_p/mm		
		(0.3,2)	(2,6)	(6,10)
		f/(mm·r^{-1})		
		(0.08,0.3)	(0.3,0.6)	(0.6,1)
		V_c(m·min^{-1})		
工具钢	退火	90~120	60~80	50~70
灰铸铁	HBS<190	90~120	60~80	50~70
	HBS=190~225	80~110	50~70	40~60
高锰钢			10~20	
铜及铜合金		200~250	120~180	90~120
铝及铝合金		300~600	200~400	150~200
铸铝合金(w$_{si}$13%)		100~180	80~150	60~100

3）进给量 f

进给量 f 主要是指在单位时间里，刀具沿进给方向移动的距离。绝大多数的数控车床，其单位为 mm/min 或 mm/r。其确定原则为：

（1）在能保证工件加工质量的前提下或在粗加工时，为提高生产效率，可以选择较高的进给量。

（2）在切断、车削深孔或精车时，应选择较低的进给量。

（3）当刀具空行程特别是远距离"回零"时，可以设定尽量高的进给速度。

（4）切削时的进给量应与主轴转速和切削深度等切削用量相适应，不能顾此失彼。

粗车时，进给量一般取为 0.3~0.8mm/r，精车时一般取为 0.1~0.3mm/r，切断时一般取为 0.05~0.2mm/r。

4）切削用量选择总体原则

粗车时，首先考虑选择一个尽可能大的背吃刀量 a_p，其次选择一个较大的进给量 f，最后确定一个合适的切削速度 V_c。增大背吃刀量 a_p 可使走刀次数减少，增大进给量 f 有利于断屑，因此根据以上原则选择粗车切削用量对于提高生产效率、减少刀具消耗、降低加工成本是有利的。

精车时，加工精度和表面粗糙度要求较高，加工余量不大且较均匀，因此选择精车切削用量时，应着重考虑如何保证加工质量，并在此基础上尽量提高生产率。因此精车时应选用较小（但不太小）的背吃刀量 a_p 和进给量 f，并选用切削性能高的刀具材料和合理的几何参数，以尽可能提高切削速度 V_c。

4. 基点计算

基点即是轮廓各几何要素的交点。在编程时，需要对各个基点坐标位置进行定义，即给出各个节点的坐标值。

在加工程序中，基点坐标值的给定有绝对尺寸和增量尺寸两种方式。绝对坐标是指每个编程坐标轴上的编程值是相对于编程原点给出的，编程时，用 X、Z 表示 X 轴、Z 轴的绝对坐标值。相对坐标是指每个编程坐标轴上的编程值是相对于前一位置而言给出的，该值等于沿轴移动的距离,编程时用 U、W 表示 X 轴、Z 轴的相对坐标值。选择合适的编程方式可使编程简化。当图纸尺寸由一个固定基准给定时,采用绝对方式编程较为方便;而当图纸尺寸是以轮廓顶点之间的间距给出时,采用相对方式编程较为方便。

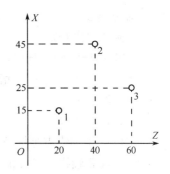

图 2 - 22 基点的确定

如图 2 - 22 所示,要求刀具由 1 点移动到 2 点,然后到达 3 点。由 1 点移动到 2 点时,2 点的绝对坐标为 $(X45.0, Z40.0)$,增量坐标为 $(U30.0, W20.0)$。由 2 点移动到 3 点时,3 点的绝对坐标为 $(X25.0, Z60.0)$,增量坐标为 $(U - 20.0, W20.0)$。

［例2.2］如图 2 - 23 所示,现将刀具定位在起刀点 K,按 $K - O - A - B - C - D - E - F - G$ 的走刀路线加工,计算各基点的坐标值。

(1)设置编程坐标系。将编程原点设定在右端面与工件轴线的交点处,标注出编程坐标系,如图 2 - 24 所示。

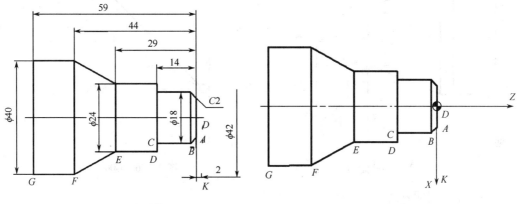

图 2 - 23 基点计算图   图 2 - 24 坐标系设置

(2)基点计算。根据上图中的编程坐标系,各基点的绝对坐标值及增量坐标值见下表 2 - 9:

表 2 - 9 坐标值计算

绝对坐标值 (X, Z)		增量坐标值 (U, W)	
O	0,0	O	$-42.0, -2.0$
A	14.0,0	A	14.0,0
B	18.0, -2.0	B	4.0, -2.0
C	18.0, -14.0	C	0, -12.0
D	24.0, -14.0	D	6.0,0
E	24.0, -29.0	E	0, -15.0
F	40.0, -44.0	F	16.0, -15.0
G	40.0, -59.0	G	0, -15.0

5. 编程指令

1) 快速点定位 G00

（1）指令功能：使刀具以点定位控制方式从刀具所在的位置，按各轴设定的最高允许速度移动到指定点，属于模态指令。

（2）编程格式：

G00 X(U)_ Z(W)_

X：定位点 X 轴终点坐标值（绝对坐标值）；

Z：定位点 Z 轴终点坐标值（绝对坐标值）；

U：定位点 X 轴终点坐标值（相对坐标值）；

W：定位点 Z 轴终点坐标值（相对坐标值）。

［例2.3］如图 2−25 所示的刀具移动，用绝对方式编程为：G00 X20.0 Z0

用增量方式编程为：G00 U−30.0 W−10.0

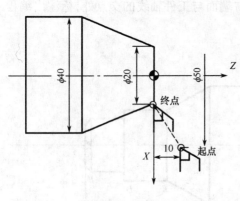

图 2−25 G00 走刀

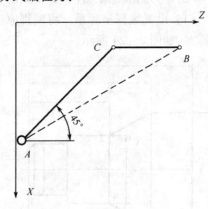

图 2−26 G00 走刀路线

（3）指令说明：

① G00 指令为快速移动指令，其移动速度不能用进给功能 F 控制，而由系统参数控制。

② 车削加工时，G00 的快速移动过程不能与工件发生接触。定位目标点不能直接选在工件上，一般要离工件表面至少 1~2mm。

③ G00 指令对运动轨迹没有要求。刀具的走刀路线往往不是直线，而是折线。如图 2−26 所示，用 G00 使刀具从 A 移动到 B，刀具先走一条45°斜线到达 C 点，再到达 B 点。

2) 直线插补 G01

（1）指令功能：使刀具以指令给定的轨迹（直线）和指令给定的速度移动到目标点。

（2）编程格式：

G01 X(U)_ Z(W)_ F_

X：直线插补 X 轴终点坐标值（绝对坐标值）；

Z：直线插补 Z 轴终点坐标值（绝对坐标值）；

U：直线插补 X 轴终点坐标值（相对坐标值）；

W:直线插补 Z 轴终点坐标值(相对坐标值);

F:直线插补进给速度(每转进给或每分钟进给)。

[例 2.4] 如图 2 - 27 所示,用绝对方式编程为:G01 X40.0 Z - 26.0 F150.0

用增量方式编程为:G00 U20.0 W - 26.0 F150.0

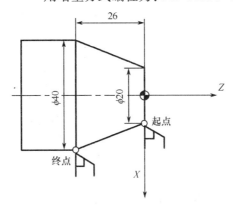

图 2 - 27　G01 走刀

(3) 编程举例:

[例 2.5] 如图 2 - 28 所示零件,该零件各表面已完成粗加工,要求完成该零件精加工。

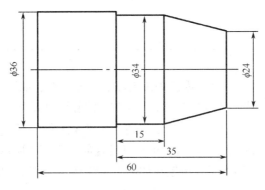

图 2 - 28　加工零件

① 将编程原点设在右端面与工件轴线的交点处,编程坐标系如图 2 - 29 所示。

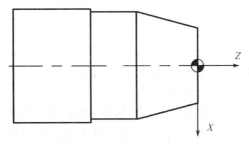

图 2 - 29　编程坐标系设定

② 精加工程序编写如下:

程　　序	程 序 说 明
O1234；	程序名
T0101；	设立坐标系,选一号刀,一号刀补
M03 S1000；	主轴正转,转速1000r/min
G00 X100.0 Z100.0；	定义起刀点
X40.0 Z5.0；	快速到达切削起点
G01 X0 F0.2；	切削至端面轴心延长线,进给速度0.2mm/r
Z0 F0.1；	切入端面,进给速度0.1mm/r
X24.0；	加工端面
X34.0 Z－20.0；	加工锥面
Z－35.0；	加工圆柱面
X40.0；	直线退刀
G00 Z5.0；	快速退回切削起点
G00 X100.0 Z200.0；	退刀至安全位置
M05；	主轴停转
M30；	程序结束

6. 调头加工方法

当零件的一端外形加工完后,需调头装夹以加工另一端。如图2－30所示的零件,毛坯为 $\phi40\times100$ 的棒料,当加工完左端端面及 $\phi36$ 外圆后,需要调头装夹 $\phi36$ 外圆加工右端面及 $\phi28$、$\phi32$ 外圆。调头加工时,一定要注意应满足工件总长要求。如图2－30所示的零件,加工完左端调头加工右端时,编程原点设置如图2－32所示,通过程序保证总长。

【注意】调头后,为使编程圆点设置在如图2－32所示位置,Z方向对刀操作时,应输入"Z＋毛坯总长"再点"测量"。具体操作步骤为:

（1）主轴正转,确定当前切削刀具的刀位号。

（2）用手轮方式移动刀具,靠上或试切毛坯右端面。

（3）沿＋X方向退出刀具,主轴停转。

（4）按下偏置功能键 ![OFFSET SETTING]。

（5）选择"刀具补正/形状",将光标移到某行的Z处(通常行号应与刀位号相同,如刀位号为01的刀具,光标即移到01行)。

（6）输入"Z102"(假如毛坯总长为102)后点"测量"即可完成Z轴方向对刀。

［例2.6］加工如图2－30所示的零件,毛坯尺寸为 $\phi40\times100$ 的棒料,工件材料为45钢,完成零件程序的编制。

（1）加工左端时编程坐标系如图2－31所示。

（2）加工左端面及 $\phi36$ 外圆,精加工程序如下:

52

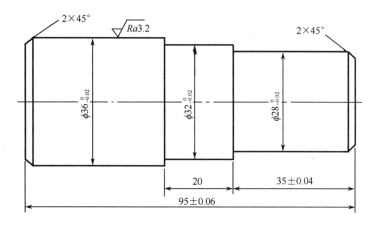

图 2 – 30　加工零件图

程　　序	程 序 说 明
O12；	程序名
T0101；	设立坐标系,选一号刀,一号刀补
M03 S1000；	主轴正转,转速1000r/min
G00 X100.0 Z100.0；	定义起刀点
X40.0 Z5.0；	快速到达切削起点
G01 X0 F0.2；	切削至左端面轴心延长线,进给速度0.2mm/r
Z0 F0.1；	切入左端面,进给速度0.1mm/r
X32.0；	加工左端面
X36.0 Z – 2.0；	加工倒角
Z – 42.0；	加工φ36圆柱面
X42.0；	直线退刀
G00 Z5.0；	快速退回切削起点
G00 X100.0 Z200.0；	退刀至安全位置
M05；	主轴停转
M30；	程序结束

（3）加工右端时编程坐标系如图 2 – 32 所示。

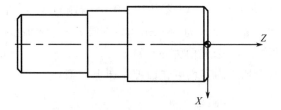

图 2 – 31　加工左端时编程坐标系的设定

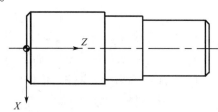

图 2 – 32　加工右端编程坐标系设定

（4）加工右端面及 $\phi28$、$\phi32$ 外圆，精加工程序如下：

程　　序	程 序 说 明
O13;	程序名
T0101;	设立坐标系，选一号刀，一号刀补
M03 S1000;	主轴正转，转速1000r/min
G00 X100.0 Z200.0;	定义起刀点
X40.0 Z100.0;	快速到达切削起点
G01 X0 F0.2;	切削至右端面轴心延长线，进给速度0.2mm/r
Z95.0 F0.1;	切入右端面，进给速度0.1mm/r
X24.0;	加工右端面
X28.0 Z93.0;	加工倒角
Z60.0;	加工 $\phi28$ 圆柱面
X32.0;	加工台阶
Z40.0;	加工 $\phi32$ 圆柱面
X42.0;	直线退刀
G00 Z100.0;	快速退回切削起点
G00 X100.0 Z300.0;	退刀至安全位置
M05;	主轴停转
M30;	程序结束

四、任务实施

1. 工艺分析

1）零件图工艺分析

（1）加工内容及技术要求。该零件主要加工内容为左右两端直径分别为 $\phi56$、$\phi62$、$\phi60$、$\phi56$ 的台阶轴及左右两端面，保证总长为142。

零件尺寸标注完整、无误，轮廓描述清晰，技术要求清楚明了。

零件毛坯为 $\phi65 \times 145$ 的45钢，切削加工性能较好，无热处理要求。

左、右端 $\phi56$、$\phi60$、$\phi56$ 外圆台阶轴的表面粗糙度要求为 $Ra3.2$，直径精度要求分别为 $\phi56_{-0.03}^{0}$、$\phi60_{-0.03}^{0}$、$\phi56_{-0.03}^{0}$；左端 $\phi56$ 台阶轴长度精度要求为 30 ± 0.05，右端 $\phi60$ 台阶轴长度精度要求为 24 ± 0.05，零件总体长度的精度要求为 142 ± 0.05；左端 $\phi56$ 台阶轴的轴心相对于右端 $\phi56$ 台阶轴的轴心有同轴度要求，公差值为 $\phi0.04$。

（2）加工方法。该零件为单件生产，所有加工内容均可在数控车床上加工。

2）机床选择

根据零件的结构特点、加工要求及现有设备情况，数控车床选用配备有 FANUC-0i 系统的 CAK6140VA。该机床的主要参数如表2-10所列。

表 2 – 10　CAK6140VA 数控车床主要技术参数

项目	单位	规格
床身最大回转直径	mm	$\phi400$
最大工件长度	mm	890
最大车削直径	mm	$\phi400$
最大车削长度	mm	850
滑板最大回转直径	mm	$\phi200$
卡盘直径(手动)	mm	$\phi250$
主轴端部型及代号		A6
主轴通孔直径	mm	$\phi53$
主轴孔通过棒料	mm	$\phi48$
主轴转数范围	r/min	200~2000
变频主电动机功率	kw	7.5
X 轴电动机转矩	Nm	4
Z 轴电动机转矩	Nm	6
Z 轴滚珠丝杠直径与螺距	mm	$\phi40\times6$
Z 轴行程	mm	1000
X 轴行程	mm	220
快速移动	m/min	7.6
刀方尺寸	mm	20×20
刀架重复定位精度	mm	0.005

3）装夹方案的确定

根据工艺分析,该零件在数控车床上的装夹都采用三爪卡盘。装夹方法如图 2 – 33、图 2 – 34 所示,先以毛坯左端为粗基准加工右端,再调头以右端 $\phi60$ 外圆为精基准加工左端。

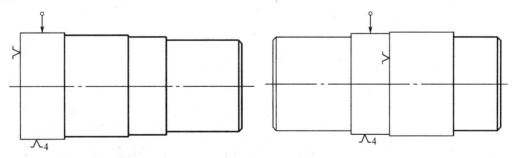

图 2 – 33　右端加工装夹简图　　　　　图 2 – 34　左端加工装夹简图

4）工艺过程卡片制定

根据以上分析,制定零件加工工艺过程卡,如表 2 – 11 所列。

表 2 - 11　零件加工工艺过程卡

（工厂）		机械工艺过程卡			产品型号		零件图号	心轴		共 1 页		第 1 页
					产品名称		零件名称	1				
材料牌号	45 钢	毛坯种类	板材	毛坯外形尺寸	$\phi65 \times 145$	每毛坯可制件数		每台件数		备注		
工序号	工序名称			工序内容			车间	工段	设备	工艺装备	工时/min	
											准终	单件
1	备料			备 $\phi65 \times 145$ 的 45 钢棒料					锯床			
2	数车			粗、精车右端面及右端 $\phi56_{-0.03}^{0}$、$\phi60_{-0.03}^{0}$、$\phi62$ 台阶轴至图纸精度要求					CAK6140VA	三爪卡盘		
				粗、精车左端面及左端 $\phi56_{-0.03}^{0}$ 台阶轴至图纸精度要求，保证总长 142 ± 0.05mm								
3	钳工			去毛刺								
4	检验											
								设计（日期）	审核（日期）	标准化（日期）	会签（日期）	
描图												
描校												
底图号												
装订号												
标记	处数	更改文件号	签字	日期	标记	处数	更改文件号	签字	日期			

56

5）加工顺序的确定

加工时，先加工右端面及右端 $\phi62$、$\phi60$、$\phi56$ 台阶轴，具体安排为：$\phi65$ 毛坯→车削右端面→$\phi62.5\times113$→$\phi60.5\times72$→$\phi56.5\times48$→沿轮廓外形精加工。再加工左端面及左端 $\phi56$ 台阶轴，具体安排为：$\phi65$ 毛坯→车削左端面→$\phi60.5\times30$→$\phi56.5\times30$→沿轮廓外形精加工。

6）刀具与量具的确定

端面及台阶轴的加工均选用 90° 的硬质合金外圆车刀，具体刀具型号见刀具卡片表 2-12。

该零件尺寸精度要求不高，采用游标卡尺测量即可。具体量具型号见量具卡片表 2-13。

表 2-12　数控加工刀具卡片

产品名称或代号		零件名称		零件图号		备　注
工步号	刀具号	刀具名称	刀具规格		刀具材料	
1/2/3	T01	外圆车刀	90°		硬质合金	
4/5/6	T01	外圆车刀	90°		硬质合金	
编　制		审　核		批　准		共　页　第　页

表 2-13　量具卡片

产品名称或代号		零件名称		零件图号		
序号		量具名称	量具规格	精度		数量
1		游标卡尺	0~150mm	0.02mm		1 把
编　制		审　核		批　准		共　页　第　页

7）数控车削加工工序卡片

制定零件数控车削加工工序卡如表 2-14、表 2-15 所列。

2. 确定走刀路线及数控加工程序编制

1）确定走刀路线

右端台阶轴的粗、精加工刀路如图 2-35 所示、图 2-36 所示，左端台阶轴的粗、精加工刀路相似，这里不再绘出。

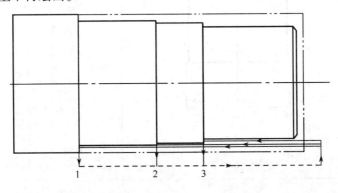

图 2-35　右端台阶轴粗加工刀路

表2-14 零件数控车削加工工序卡1

（工厂）	数控加工工序卡	产品型号		零件图号		
		产品名称		零件名称	心轴	共2页　第1页

	车间	工序号	2	工序名称	数车	材料牌号	45钢
	毛坯种类	棒料	毛坯外形尺寸	φ65×145	每毛坯可制件数	1	每台件数
	设备名称	数控铣床	设备型号	CAK6140VA	设备编号		同时加工件数
	夹具编号		夹具名称	三爪卡盘			切削液
	工位器具编号		工位器具名称				工序工时
						准终	单件

工步号	工步名称	工艺装备	主轴转速/(r/min)	切削速度/(m/min)	进给量/(mm/r)	背吃刀量/mm	进给次数
1	按图夹毛坯左端外圆，车削右端面，见光即可	90°硬质合金外圆车刀	700	140	0.1		
2	粗车右端 $\phi56_{-0.03}^{0}$、$\phi60_{-0.03}^{0}$、$\phi62$ 台阶轴，各直径留0.5mm余量	90°硬质合金外圆车刀	700	140	0.15	2	
3	精车台阶 $\phi56_{-0.03}^{0}$、$\phi60_{-0.03}^{0}$、$\phi62$ 台阶轴至图纸精度要求	90°硬质合金外圆车刀	1000	200	0.1	0.25	

				设计（日期）	审核（日期）	标准化（日期）	会签（日期）

标记	处数	更改文件号	签字	日期	标记	处数	更改文件号	签字	日期

描图

描校

底图号

58

表 2-15 零件数控车削加工工序卡 2

（工厂）	数控加工工序卡	产品型号		零件图号		共 2 页	第 2 页
		产品名称		零件名称		材料牌号	45 钢
		车间	工序号 2	工序名称 数车			每台件数
		毛坯种类 棒料	毛坯外形尺寸 $\phi65\times145$	每毛坯可制件数 1		同时加工件数	
		设备名称 数控铣床	设备型号 CAK6140VA	设备编号		切削液	
		夹具编号	夹具名称 心轴	工序工时		准终	单件
		工位器具编号	工位器具名称 三爪卡盘				

工步号	工步名称	工艺装备	主轴转速 /(r/min)	切削速度 /(m/min)	进给量 /(mm/r)	背吃刀量 /mm	进给次数	工时 机动	工时 单件
4	按图夹右端 $\phi60$ 外圆，车削左端面，保证总长 142±0.05mm	90°硬质合金外圆车刀	700	140	0.1				
5	粗车左端 $\phi56_{-0.03}^{0}$ 台阶轴，直径留 0.5mm 余量	90°硬质合金外圆车刀	700	140	0.15	2			
6	精车左端 $\phi56_{-0.03}^{0}$ 台阶轴至图纸精度要求	90°硬质合金外圆车刀	1000	200	0.1	0.25			
					设计（日期）	审核（日期）	标准化（日期）	会签（日期）	
描图	标记 处数 更改文件号 签字 日期	标记 处数 更改文件号 签字 日期							
描校									
底图号									
装订号									

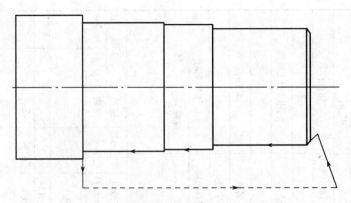

图 2-36 右端台阶轴精加工刀路

2）编写加工程序

右端面及右端 $\phi62$、$\phi60$、$\phi56$ 台阶轴加工程序如下：

程　序	程序说明
O0014；	程序名
N01 T0101；	调用一号刀具，一号刀补，建立工件坐标系
N02 M03 S700；	设置粗加工时主轴正转，转速 700r/min
N03 G00 X100.0 Z100.0；	定义起刀点
N04 X68.0 Z5.0；	快速到达切削起点
N05 G01 Z0 F0.2；	到达端面垂直线上，进给速度 0.2mm/r
N06 X0 F0.1；	加工右端面，进给速度 0.1mm/r
N07 G00 X68.0 Z5.0；	快速退回切削起点
N08 G01 X62.5 F0.15；	到达 $\phi62.5$ 外圆的延长线，进给速度 0.15mm/r
N09 Z-113.0；	粗车外圆至 $\phi62.5 \times 113$
N10 X68.0；	直线退刀
N11 G00 Z5.0；	快速退回切削起点
N12 G01 X60.5 F0.15；	到达 $\phi60.5$ 外圆的延长线，进给速度 0.15mm/r
N13 Z-72.0；	粗车外圆至 $\phi60.5 \times 72$
N14 X68.0；	直线退刀
N15 G00 Z5.0；	快速退回切削起点
N16 G01 X56.5 F0.15	到达 $\phi56.5$ 外圆的延长线，进给速度 0.15mm/r
N17 Z-48.0；	粗车外圆至 $\phi56.5 \times 48$
N18 X68.0；	直线退刀
N19 G00 Z5.0；	快速退回切削起点
N20 M03 S1000；	设置精加工时主轴正转，转速 1000r/min
N21 G01 X48.0 F0.2；	到达倒角点外，进给速度 0.2 mm/r
N22 Z2.0 F0.1；	到达倒角点延长线，进给速度 0.1mm/r

60

程　序	程序说明
N23 X56.0 Z-2.0;	车倒角
N24 Z-48.0;	精车外圆至 $\phi 56^{0}_{-0.03} \times 48$
N25 X60.0;	车台阶
N26 Z-72.0;	精车外圆至 $\phi 60^{0}_{-0.03} \times 24$
N27 X62.0;	车台阶
N28 Z-115.0;	精车外圆至 $\phi 62^{0}_{-0.03} \times 40$
N29 X68.0;	直线退刀
N30 G00 Z5.0;	快速退回切削起点
N31 G00 X100.0 Z100.0;	退刀至安全位置
N32 M30;	程序结束并复位

左端面及左端 $\phi 56$ 台阶轴加工程序如下：

程　序	程序说明
O0015;	程序名
N01 T0101;	调用一号刀具,一号刀补,建立工件坐标系
N02 M03 S700;	设置粗加工时主轴正转,转速 700r/min
N03 G00 X100.0 Z250.0;	定义起刀点
N04 X68.0 Z150.0;	快速到达切削起点
N05 G01 Z142.0 F0.2;	到达端面垂直线上,进给速度 0.2mm/r
N06 X0 F0.1;	加工左端面,进给速度 0.1mm/r
N07 G00 X68.0 Z150.0;	快速退回切削起点
N08 G01 X60.5 F0.15;	到达 $\phi 60.5$ 外圆的延长线,进给速度 0.15mm/r
N09 Z112.0;	粗车外圆至 $\phi 60.5 \times 30$
N10 X68.0;	直线退刀
N11 G00 Z150.0;	快速退回切削起点
N12 G01 X56.5 F0.15;	到达 $\phi 56.5$ 外圆的延长线,进给速度 0.15mm/r
N13 Z112.0;	粗车外圆至 $\phi 56.5 \times 30$
N14 X68.0;	直线退刀
N15 G00 Z150.0;	快速退回切削起点
N16 M03 S1000;	设置精加工时主轴正转,转速 1000r/min
N17 G01 X48.0 F0.2;	到达倒角点外,进给速度 0.2mm/r
N18 Z144.0 F0.1;	到达倒角点延长线,进给速度 0.1mm/r
N19 X56.0 Z140.0;	车倒角
N20 Z112.0;	精车外圆至 $\phi 56^{0}_{-0.03} \times 30$
N21 X68.0;	直线退刀
N22 G00 Z150.0;	快速退回切削起点
N23 G00 X100.0 Z250.0;	退刀至安全位置
N24 M30;	程序结束并复位

3. 外圆及端面加工误差分析

1）外圆加工误差分析

数控车床在外圆加工过程中会遇到各种各样的加工误差,表2-16对外圆加工中较常出现的问题、产生的原因、预防及解决方法进行了分析。

表2-16　外圆加工误差分析

问题现象	产生原因	预防和消除
工件外圆尺寸超差	1. 刀具对刀不准确; 2. 切削用量选择不当产生让刀; 3. 程序错误; 4. 工件尺寸计算错误	1. 调整或重新设定刀具数据; 2. 合理选择切削用量; 3. 检查、修改加工程序; 4. 正确计算工件尺寸
外圆表面光洁度太差	1. 切削速度过低; 2. 刀具中心过高; 3. 切屑控制较差; 4. 刀尖产生积屑瘤; 5. 切削液选用不合理	1. 调高主轴转速; 2. 调整刀具中心高度; 3. 选择合理的进刀方式及切深; 4. 选择合适的切削范围; 5. 选择正确的切削液,并充分喷注
台阶处不清根或呈圆角	1. 程序错误; 2. 刀具选择错误; 3. 刀具损坏	1. 检查修改加工程序; 2. 正确选择加工刀具; 3. 更换刀片
加工过程中出现扎刀,引起工件报废	1. 进给量过大; 2. 切屑阻塞; 3. 工件安装不合理; 4. 刀具角度选择不合理	1. 降低进给速度; 2. 采用断、退屑方式切入; 3. 检查工件安装,增加安装刚性; 4. 正确选择刀具
台阶端面出现倾斜	1. 程序错误; 2. 刀具安装不正确	1. 检查、修改加工程序; 2. 正确安装刀具
工件圆度超差或产生锥度	1. 车床主轴间隙过大; 2. 程序错误; 3. 工件安装不合理	1. 调整车床主轴间隙; 2. 检查、修改加工程序; 3. 检查工件安装,增加安装刚性

2）端面加工误差分析

数控车床在端面加工过程中会遇到各种各样的加工误差,表2-17对端面加工中较常出现的问题、产生的原因、预防及解决方法进行了分析。

表2-17　端面加工误差分析

问题现象	产生原因	预防和消除
端面加工时长度尺寸超差	1. 刀具数据不准确; 2. 尺寸计算错误; 3. 程序错误	1. 调整或重新设定刀具数据; 2. 正确进行尺寸计算; 3. 检查、修改加工程序

问题现象	产生原因	预防和消除
端面光洁度太差	1. 切削速度过低； 2. 刀具中心过高； 3. 切屑控制较差； 4. 刀尖产生积屑瘤； 5. 切削液选用不合理	1. 调高主轴转速； 2. 调整刀具中心高度； 3. 选择合理的进刀方式及切深； 4. 选择合适的切速范围； 5. 选择正确的切削液，并充分喷注
端面中心处有凸台	1. 程序错误； 2. 刀具中心过高； 3. 刀具损坏	1. 检查、修改加工程序； 2. 调整刀具中心高度； 3. 更换刀片
加工过程中出现扎刀引起工件报废	1. 进给量过大； 2. 刀具角度选择不合理	1. 降低进给速度； 2. 正确选择刀具
工件端面凹凸不平	1. 机床主轴径向间隙过大； 2. 程序错误； 3. 切削用量选择不当	1. 调整机床主轴间隙； 2. 检查、修改加工程序； 3. 合理选择切削用量

任务三　数控车削锥面与圆弧面

知识点

- 车削圆锥面与圆弧面刀路安排
- G02、G03 圆弧编程指令
- 单一固定循环 G90、G94 编程指令
- 复合固定循环 G70、G71、G72、G73 编程指令
- 刀尖圆弧半径补偿

技能点

- 圆弧加工刀路的规划，圆弧编程指令的应用
- 使用复合循环指令简化零件编程，提高加工效率
- 使用刀尖圆弧半径补偿指令控制零件质量精度

一、任务描述

完成如图 2-37 所示零件的加工，试编写加工程序（该零件为单件生产，毛坯尺寸为 $\phi 45 \times 100$ 的棒料，材料为 45 钢）。

二、任务分析

该任务综合运用圆弧指令、复合循环指令、刀具半径补偿指令编写零件加工程序。掌握数控车床的复合循环加工指令和刀具半径补偿指令的功能，制定合理工艺，控制产品质量精度，完成零件的加工。

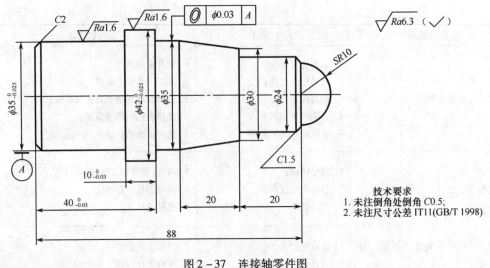

图 2-37　连接轴零件图

三、知识链接

1. 圆锥面与圆弧面加工进给路线

在零件数控加工编程中,合理选择圆锥面与圆弧面加工进给路线能够提高加工效率,简化编程。

1)圆锥面加工进给路线

切削进给路线直接影响生产效率、刀具磨损、零件刚度及加工工艺性,设计进给路线时应综合考虑,常见圆锥类零件的数控加工进给路线设计如图 2-38 所示。

如图 2-38(a)所示为阶梯进给路线 $A \rightarrow B \rightarrow C \rightarrow D \rightarrow A \rightarrow E \rightarrow F \rightarrow G \rightarrow A \rightarrow H \rightarrow I \rightarrow A$,其特点是进给路线短,粗车时刀具背吃刀量 a_p 易控制,切削余量不均匀,需半精车,计算和编程较复杂。

如图 2-38(b)所示为沿轮廓形状进给路线 $A \rightarrow B \rightarrow C \rightarrow A \rightarrow D \rightarrow E \rightarrow A \rightarrow F \rightarrow G \rightarrow A$,其特点是进给路线长,切削较平稳,精加工余量均匀,计算和编程复杂。

如图 2-38(c)所示为三角形进给路线 $A \rightarrow B \rightarrow C \rightarrow A \rightarrow D \rightarrow C \rightarrow A \rightarrow E \rightarrow C \rightarrow A$,其特点是进给路线较短,切削终点固定,只需确定每次背吃刀量 a_p,粗加工过程中切削力变化大,计算和编程简单。

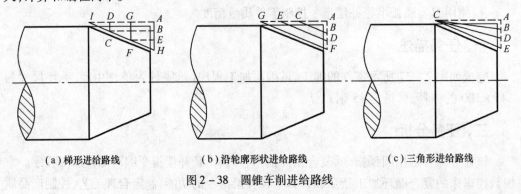

(a)梯形进给路线　　　(b)沿轮廓形状进给路线　　　(c)三角形进给路线

图 2-38　圆锥车削进给路线

2) 圆弧加工进给路线

如图 2−39 所示为圆弧的阶梯形进给路线,先确定每次背吃刀量 a_p,然后按阶梯形循环进给粗车,最后精车出圆弧。其特点是刀具切削进给路线较短,刀具磨损少,但粗加工余量不均匀,需半精加工,还需精确计算出粗车路线的终点坐标(圆弧与直线的交点),数值计算较复杂。

图 2−40(a)、(b)所示为圆弧的同心圆弧切削路线,即沿不同的半径圆来车削,最后将所需圆弧加工出来。其特点是精加工余量均匀,进给路线较长,编程方便,确定每次背吃刀量 a_p 后,易确定圆弧的起点、终点坐标,数值计算简单。

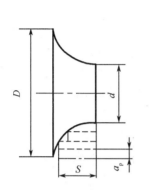

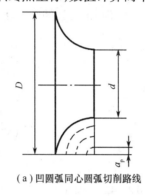

(a)凹圆弧同心圆弧切削路线

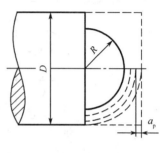

(b)凸圆弧同心圆弧切削路线

图 2−39　阶梯形切削路线车圆弧　　　　图 2−40　同心圆弧切削路线车圆弧

如图 2−41 所示为圆弧车锥法进给路线,即先车削圆锥,再精车圆弧。其特点是切削路径较短,计算和编程较复杂。圆锥起点和终点的确定是关键,若确定不好,则可能损坏圆弧表面,也可能将余量留得过大,影响加工效率。确定方法如图 2−41 所示,连接 OC 交圆弧于 D,过 D 点作圆弧的切线 AB。由几何关系可计算出节点坐标。

2. 编程指令

1) 圆弧插补指令 G02/G03

(1) 指令功能:根据两端点间的插补数字信息,计算出逼近实际圆弧的点群,控制刀具按给定的进给速度沿这些点运动,加工出圆弧曲线,属于模态指令。

(2) 编程格式:

① G02(G03) X(U)_ Z(W)_ R_ F ;

X:圆弧终点坐标在 X 方向的坐标值(绝对坐标值);

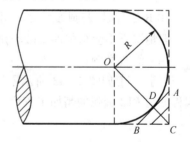

图 2−41　车锥法进给路线车圆弧

Z:圆弧终点坐标在 Z 方向的坐标值(绝对坐标值);

U:X 方向圆弧终点相对于圆弧起点的增量值(相对坐标值);

W:Z 方向圆弧终点相对于圆弧起点的增量值(相对坐标值);

R：圆弧半径值;

F:圆弧插补进给速度(每转进给或每分钟进给)。

② G02(G03) X(U)_ Z(W)_ I_ K_ F_;

X:圆弧终点坐标在 X 方向的坐标值(绝对坐标值);

Z:圆弧终点坐标在 Z 方向的坐标值(绝对坐标值);

U:X 方向圆弧终点相对于圆弧起点的增量值(相对坐标值);

W:Z 方向圆弧终点相对于圆弧起点的增量值(相对坐标值);

I:X 方向圆心点相对于圆弧起点的增量值(半径值);

K:Z 方向圆心点相对于圆弧起点的增量值;

F:圆弧插补进给速度(每转进给或每分钟进给)。

(3)指令说明。

① 圆弧插补 G02/G03 的判断方法:沿着不在圆弧平面内的坐标轴,由正方向往负方向看,顺时针走向用 G02,逆时针走向用 G03,如图 2 - 42 所示。

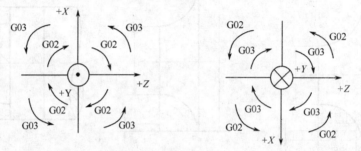

图 2 - 42   G02/G03 插补方向

② I、K 为圆心到起点的距离,在绝对、增量编程时都是以增量方式指定,在直径、半径编程时 I 都是半径值。I、K 的算法为:圆心坐标 - 圆弧起点坐标。分别表述如下:

$$I = (X_{圆心} - X_{圆弧起点})/2$$
$$K = Z_{圆心} - Z_{圆弧起点}$$

③ R 编程时,若圆弧所夹的圆心角 $\alpha \leqslant 180°$,R 值取正;若圆心角 $\alpha > 180°$,R 值取负,但一般情况下不会车削加工圆心角大于 180° 的圆弧。

(4)编程举例:

[例2.7]如图 2 - 43 所示零件,编程原点在工件的右端面中心,使用 I、K 编程与 R 编程编写 R12 圆弧的精加工程序。

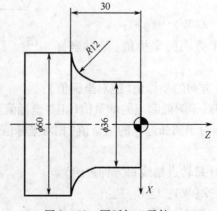

图 2 - 43   圆弧加工零件

编程方式	指定圆心 I、K	指定半径 R
绝对方式	G02 X60. 0 Z – 30. 0 I12. 0 K0 F0. 2	G02 X60. 0 Z – 30. 0 R12. 0 F0. 2
增量方式	G02 U24. 0 W – 12. 0 I12. 0 K0 F0. 2	G02 U24. 0 W – 12. 0 R12. 0 F0. 2

[例2.8]如图2 – 44所示零件,已完成粗加工,试编写零件精加工程序。

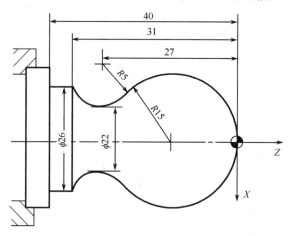

图2 – 44　球形手柄零件

程　　序	程　序　说　明
O00001;	程序名
T0101;	设立坐标系,选一号刀,一号刀补
M03 S1000;	主轴以1000r/min正转
G00 X100. 0 Z100. 0;	快速定位起刀点
G00 X50. 0 Z5. 0;	快速移至工件附近
G01 X0 F0. 2;	到达工件中心
G01 Z0 F0. 2;	工进到端面
G03 U24 W – 24 R15 F0. 1;	加工R15圆弧段(增量方式)
G02 X26. 0 Z – 31. 0 R5;	加工R5圆弧段(绝对方式)
G01 Z – 40. 0 F0. 2;	加工φ26外圆
G01 X50. 0;	加工Z – 40端面
G00 X100. 0 Z200. 0;	回到安全位置
M05;	主轴停止
M30;	主程序结束并复位

2) 单一内外径切削循环G90指令

(1) 指令功能:实现外圆切削循环和锥面切削循环。

(2) 编程格式:

G90 X(U)_ Z(W)_ R_ F_;

X:X向切削终点坐标值(绝对坐标值);

Z:Z向切削终点坐标值(绝对坐标值);

U:X方向切削终点相对于切削起点的增量值(相对坐标值);

W:Z 方向切削终点相对于切削起点的增量值(相对坐标值);

R:车削圆锥时 X 方向切削起点与终点的半径差值(圆柱切削时 R = 0,R 省略);

F:切削进给速度(每转进给或每分钟进给)。

(3)指令说明:

① 直线切削循环。如图 2 - 45 所示 G90 直线切削循环:1(从循环起点 A 沿 X 向快速移动到切削起点)→2(从切削起点沿 Z 向直线插补到切削终点 A')→3(X 向以切削进给速度退刀)→4(Z 向快速返回循环起点 A)。其进给路线是矩形循环路线。

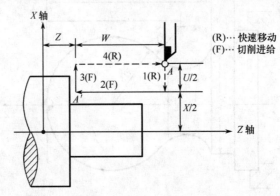

图 2 - 45   G90 直线切削走刀路线

② 锥度切削循环。如图 2 - 46 所示 G90 锥度切削循环:1(从循环起点 A 沿 X 向快速移动到锥度起点)→2(从锥度起点直线插补到锥度终点 A')→3(X 向以切削进给速度退刀)→4(Z 向快速返回循环起点 A)。其进给路线是梯形循环路线。

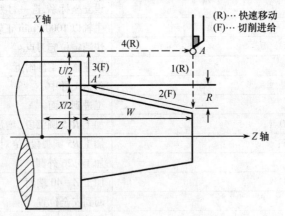

图 2 - 46   G90 锥度切削走刀路线

【注意事项】:

(a)G90 循环第一步移动必须是 X 轴单方向移动。

(b)G90 锥度切削循环 R 值的正确计算,需考虑切削起点与锥面的距离。

(c)G90 循环每一步切削加工结束后,刀具自动返回起刀点。

(4)编程举例:

[例 2.9]加工如图 2 - 47 所示的零件,毛坯尺寸为 φ40 × 90 的棒料,工件材料为 45 钢,完成零件程序的编制。

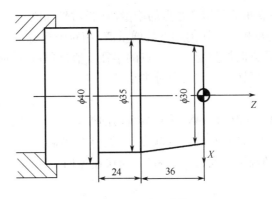

图 2-47　圆锥零件

程　序	程　序　说　明
O0002;	程序名
T0101;	设立坐标系,选一号刀,一号刀补
G00 X100.0 Z100.0;	快速定位到起刀点
M03 S800;	主轴以 800r/min 正转
G00 X42.0 Z5.0;	刀具到循环起点位置
G90 X40.0 Z-50.0 F0.2;	循环第一刀切削至 ϕ40
G90 X38.0 Z-50.0 F0.2;	循环第二刀切削至 ϕ38
G90 X35.5 Z-50.0 F0.2;	循环第三刀切削至 ϕ35.5
G90 X35.5 Z-36.0 R-1 F0.2;	锥度循环第一刀切削
G90 X35.5 Z-36.0 R-2 F0.2;	锥度循环第二刀切削
G90 X35.5 Z-36.0 R-2.5 F0.2;	锥度循环第三刀切削
S1200;	变速精车 1200r/min 正转
G01 X0 F0.2;	
Z0;	
X30.0;	精车工件轮廓
X35.0 Z-36.0;	
Z-60.0;	
X50.0;	退刀
G00 X100.0 Z200.0;	快速退刀到安全位置
M05;	主轴停转
M30;	程序结束

3) 单一端面切削循环 G94 指令

(1) 指令功能:实现端面切削循环和锥面切削循环。

(2) 编程格式:

G94 X(U)_ Z(W)_ R_ F_;

X:X 向切削终点坐标值(绝对坐标值);

Z:Z 向切削终点坐标值(绝对坐标值);

U：X 方向切削终点相对于切削起点的增量值（相对坐标值）；

W：Z 方向切削终点相对于切削起点的增量值（相对坐标值）；

R：车削圆锥时 Z 方向切削起点与终点的半径差值（圆柱切削时 R=0，R 省略）；

F：切削进给速度（每转进给或每分钟进给）。

（3）指令说明：

① 端面切削循环。如图 2-48 所示端面切削循环，直线切削循环进行 4 个动作：1（从循环起点 A 沿 Z 向快速移动到切削起点）→2（从切削起点沿 X 向直线插补到切削终点 A'）→3（Z 向以切削进给速度退刀）→4（X 向快速返回切环起点 A）。其进给路线是矩形循环路线。

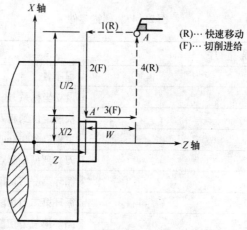

图 2-48　G94 车削走刀路线

② 锥度切削循环。如图 2-49 所示 G94 锥度切削循环：1（从循环起点 A 沿 Z 向快速移动到锥度起点）→2（从锥度起点直线插补到锥度终点 A'）→3（Z 向以切削进给速度退刀）→4（X 向快速返回循环起点 A）。其进给路线是梯形循环路线。

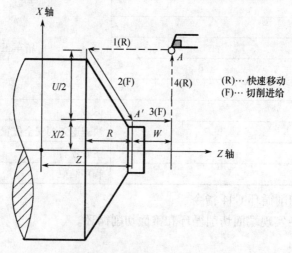

图 2-49　G94 圆锥切削走刀路线

【注意事项】：

（a）G94 循环第一步移动必须是 Z 轴单方向移动。

70

（b）G90、G94 都是模态指令,当循环结束时,应该以同组的指令（G00、G01、G02 等）将循环功能取消。

（c）X(U)、Z(W)和 R 的数值在固定循环期间是模态的,如果没有重新指定 X(U)、Z(W)和 R,则原来指定的数据有效。

（4）编程举例:

[例2.10]加工如图2-50所示的零件,毛坯尺寸为$\phi80\times40$的棒料,工件材料为45钢,完成零件程序的编制。

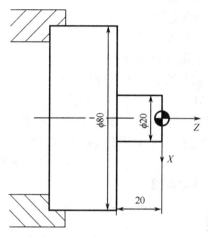

图2-50 端面加工零件

程　　序	程 序 说 明
O0003;	程序名
T0101;	设立坐标系,选一号刀,一号刀补
G00 X100.0 Z100.0 ;	快速定位到起刀点
M03 S800;	主轴以 800r/min 正转
G00 X82.0 Z5.0;	刀具到循环起点位置
G94 X20.0 Z-2.0 F0.2;	第一刀端面切削循环
G94 X20.0 Z-4.0 F0.2;	第二刀端面切削循环
G94 X20.0 Z-6.0 F0.2;	第三刀端面切削循环
G94 X20.0 Z-8.0 F0.2;	第四刀端面切削循环
G94 X20.0 Z-10.0 F0.2;	第五刀端面切削循环
G00 X100.0 Z200.0;	快速退刀到安全位置
M05;	主轴停转
M30;	程序结束

4）外形粗车循环 G71 指令

（1）指令功能:CNC 系统根据加工程序所描述的轮廓形状和 G71 指令参数自动生成加工路径,适用于棒料毛坯外圆或内径的粗车。

（2）编程格式：

G71 U(Δd) R(e)；

G71 P(ns) Q(nf) U(Δu) W(Δw) F(f) S(s) T(t)；

Δd：循环每次的切削深度（半径值、正值）；

e：每次切削退刀量；

ns：精加工轮廓程序的开始程序段的段号；

nf：精加工轮廓程序的结束程序段的段号；

Δu：X方向上的精加工余量（直径量）和方向（外轮廓用"＋"，内轮廓用"－"）；

Δw：Z方向上的精加工余量和方向；

F：切削进给速度（每转进给或每分钟进给）。

（3）指令说明：如图2－51所示G71循环进给路线，由程序给定 A′→B 零件精车轮廓，留下 Δu/2、ΔW（切削余量），每次切削 Δd（切削量），在执行完沿着 Z 轴方向的最后切削后，沿着零件轮廓进行切削。等粗加工切削结束后，执行由 Q 指定的顺序程序段的下一个程序段。G71 循环前的定位点必须是毛坯以外并且靠近工件毛坯的点，精加工轮廓程序起始段必须是 X 轴单方向运动，不可以有 Z 轴动作；轮廓形状在平面构成轴（Z 轴、X 轴）方向上必须是单调增加或单调减小。

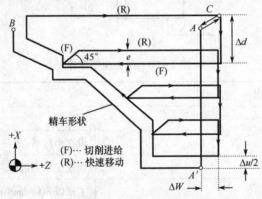

图 2－51　G71 走刀路线

【注意事项】：

① 在使用 G71 进行粗加工时，只有含在 G71 程序段中的 F、S、T 功能才有效，而包含在 ns～nf 程序段中的 F、S、T 指令对粗车循环无效。

② G71 指令必须带有 P、Q 地址 ns、nf，且与精加工路径起、止顺序号对应，否则不能进行加工。

③ ns、nf 的程序段必须为 G00/G01 指令，即从 A 互 A′ 的动作必须是直线或点定位运动，且程序段中不应编有 Z 向移动指令。

④ 在顺序号为 ns～nf 的程序段中不能调用子程序。

⑤ 在进行外形加工时 Δu 取正，内孔加工时 Δu 取负值。

⑥ 当用恒表面切削速度控制时，ns～nf 的程序段中指定的 G96、G97 无效，应在 G71 程序段以前指定。

⑦ 循环起点的选择应在接近工件处以缩短刀具行程和避免空进给。

（4）编程举例：

[例2.11] 加工如图2-52所示的零件,毛坯尺寸为$\phi 65 \times 90mm$的棒料,工件材料为45钢,完成零件程序的编制。

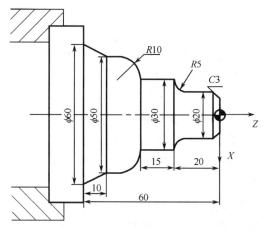

图2-52 中间轴零件图

程　　　序	程 序 说 明
O0004;	程序名
T0101;	设立坐标系,选一号刀,一号刀补
G00 X100.0 Z80.0;	快速定位到起刀点
M03 S800;	主轴以800r/min正转
G00 X67.0 Z5.0;	刀具到循环起点位置
G71 U1.5 R1.0;	封闭粗切削循环
G71 P06 Q16 U0.5 W0.1 F0.2;	
N06 G01 X0 F0.1;	加工程序起始行
Z0;	端面加工
X14.0;	倒角起点
G01 X20.0 Z-3.0;	倒角C3
Z-15.0;	加工ϕ20外圆
G02 X30.0 Z-20.0 R5;	加工R5圆弧
G01 Z-35.0;	加工ϕ30外圆
G03 X50.0 Z-45.0 R10;	加工R10圆弧
G01 Z-50.0;	加工ϕ50外圆
G01 X60.0 Z-60.0;	加工锥度
N16 X82.0;	程序结束行
S1200;	主轴以1200r/min正转
G70 P06 Q16;	精加工循环
G00 X100.0 Z200.0;	快速退刀到安全位置
M30;	程序结束

5）端面粗车循环 G72 指令

（1）指令功能：根据程序所描述的轮廓形状和 G72 指令参数自动生成加工路径，适用于盘类零件的粗车。

（2）编程格式：

G72 W(Δd) R(e)；

G72 P(ns) Q(nf) U(Δu) W(Δw) F(f) S(s) T(t)；

Δd：循环每次的切削深度（半径值、正值）；

e：每次切削退刀量；

ns：精加工轮廓程序的开始程序段的段号；

nf：精加工轮廓程序的结束程序段的段号；

Δu：X 方向上的精加工余量（直径量）和方向（外轮廓用"+"，内轮廓用"-"）；

Δw：Z 方向上的精加工余量（直径量）和方向；

F：切削进给速度（每转进给或每分钟进给）。

（3）指令说明：如图 2-53 所示 G72 循环进给路线，程序给定 A′→B 零件精车轮廓，留下 Δu/2、Δw（切削余量），每次切削 Δd（切削量）。在执行完沿着 X 轴方向的最后切削后，沿着零件轮廓进行切削。等粗加工切削结束后，执行由 Q 指定的顺序程序段的下一个程序段。精加工轮廓程序起始段必须是 Z 轴单方向运动，不可以有 X 轴动作；轮廓形状在平面构成轴（Z 轴、X 轴）方向上必须是单调增加或单调减小。

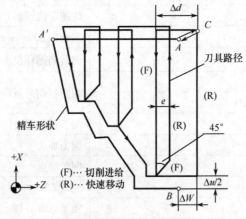

图 2-53　G72 走刀路线

【注意事项】：

① 在使用 G72 进行粗加工时，只有含在 G71 程序段中的 F、S、T 功能才有效，而包含在 ns～nf 程序段中的 F、S、T 指令对粗车循环无效。

② G72 指令必须带有 P、Q 地址 ns、nf，且与精加工路径起、止顺序号对应，否则不能进行加工。

③ ns、nf 的程序段必须为 G00/G01 指令，即从 A 互 A′的动作必须是直线或点定位运动，且程序段中不应编有 X 向移动指令。

④ 在顺序号为 ns～nf 的程序段中不能调用子程序。

⑤ 当用恒表面切削速度控制时，ns～nf 的程序段中指定的 G96、G97 无效，应在 G71 程序段以前指定。

⑥ 循环起点的选择应在接近工件处以缩短刀具行程和避免空进给。

（4）编程举例：

［例2.12］加工如图2-54所示的零件，毛坯尺寸为φ100×50的棒料，设切削起点在A(104,5)，X、Z方向粗加工余量分别为0.5mm、0.1mm；工件材料为45钢，完成零件程序的编制。

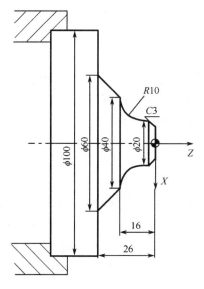

图2-54　盘类零件

程　　　序	程 序 说 明
O0005;	程序名
T0101;	设立坐标系,选一号刀,一号刀补
G00 X150.0 Z100.0;	快速定位到起刀点
M03 S800;	主轴以800r/min正转
G00 X102.0 Z5.0;	刀具到循环起点位置
G72 W1.5 R1.0; G72 P06 Q13 U0.5 W0.1 F0.2;	封闭粗切削循环
N06 G01 Z-26.0 F0.1;	加工程序起始行
X60.0;	加工φ60外圆
X40.0 Z-16.0;	加工锥度
G03 X20.0 Z-6.0 R10;	加工R10圆弧
G01 Z-3.0;	加工φ20外圆
G01 X14.0 Z0.0;	倒角
G01 X0.0;	加工端面
N13 Z5.0;	程序结束行
S1200;	主轴以1200r/min正转
G70 P06 Q13;	精加工轮廓
G00 X100.0 Z200.0;	快速退刀到安全位置
M05;	主轴停转
M30;	程序结束

6) 封闭复合循环 G73 指令

（1）指令功能：仿形复合封闭循环，沿轮廓形状 G73 指令参数偏移加工路径，重复地执行固定的切削模式，适用于铸、锻造零件的加工。

（2）编程格式：

G73 U(Δi) W(Δk) R(d)；

G73 P(ns) Q(nf) U(Δu) W(Δw) F(f) S(s) T(t)；

Δi：X 轴方向的退刀距离，属于模态值；

Δk：Z 轴方向的退刀距离；

d：切削次数，该值与粗车次数相等，该指定属于模态；

ns：精加工轮廓程序的开始程序段的段号；

nf：精加工轮廓程序的结束程序段的段号；

Δu：X 轴方向的精加工余量；

Δw：Z 轴方向的精加工余量；

F：切削进给速度（每转进给或每分钟进给）。

（3）指令说明：如图 2-55 所示 G73 循环进给路线，程序给定 $A' \to B$ 零件精车轮廓，刀具从循环起点 A 开始，快速退刀至点 C，在 X 向的退刀量为 $\Delta i + \Delta u/2$，在 Z 向的退刀量为 $\Delta k + \Delta w$，然后按照 G73 指定的加工参数，沿着轮廓形状自动生成粗加工路线，由给定的粗车次数车削至循环结束后，快速退回至循环起点 A 点，最终分别在 X 向和 Z 向留精加工余量 $\Delta u/2$ 和 Δw。

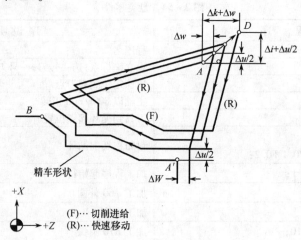

图 2-55 G73 走刀路线

【注意事项】：

① G73 循环前的定位点必须是毛坯以外的安全点，进刀起点由系统根据 G73 所设置的参数和零件轮廓大小计算后自动调整定位。

② G73 加工棒料毛坯零件时，由于是平移轨迹法加工，会出现很多空刀，应考虑更为合理的加工工艺方案。

③ 零件轮廓由 G73 指令中顺序号 ns~nf 的程序段来编写。精加工余量的方向符号与 G71、G72 相同。

（4）编程举例：

[例2.13] 编制图2-56所示零件的加工程序,设切削起点在 A(60,5),X、Z 方向粗加工余量分别为 5mm、1mm;粗加工次数为 5;X、Z 方向精加工余量分别为 0.5mm、0.1mm。其中点划线部分为工件毛坯。

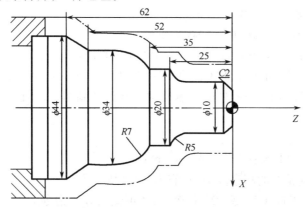

图 2-56 仿形加工零件

程　　序	程 序 说 明
O0006;	程序名
T0101;	设立坐标系,选一号刀,一号刀补
G00 X100.0 Z80.0;	快速定位到起刀点
M03 S800;	主轴以 800r/min 正转
G00 X60.0 Z5.0;	刀具到循环起点位置
G73 U5.0 W1.0 R5; G73 P06 Q17 U0.5 W0.1 F0.2;	封闭粗切削循环、粗加工次数 5 次,X、Z 方向粗加工余量分别为 0.5mm、0.1mm
N06 G01 X0 F0.1;	加工程序起始行
Z0;	端面加工
X6.0;	倒角起点
G01 X10.0 Z-2.0;	倒角 $C2$
Z-20.0;	加工 $\phi10$ 外圆
G02 X20.0 Z-25.0 R5;	加工 $R5$ 圆弧
G01 Z-35.0;	加工 $\phi20$ 外圆
G03 X34.0 W-7 R7;	加工 $R7$ 圆弧
G01 Z-52.0;	加工 $\phi34$ 外圆
X44.0 Z-62.0;	加工外圆锥面
W-1;	加工 $\phi44$ 外圆
N17 G01 X48.0;	加工程序结束行
S1200	变速 1200r/min 精车
G70 P06 Q17;	精加工轮廓
G00 X100.0 Z200.0;	快速退刀到安全位置
M05;	主轴停转
M30;	程序结束

7）精车循环 G70 指令

（1）指令功能:完成零件轮廓的精加工。

（2）编程格式:

G70 P(ns) Q(nf);

ns：精加工轮廓程序的开始程序段的段号;

nf：精加工轮廓程序的结束程序段的段号。

（3）指令说明:当运行从顺序号 ns 到 nf 的精车程序进行精加工切削时,系统忽略在 G71、G72 或 G73 程序段中指定的 F、S、T 的功能,使顺序号 ns~nf 之间所指令的 F、S、T 功能指令有效。循环结束后,刀具以快速移动方式返回到起点,并读出 G70 循环的下一个程序段。

【注意事项】:

① 精车过程中的 F、S 在程序段号 ns~nf 间指定。

② 在 ns~nf 间精车的程序段中,不能调用子程序。

③ 必须先使用 G71、G72 或 G73 指令后,才可使用 G70 指令。

④ 精车时的 S 也可以于 G70 指令前,在换精车刀时同时指定。

⑤ 在车削循环期间,刀尖半径补偿功能有效。

3. 刀尖半径补偿

数控车床加工编程时,是按车刀理想刀尖为基准进行编写轨迹程序的,但实际上刀尖处存在圆角,如图 2-57 所示。理想刀尖并不是车刀与工件接触点,实际起作用的是刀尖圆弧上各切点。当用按理想刀尖点编出的程序进行端面、外径、内径等与轴线平行或垂直的表面加工时,是不会产生误差的。但在进行倒角、锥面、及圆弧切削时,则会产生少切或过切现象,如图 2-58 所示。具有刀尖圆弧自动补偿功能的数控系统能根据刀尖圆弧半径计算出补偿量,如图 2-59 所示,通过刀具补偿功能控制误差,保证精度。

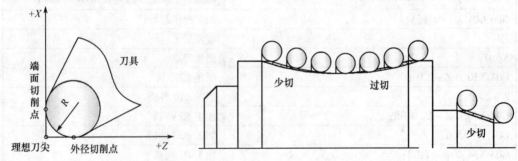

图 2-57　刀尖半径 R 和理想刀尖　　　图 2-58　刀尖圆弧 R 造成的少切与过切

1）刀尖半径补偿指令 G41、G42、G40

刀尖半径补偿是通过 G41、G42、G40 代码及 T 代码指定的刀尖圆弧半径补偿号来加入或取消半径补偿。

（1）刀尖半径左补偿 G41。在后置刀架坐标系中,沿着刀具运动方向看,刀具位于工件轮廓左侧时,称为左刀补,如图 2-60 所示,用该指令实现左补偿。对前置刀架而言,情形则相反,如图 2-61 所示。

（2）刀尖半径右补偿 G42。在后置刀架坐标系中,沿着刀具运动方向看,刀具位于工

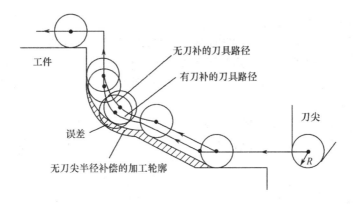

图 2-59　刀尖半径补偿示意图

件轮廓右侧时,称为右刀补,如图 2-60 所示,用该指令实现右补偿。对前置刀架而言,情形则相反,如图 2-61 所示。

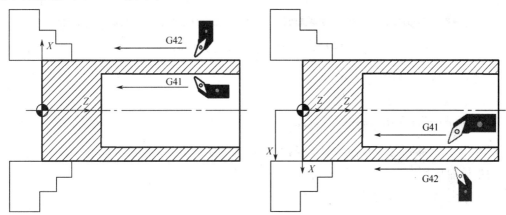

图 2-60　后置刀架坐标系中刀尖半径补偿　　　图 2-61　前置刀架坐标系中刀尖半径补偿

（3）取消刀尖半径补偿 G40。使用该指令则取消 G41、G42 设定的补偿。

2）编程格式

刀具半径左补偿:G41 G01/G00 X_ Z F_;

刀具半径右补偿:G42 G01/G00 X_ Z F_;

取消刀具半径补偿:G40 G01/G00 X_ Z F_;

X:X 方向的终点坐标值(绝对坐标值);

Z:Z 方向的终点坐标值(绝对坐标值);

F:进给速度(每转进给或每分钟进给)。

3）指令说明

（1）G40、G41、G42 后可不跟 G00 或 G01 指令,X(U)、Z(W)为 G00/G01 的参数,即建立或取消刀补的终点;

（2）G40、G41、G42 均为模态 G 代码;

（3）判断左刀补还是右刀补时,无论是前置刀架还是后置刀架,观察者均是从垂直该平面的轴的正方向往负方向观察刀具与工件的位置,然后判别左右刀补。

4）车刀刀尖方位

在实际加工中,由于被加工工件的加工需要,刀具和工件间将会存在不同的位置关系;刀尖圆弧半径补偿寄存器中,定义了车刀圆弧半径及刀尖的方向号。车刀刀尖的方向号定义了刀具刀位点与刀尖圆弧中心的位置关系,其0~9有十个方向,如图2-62所示。

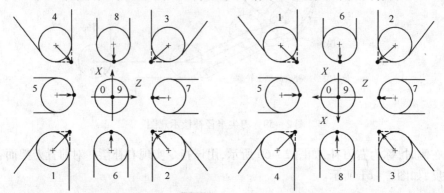

●代表刀具刀位点A, +代表刀尖圆弧圆心O   ●代表刀具刀位点A, +代表刀尖圆弧圆心O

图2-62　前置与后置刀架刀尖方位定义

（1）刀尖半径补偿的设置:

① 输入刀尖半径补偿参数。

● 按 OFS/SET 功能键进入参数设定页面;

● 将光标移到对应刀补号的半径栏中,输入刀尖半径补偿值（如图2-63所示输入刀尖半径为0.8）;

● 按 INPUT 键完成输入。

② 输入刀尖方位参数。数控程序中调用刀具补偿命令时,需在工具补正界面下,T值中设定所选刀具的刀尖方位参数值。刀尖方位参数值根据所选刀具的刀尖方位参照图2-62得到,在"刀尖方位"对应的栏中输入参数值,如图2-63所示输入刀尖方位为3。

【注意事项】:

● 刀补表中的序号参数必须与刀偏表中的序号对应;

● R为刀尖半径补偿值存储器,T为刀尖方位号存储器。

（2）刀尖半径补偿注意事项:

① G41、G42指令不能与G02或G03指令写在同一程序段。

② 刀尖半径补偿使用结束后,必须用G40指令取消补偿。

③ 在使用G41或G42指令时,不允许有两个连续的非移动指令,否则刀具在前面程序段终点的垂直位置上停止,且产生过切或欠切现象。非移动指令有M代码、S代码、暂停指令G04、某些G代码（如G50等）、移动量为零的切削指令（如G01 U0 W0）等。

④ 刀具因磨损、重磨、更换新刀而引起刀尖圆弧半径改变后,不必修改程序,只需在刀补表界面中修改刀尖半径补偿量即可。

⑤ 加工程序中,当调用另一把刀具或要更改刀尖补偿方向时,中间必须取消刀尖补

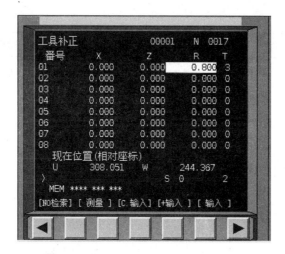

图 2 - 63 刀尖半径补偿参数设置界面

偿,否则会产生加工误差。

5)编程举例:

[例2.14]加工如图2-64所示的零件,毛坯尺寸为 $\phi80\times100$ 的棒料,设切削起点在 A(82,5),X、Z 方向粗加工余量分别为 0.5mm、0.1mm;工件材料为 45 钢,完成零件程序的编写。

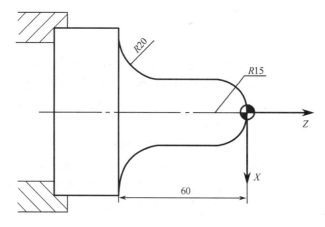

图 2 - 64 手柄零件

程　序	程　序　说　明
O0007;	程序名
T0101;	设立坐标系,选一号刀,一号刀补
G00 X100.0 Z100.0;	快速定位到起刀点
M03 S800;	主轴以 800r/min 正转
G00 X82.0 Z5.0;	刀具到循环起点位置
G71 U1.5 R1.0; G71 P06 Q12 U0.5 W0.1 F0.2;	封闭粗切削循环

程　序	程序说明
N06 G42 G01 X0 F0.1;	精加工程序起始行
Z0;	端面加工
G03 X30.0 Z-15.0 R15;	加工 R15 圆弧
G01 Z-25.0;	加工 φ30 外圆
G02 X70.0 Z-60.0 R20;	加工 R20 圆弧
G01 X76.0;	加工 Z-60 端面
N12 G40 G01 X80.0;	取消刀补
G70 P06 Q12;	精加工轮廓
G00 X100.0 Z200.0;	快速退刀到安全位置
M05;	主轴停转
M30;	程序结束

四、任务实施

1. 工艺分析

1）零件图工艺分析

（1）加工内容及技术要求：该零件加工要素为左端 $\phi35_{-0.025}^{\ 0}$、$\phi42_{-0.025}^{\ 0}$ 的阶梯轴，右端 SR10 球面、$\phi24$ 外圆柱面、$\phi30 \sim \phi35$ 锥面、$\phi35$ 外圆柱面及左右两端面，保证总长为 88mm。

零件尺寸标注完整、无误，轮廓描述清晰，技术要求清楚明了。

零件毛坯为 $\phi45 \times 100$ 的 45 钢，切削加工性能较好，无热处理要求。

左端直径精度要求分别为 $\phi35_{-0.025}^{\ 0}$、$\phi42_{-0.025}^{\ 0}$，表面粗糙度要求为 Ra1.6，长度方向精度要求分别为 $10_{-0.03}^{\ 0}$、$40_{-0.05}^{\ 0}$，精度要求较高。左端 $\phi35_{-0.025}^{\ 0}$ 外圆与右端 $\phi35$ 外圆有较高的同轴度要求，公差值为 $\phi0.03$。右端直径精度要求为 IT11 级，表面粗糙度要求为 Ra6.3。

（2）加工方法：该零件为小批量生产，所有加工要素均可在数控车床上加工。

2）机床选择

根据零件的结构特点、加工要求及现有设备情况，数控车床选用配备有 FANUC-0i 系统的 CAK6140VA。其主要技术参数见表 2-10。

3）装夹方案的确定

根据工艺分析，该零件在数控车床上的装夹都采用三爪卡盘。装夹方法如图 2-65、图 2-66 所示，先夹持毛坯为粗基准加工左端，再调头以左端 $\phi35$ 外圆为精基准加工右端。

4）工艺过程卡片制定

根据以上分析，制定零件加工工艺过程卡如表 2-18 所列。

表 2-18 零件加工工艺过程卡

（工厂）	机械工艺过程卡		产品型号		零件图号			共 1 页 第 1 页
			产品名称	$\phi45\times100$	零件名称	连接轴	1	

材料牌号	45 钢	毛坯种类	棒料	毛坯外形尺寸		每毛坯可制件数		每台件数		备注

工序号	工序名称	工序内容	车间	工段	设备	工艺装备	工时/min	
							准终	单件
1	备料	备 $\phi45\times100$ 的 45 钢棒料			锯床			
2	数车	粗、精车左端面及左端 $\phi35_{-0.025}^{0}\times30$，$\phi42_{-0.025}^{0}\times12$ 台阶轴至图纸精度要求 粗、精车右端面及右端外圆 $\phi24\times20$，$\phi30\sim\phi35$ 锥面，$SR10$ 至图纸精度要求，并保证总长尺寸			CAK6140VA	三爪卡盘		
3	钳工	去毛刺						
4	检验	按图样检查零件尺寸及精度						
5	入库	油封，入库						

					设计（日期）	审核（日期）	标准化（日期）	会签（日期）

标记	处数	更改文件号	签字	日期	标记	处数	更改文件号	签字	日期

描图

描校

底图号

装订号

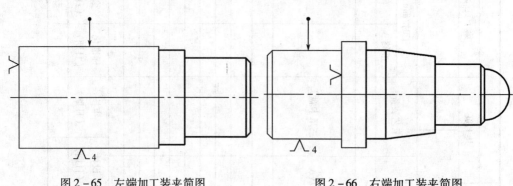

图 2 - 65 左端加工装夹简图　　　　　　图 2 - 66 右端加工装夹简图

5）加工顺序的确定

加工时，先粗、精车左端面及左端 $\phi35_{-0.025}^{0}\times30$、$\phi42_{-0.025}^{0}\times12$ 台阶轴至图纸精度要求，再调头粗、精车右端面及右端外圆 $\phi24\times20$、$\phi30\sim\phi35$ 锥面、$SR10$ 至图纸精度要求。

6）刀具与量具的确定

该零件无沟槽、螺纹和凹的成型面，因此选用主偏角为 93° 外圆车刀即可完成零件粗、精加工。具体刀具型号见刀具卡片表 2 - 19。

该零件尺寸精度要求较高，需采用多种量具测量，具体量具型号见量具卡片表 2 - 20。

表 2 - 19 数控加工刀具卡片

产品名称或代号		零件名称		零件图号		备　注
工步号	刀具号	刀具名称	刀具规格		刀具材料	
1/2/3/4	T01	外圆车刀	93°		硬质合金	
编　制		审　核		批　准		共　页　第　页

表 2 - 20 量具卡片

产品名称或代号	零件名称		零件图号	
序号	量具名称	量具规格	分度值	数量
1	钢板尺	0 ~ 125mm	0.1mm	1 把
2	游标卡尺	0 ~ 150mm	0.02mm	1 把
3	外径千分尺	25 ~ 50mm	0.01mm	1 把
4	半径规	$R7\sim R14.5$ mm	0.1mm	1 把
编　制	审　核		批　准	共　页　第　页

7）数控车削加工工序卡片

制定零件数控车削加工工序卡如表 2 - 21、表 2 - 22 所示。

表 2-21 零件数控车削加工工序卡

(工厂)	数控加工工序卡		产品型号		零件图号				共 2 页	第 1 页
			产品名称		零件名称	连接轴			材料牌号	
			车间	工序号	工序名称				45 钢	
				2	数车					
			毛坯种类	毛坯外形尺寸	每毛坯可制件数		每台件数			
			棒料	φ45×100	1					
			设备名称	设备型号	设备编号		同时加工件数			
			数控铣床	CAK6140VA						
			夹具编号		夹具名称		切削液			
					三爪卡盘					
			工位器具编号		工位器具名称		工序工时			
							准终		单件	

工步号	工步名称	工艺装备	主轴转速 /(r/min)	切削速度 /(m/min)	进给量 /(mm/r)	背吃刀量 /mm	进给次数		工时	
									机动	单件
1	按图夹毛坯外圆,粗车左端面,φ35×30 及 φ42×12 台阶轴,X 向留 0.5 余量,Z 向留 0.1 余量	93°外圆车刀	800	115	0.2	1.5				
2	精车左端面,φ35$_{-0.025}^{0}$×30 及 φ42$_{-0.025}^{0}$×12 台阶轴至图纸要求	93°外圆车刀	1200	170	0.15	0.25				
				设计 (日期)	审核 (日期)	标准化 (日期)	会签 (日期)			
标记	处数	更改文件号	签字	日期	标记	处数	更改文件号	签字	日期	

描图

描校

底图号

装订号

表 2-22 零件数控车削加工工序卡

（工厂）	数控加工工序卡		产品型号		零件图号			
			产品名称		零件名称		共 2 页	第 2 页

车间	工序号	工序名称	材料牌号
	2	数车	45 钢

毛坯种类	毛坯外形尺寸	每毛坯可制件数	每台件数
棒料	φ45×100	1	

设备名称	设备型号	设备编号	同时加工件数
数控铣床	CAK6140VA		

夹具编号	夹具名称	切削液
	三爪卡盘	

工位器具编号	工位器具名称	工序工时	
		准终	单件

工步号	工步名称	工艺装备	主轴转速 /(r/min)	切削速度 /(m/min)	进给量 /(mm/r)	背吃刀量 /mm	进给次数	工时 机动	单件
3	调头,按图夹持 φ35mm 外圆,粗车右端面,φ24×20、φ35～φ30 锥面,SR10,X 向留 0.5 余量,Z 向留 0.1 余量	93°外圆车刀	800	115	0.2	1.5			
4	精车右端面,φ24×20、φ30～φ35 外圆,SR10 锥面,SR10 至图纸,保证长度尺寸 88mm,20mm,$10_{-0.03}^{0}$ mm 及其表面质量	93°外圆车刀	1200	170	0.15	0.25			

	设计 （日期）	审核 （日期）	标准化 （日期）	会签 （日期）
标记	处数	更改文件号	签字	日期
标记	处数	更改文件号	签字	日期

描图
描校
底图号
装订号

2. 数控加工程序编制

1）零件左端加工程序

程 序	程 序 说 明
00001；	程序名
T0101；	设立坐标系,选一号刀,一号刀补
M03 S800；	主轴以 800r/min 正转
G00 X100.0 Z100.0；	刀具定位到起刀点
G00 X46.0 Z5.0；	刀具到循环起点位置
G71 U1.5 R1.0； G71 P06 Q13 U0.5 W0.1 F0.2；	粗切削循环,粗切量 1.5,精切量 X0.5,Z0.5 进给 0.2mm/r
N06 G01 X0 F0.15；	加工程序起始行,刀具至轴心延长线上,进给 0.15mm/r
Z0；	到端面中心
G01 X31.0；	加工端面
G01 X35.0 Z－2.0；	加工 $C2$ 倒角
Z－30.0；	加工 $\phi35$ 外圆
G01 X42.0；	加工 $Z－30$ 的端面
G01 Z－42.0；	加工 $\phi42$ 的端面
N13 X46.0；	加工 $Z－42$ 的端面
S1200；	主轴以 1200r/min 正转
G70 P06 Q13；	精加工轮廓
G00 X100.0 Z100.0；	快速退刀到安全位置
M30；	程序结束并复位

2）零件右端加工程序

程 序	程 序 说 明
00002；	程序名
T0101；	设立坐标系,选一号刀,一号刀补
M03 S800；	主轴以 800r/min 正转
G00 X100.0 Z200.0；	刀具定位到起刀点
G00 X52.0 Z108.0；	刀具到循环起点位置
G71 U1.5 R1.0； G71 P06 Q16 X0.5 Z0.1 F0.2；	粗切削循环,粗切量 1.5,精切余量 X0.5,Z0.1,进给 0.2mm/r
N06 G01G42 X0 F0.15；	精加工程序起始行,刀具至轴心延长线上加刀补,进给 0.15mm/r
Z98.0；	到端面中心

87

程　　序	程　序　说　明
G03 X20.0 Z88.0 R10;	加工 R10 的圆弧
G01 X21.0;	刀具移至倒角起点
X24.0 Z86.5;	加工 1×45° 倒角
G01 Z68.0;	加工 φ24 的外圆
X30.0;	加工 Z68 的端面
G01 X35.0 Z48.0;	加工锥面
Z40.0;	加工 φ35 外圆
G01 X45.0;	加工 Z40 的端面
N16 G40 G01 X52.0;	取消刀具半径补偿
S1200;	主轴以 1200r/min 正转
G70 P06 Q16;	精加工轮廓
G00 X100.0 Z200.0;	快速退刀到安全位置,取消刀补
M30;	程序结束并复位

3. 锥面及圆弧加工误差分析

1）车刀刀尖圆弧半径引起的误差分析

（1）加工单段锥体类零件表面:对于单段外锥体零件的加工,由于车刀刀尖圆弧半径的存在,锥体的轴向尺寸、径向尺寸均发生变化,且轴向尺寸的变化量随刀尖圆弧半径的增大而增大,随锥体锥角的增大而增大,径向尺寸随刀尖圆弧半径的增大而减小,随锥体锥角的增大而减小。

（2）加工球体类零件表面:对于内球面零件的加工,由于车刀刀尖圆弧半径的存在,使得被加工零件的轴向尺寸发生变化,且轴向尺寸的变化量随刀尖圆弧半径的增大而增大,随球面夹角的增大而增大,同理亦可得加工外球面时轴向尺寸的变化量及其位移长度。

（3）加工锥体接球体类零件表面:对于锥体接球体类零件的加工,由于车刀刀尖圆弧半径的存在,使得被加工零件锥体部分轴向尺寸的变化量随刀尖圆弧半径的增大而增大,随锥体锥角的增大而增大;球体部分轴向尺寸的变化量随刀尖圆弧半径的增大而增大,随刀尖零件切点处与轴线间夹角的增大而增大。锥体部分大端的径向尺寸随刀尖圆弧半径的增大而减小,随锥体锥角的增大而减小;球体部分小端径向尺寸随刀尖圆弧半径的增大而增大,随刀尖零件切点处与轴线间夹角的增大而增大。所以加工中应随之变换其位移长度。同理可得加工凹球面、内球面与锥体部分相接时轴向尺寸、径向尺寸的变化量及其位移长度。

（4）误差的消除方法:

① 编程时,调整刀尖的轨迹,使得圆弧形刀尖实际加工轮廓与理想轮廓相符,进行简单的几何计算,将实际需要的圆弧形刀尖的轨迹换算成假想刀尖的轨迹。

② 以刀尖圆弧中心为刀位点的编程步骤如下:通过绘制零件草图,以刀尖圆弧半径

及工件尺寸为依据绘制刀尖圆弧运动轨迹以计算圆弧中心轨迹特征点编程。在这个过程中刀尖圆弧中心轨迹的绘制及其特征点计算略显复杂,如果使用CAD软件中等距线的绘制功能和点的坐标查询功能来完成此项操作则十分方便。采用这种方法加工时,应注意检查所使用刀具的刀尖圆弧半径值是否与程序中值相符;对刀时,也要把其值考虑进去。

2)非车刀刀尖圆弧半径引起的误差分析

非车刀刀尖圆弧半径影响也是产生工件误差的一个主要原因。数控车床锥面和圆弧加工中经常遇到的加工质量问题有多种,其问题现象、产生原因以及预防和消除方法见表2-23和表2-24。

表2-23　锥面加工误差分析

问题现象	产生原因	预防和消除
锥度不符合要求	1. 程序错误; 2. 工件夹不正确	1. 检查、修改加工程序; 2. 检查工件安装,增加安装刚度
切削过程出现振动	1. 工件装夹不正确; 2. 刀具安装不正确; 3. 切削参数不正确	1. 正确安装工件; 2. 正确安装刀具; 3. 编程时合理选择切削参数
锥面径向尺寸不符合要求	1. 程序错误; 2. 刀具磨损; 3. 没考虑刀尖圆弧半径补偿	1. 保证编程正确; 2. 及时更换掉磨损大的刀具; 3. 编程时考虑刀尖圆弧半径补偿
切削过程出现干涉现象	工件斜度大于刀具后角	1. 选择正确刀具; 2. 改变切削方式

表2-24　圆弧加工误差分析

问题现象	产生原因	预防和消除
切削过程出现干涉现象	1. 刀具参数不正确; 2. 刀具安装不正确	1. 正确编制程序; 2. 正确安装刀具
圆弧凹凸方向不对	程序不正确	正确编制程序
圆弧尺寸不符合要求	1. 程序不正确; 2. 刀具磨损; 3. 没考虑刀尖圆弧半径补偿	1. 正确编制程序; 2. 及时更换刀具; 3. 考虑刀具圆弧半径补偿

任务四　数控车削孔

知识点

- 孔加工常用刀具
- 孔加工方法选择
- 车削孔的关键技术及主要工艺问题

技能点

- 孔类零件加工工艺制定
- 孔加工对刀操作技巧
- 孔类零件的加工误差分析与质量控制

一、任务描述

完成如图 2-67 所示零件的加工,试编写加工程序(该零件为单件生产,毛坯尺寸为 $\phi45 \times 45$ 的棒料,材料为 45 钢)。

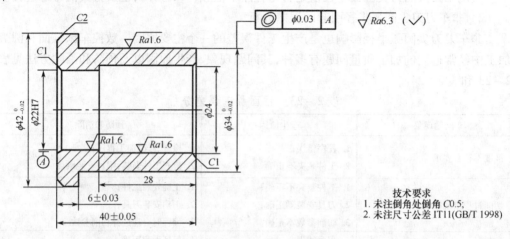

图 2-67 轴承套零件图

二、任务分析

在数控车削加工中会遇到多种结构类型、不同精度要求的孔,通过钻、铰、镗、扩等方法可以加工出不同精度的孔类零件,其加工方法简单,加工精度也比普通车床要高。孔加工在车削加工中占有重要的地位,该项目通过深入学习孔加工的工艺知识,制定合理的孔加工工艺,合理选择刀量具,控制孔的质量精度,完成轴承套零件的加工。

三、知识链接

1. 孔加工刀具

孔加工刀具按其用途可分为两大类:

一类是钻头,它主要用于在实心材料上钻孔(有时也用于扩孔)。根据钻头构造及用途不同,又可以分为麻花钻、中心钻及深孔钻等。

另一类是对已有孔进行再加工的刀具,如扩孔钻、铰刀及镗刀等。

1)麻花钻

麻花钻是一种形状复杂的孔加工刀具,它的应用较为广泛,常用来钻削精度较低和表面较粗糙的孔。用高速钢钻头加工的孔精度可达 IT11 ~ IT13,表面粗糙度可达 Ra6.3 ~ 12.5;用硬质合金钻头加工时则分别可达 IT10 ~ IT11 和 Ra3.2 ~ 12.5。标准的麻花钻如图 2-68 所示。

麻花钻的装夹方法,按其柄部的形状不同而异。锥柄钻头可以直接装入钻床主轴锥孔内,较小的钻头可用过渡套筒安装,如图 2-69(a)所示。直柄钻头用钻夹头安装,钻夹头结构如图 2-69(b)所示。

2)中心钻

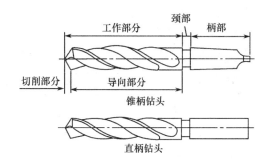

图 2-68 标准麻花钻

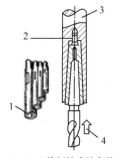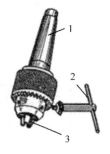

（a）锥柄钻头的安装　　　　　　　　（b）钻夹头安装

图 2-69 钻头的装夹

1—过渡锥度套筒；2—锥孔；　　　　　1—锥柄；2—紧固扳手；
3—钻床主轴；4—安装时将钻头向上推压。　3—自动定心夹爪。

中心钻用于加工中心孔，有以下三种类形：

A 型：不带护锥的中心钻，如图 2-70（a）所示，加工直径 $d=1\sim10mm$ 的中心孔时，通常采用不带护锥的中心钻（A 型）。

B 型：带护锥的中心钻，如图 2-70（b）所示，对于工序较长、精度要求较高的工件，为了避免 60°定心锥被损坏，一般采用带护锥的中心锥（B 型）。

R 型：适用于加工 R 形中心孔的弧形中心钻，如图 2-70（c）所示，用 R 形中心钻加工出的 R 型中心孔定位精度高，且能起自动定位作用；普通零件热处理后，可以不研磨中心孔，强度高，寿命长；具有良好的贮存润滑油性能。适用于精度要求高的小型轴类作基准定位加工刀具。

3）深孔钻

深径比（孔深与孔径比）在 5~10 范围内的孔为深孔，加工深孔可用深孔钻。深孔钻的结构有多种，常用的主要有外排屑深孔钻，如图 2-71 所示。

4）扩孔钻

扩孔钻用于将现有孔扩大，一般加工精度可达 IT10-IT11，表面粗糙度可达 $Ra3.2\sim12.5$，通常作为孔的半精加工刀具。

扩孔钻的类型主要有两种，即整体锥柄扩孔钻和套式扩孔钻，如图 2-72 所示。

5）镗刀

镗刀用于扩孔或孔的粗、精加工。镗刀能修正钻孔、扩孔等工序所造成的轴线歪曲、

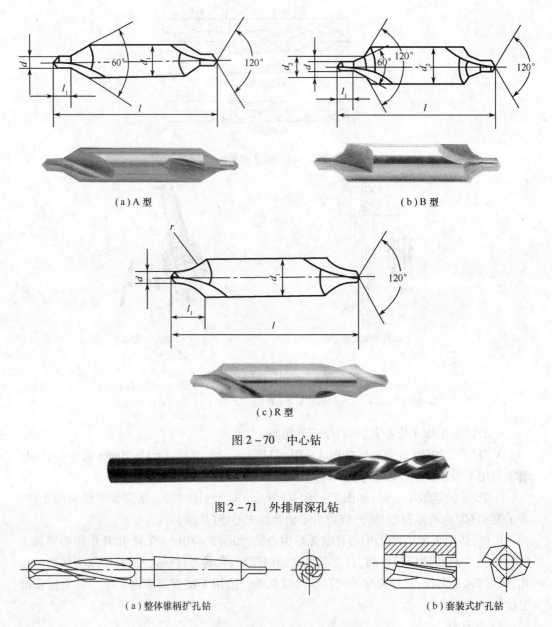

（a）A 型

（b）B 型

（c）R 型

图 2-70　中心钻

图 2-71　外排屑深孔钻

（a）整体锥柄扩孔钻

（b）套装式扩孔钻

图 2-72　专用扩孔钻

偏斜等缺陷,故特别适用于要求孔距很准确的孔系加工。镗刀可加工不同直径的孔。镗孔又分为镗通孔和镗盲孔。通孔镗刀切削部分的几何形状与外圆车刀相似,为了减小径向切削抗力,防止车孔时振动,主偏角应取得大些,一般在 60°～75°,副偏角一般为 15°～30°,为防止内孔镗刀后刀面和孔壁摩擦又不使后角磨得太大,一般磨成两个后角,刃倾角取正值。盲孔镗刀用来车削盲孔或台阶孔,切削部分形状基本与偏刀相似,它的主偏角大于 90°,一般为 92°～95°,后角的要求和通孔镗刀一样,不同之处是盲孔镗刀的刀尖到刀杆外端的距离 a 小于孔半径 R,否则无法镗平孔的底面,如图 2-73 所示。

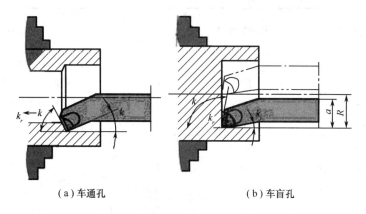

（a）车通孔　　　　　　　　　（b）车盲孔

图 2 - 73　镗刀

6）铰刀

铰刀用于中小型孔的半精加工和精加工,也常用于磨孔或研孔的预加工。铰刀的齿数多、导向性好、刚性好、加工余量小、工作平稳,一般加工精度可达 IT5 ~ IT8,表面粗糙度可达 $Ra0.4 ~ 1.6$。铰刀种类如图 2 - 74 所示。

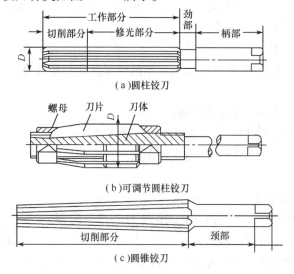

（a）圆柱铰刀

（b）可调节圆柱铰刀

（c）圆锥铰刀

图 2 - 74　手动铰刀

2. 孔加工方法选择

在车削加工中,孔的加工方法与孔的精度要求、孔径以及孔的深度紧密相连,加工方法的合理选择至关重要。加工孔时,切削区在工件内部,排屑及散热条件差,加工精度和表面质量都不易控制。加工孔的刀具尺寸受被加工孔尺寸的限制,刚性差,容易产生弯曲变形和振动;刀具的制造误差和磨损将直接影响孔的加工精度。孔的加工精度要求还与孔的位置精度有关。当孔的位置精度要求较高时,可以通过在车床上镗孔实现。在车床上镗孔时合理安排孔的加工路线比较重要,安排不当就可能把坐标轴的反向间隙带入到加工中,从而直接影响孔的位置精度。常见的孔加工方案见表 2 - 25。

表 2 −25　孔的加工方案

	加工方案	尺寸精度(IT)	表面粗糙度 $Ra/\mu m$	适用范围
1	钻	IT11 ~ 13	Ra12.5	加工未淬火钢及铸铁的实心毛坯，也可用于加工非铁金属(但表面粗糙度值稍高)，孔径 <20mm
2	钻 − 铰	IT8 ~ 9	Ra3.2 ~ 1.6	
3	钻 − 粗铰 − 精铰	IT7 ~ 8	Ra1.6 ~ 0.8	
4	钻 − 扩	IT11	Ra12.5 ~ 6.3	加工未淬火钢及铸铁的实心毛坯，也可用于加工非铁金属(但表面粗糙度值稍高)，孔径 >20mm
5	钻 − 扩 − 铰	IT8 ~ 9	Ra3.2 ~ 1.6	
6	钻 − 扩 − 粗铰 − 精铰	IT7	Ra1.6 ~ 0.8	
7	钻 − 扩 − 机铰 − 手铰	IT6 ~ 7	Ra0.4 ~ 0.1	
8	钻 − (扩) − 拉	IT7 ~ 9	Ra1.6 ~ 0.1	大批量生产中小零件的通孔
9	粗镗(或扩孔)	IT11 ~ 12	Ra12.5 ~ 6.3	除淬火钢外各种材料，毛坯有铸出孔或锻出孔
10	粗扩 − 精扩	IT9 ~ 10	Ra3.2 ~ 1.6	
11	粗扩 − 精扩 − 铰	IT7 ~ 8	Ra08 ~ 1.6	

3. 车削孔的关键技术及主要工艺问题

车削孔是常用的孔加工方法之一，可用作粗加工及精加工。精车孔通常尺寸精度可达 IT7 ~ IT8，表面粗糙度可达 $Ra0.8 ~ 1.6$。

1) 内孔车刀的安装

内孔车刀安装的正确与否，直接影响到车削情况及孔的精度，所以在安装内孔时一定要注意：

(1) 刀尖应与工件中心等高或稍高；

(2) 刀杆伸出长度不宜过长，一般比被加工孔长 5 ~ 6mm；

(3) 刀杆基本平行于工件轴线，否则在车削到一定深度时，刀杆后半部分容易碰到工件孔口。

2) 内孔车削的关键技术

内孔车削的关键技术是解决内孔车刀的刚性和排屑问题。

(1) 增加内孔车刀刚性的措施：

① 尽量增加刀柄的截面积，通常车刀的刀尖位于刀杆的上面，这样刀杆的截面积较小，还不到孔截面积的1/4，若使内孔车刀的刀尖位于刀杆的中心线上，那么刀杆在孔中的截面积可大大地增加。

② 尽可能缩短刀杆的伸出长度，以增加车刀刀杆刚性，减小切削过程中的振动。

(2) 解决排屑问题：主要是控制切屑流出方向。车削通孔时要求切屑流向待加工表面(前排屑)，为此，采用正刃倾角的内孔车刀；车削盲孔时，应采用负刃倾角，使切屑从孔口排出。

3) 孔类零件加工中的主要工艺问题

一般孔类零件在机械加工中的主要工艺问题是保证内外圆的相互位置精度(即保证内、外圆表面的同轴度以及轴线与端面的垂直度要求)和防止变形。

(1) 保证相互位置精度：保证内外圆表面间的同轴度以及轴线与端面的垂直度要求，

常采用下列三种工艺方案：

① 一次装夹完成内外圆表面与端面的加工。这种工艺方案由于消除了安装误差对加工精度的影响，因而能保证较高的相互位置精度。在这种情况下，影响零件内外圆表面间的同轴度和孔轴线与端面的垂直度的主要因素是机床精度。该工艺方案一般用于零件结构允许在一次安装中，加工出全部有位置精度要求的表面的场合。如图 2-75 所示，用棒料毛坯加工该衬套的工艺过程为：

（a）加工端面、粗加工外圆表面，粗加工孔。

（b）精加工外圆、精加工孔、倒角、切断。

（c）加工另一端面、倒角。

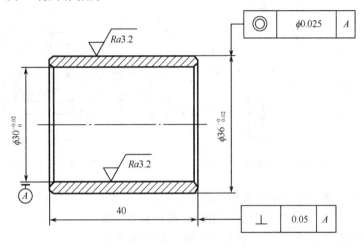

图 2-75　衬套零件图

② 全部加工分在几次安装中进行，先加工孔，然后以孔为定位基准加工外圆表面。

孔精加工常采用拉孔、滚压孔等工艺方案，生产效率较高，该工艺方案可以解决镗孔和磨孔时因镗杆、砂轮杆刚性差而引起的加工误差。常用该方法加工套筒。

当以孔为基准加工套筒的外圆时，常用刚度较好的小锥度心轴安装工件。小锥度心轴结构简单，易于制造，心轴用两顶尖安装，其安装误差很小，因此可获得较高的位置精度。

③ 全部加工分在几次安装中进行，先加工外圆，然后以外圆表面为定位基准加工内孔。

这种工艺方案，如用一般三爪自定心卡盘夹紧工件，则因卡盘的偏心误差较大会降低工件的同轴度，故需采用定心精度较高的夹具，以保证工件获得较高的同轴度。较长的套筒一般多采用这种加工方案。

（2）防止变形的方法：薄壁套筒在加工过程中，往往由于夹紧力、切削力和切削热的影响而引起变形，致使加工精度降低。需要热处理的薄壁套筒，如果热处理工序安排不当，也会造成不可校正的变形。防止薄壁套筒的变形，可以采取以下措施：

① 减小夹紧力对变形的影响。

（a）夹紧力不宜集中于工件的某一部分，应使其分布在较大的面积上，以使工件单位面积上所受的压力较小，从而减少其变形。当薄壁套筒以外圆为定位基准时，宜采用软爪或者开缝套筒夹持,软爪应采取自镗的工艺措施,以减少安装误差,提高加工精度。开缝套筒装夹薄壁工件如图2-76所示,套筒与工件接触面积较大,夹紧力均匀分布在工件外圆上,不易产生变形。当薄壁套筒以孔为定位基准时,宜采用胀开式心轴。

(b)采用轴向夹紧工件的夹具。用轴向夹紧夹具夹紧零件时,可使夹紧力沿零件轴向分布,防止夹紧变形。如图2-77所示夹具,螺母通过端面沿轴向夹紧,使得其夹紧力产生的径向变形极小。

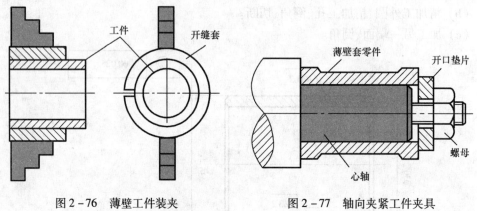

图2-76 薄壁工件装夹　　　　　图2-77 轴向夹紧工件夹具

(c)在工件上做出加强刚性的辅助凸边,当加工结束时,将凸边切去。

② 减少切削力对变形的影响。常用的方法有下列几种:

(a)减小径向力,通常可借助增大刀具的主偏角来实现。

(b)内外表面同时加工,使径向切削力相互抵消。

(c)粗、精加工分开进行,使粗加工时产生的变形能在精加工中能得到修正。

③ 减少热变形引起的误差。工件在加工过程中产生切削热会膨胀变形,影响工件的加工精度。为了减少热变形对加工精度的影响,应在粗、精加工之间留有充分冷却的时间,并在加工时注入足够的切削液。

热处理对套筒变形的影响也很大,除了改进热处理方法外,热处理工序应安排在精加工之前进行,以使热处理产生的变形在以后的工序中得到修正。

4. 孔径测量工具

1)孔径的测量

孔径检测常用量具有游标卡尺、内卡钳、内径千分尺、内径百分表等,孔深的检测常用量具有游标卡尺、深度游标卡尺、深度千分尺等。对于小径内孔,可用塞规、内测千分尺等量具进行测量,具体介绍如下:

(1)内卡钳测量。当孔口试切削或位置狭小时,使用内卡钳显得方便灵活。当前使用的内卡钳已采用量表或数显方式来显示测量数据,如图2-78所示。采用这种内卡钳可以测出IT7~IT8级精度。

(2)塞规测量。塞规如图2-79(a)所示,是一种专用量具,一端为通端、另一端为止端。使用塞规检测孔径时,当通端能进入孔内、而止端不能进入孔内时,说明孔径合格,否则为不合格。与此相类似,轴类零件也可采用光环规测量,如图2-79(b)所示。

（3）内测千分尺。内测千分尺如图 2-80 所示。可用于测量 5~30mm 的孔径,分度值为 0.01mm。这种千分尺的刻线与外径千分尺相反,顺时针旋转微分筒时,活动爪向右移动,测量值增大。由于结构设计方面的原因,其测量精度低于其他类型的千分尺。

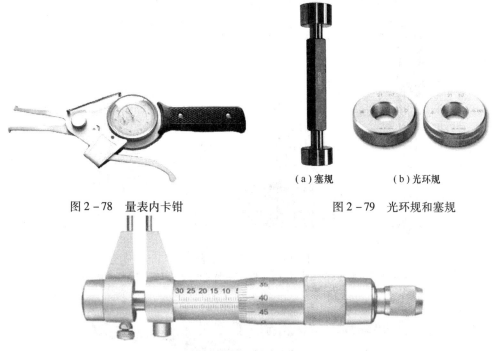

图 2-78　量表内卡钳

（a）塞规　　　（b）光环规

图 2-79　光环规和塞规

图 2-80　内测千分尺

（4）内径百分表测量。内径百分表如图 2-81 所示,是将百分表装夹在测架 1 上,触头 6 称活动测量头,通过摆动块 7 及杆 3,将测量值 1:1 传递给百分表。测量头 5 可根据孔径大小更换。为了能使触头自动位于被测孔的直径位置,在其旁装有定心器 4,测量前,应使百分表对准零位,测量时,为得到准确的尺寸,活动测量头应在径向方向摆动并找出最大值,在轴向方向摆动找出最小值,这两个重合尺寸就是孔径的实际尺寸。内径百分表主要用于测量精度要求较高而且又较深的孔。

（5）内径千分尺测量。用内径千分尺可以测量孔径。内径千分尺外形如图 2-82 所示,由测微头和各种尺寸的接长杆组成。每根接长杆上都注有公称尺寸和编号,可按需要选用。

内径千分尺的读数方法和外径千分尺相同,但由于内径千分尺无测力装置,因此测量误差较大。

2）孔距测量

测量孔距时,通常采用游标卡尺测量。精度较高的孔距也可采用内径千分尺和千分尺配合圆柱测量芯棒进行测量。

四、任务实施

1. 工艺分析

1）零件图工艺分析

（1）加工内容及技术要求:该零件主要加工要素为左端 $\phi42^{\ 0}_{-0.02}$ 圆柱面、$\phi22H7$ 内

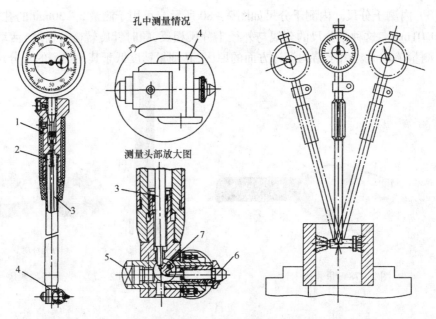

图 2 - 81　内径百分表
1—测架；2—弹簧；3—杆；4—定心器；5—测量头；6—触头；7—摆动块。

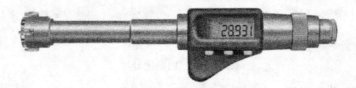

图 2 - 82　内径千分尺

孔；右端 $\phi34_{-0.02}^{0}$ 圆柱面、$\phi24$ 内孔及左右两端面，并保证总长为 40mm。

零件尺寸标注完整、无误，轮廓描述清晰，技术要求清楚明了。

零件毛坯为 $\phi45\times55$ 的 45 钢，切削加工性能较好，无热处理要求。

左端 $\phi42$ 圆柱、倒角表面粗糙度要求均为 $Ra6.3$，直径精度要求为 $\phi42_{-0.02}^{0}$，长度精度要求为 6 ± 0.03；右端 $\phi34$ 圆柱表面粗糙度要求为 $Ra1.6$，直径精度要求为 $\phi34_{-0.02}^{0}$，精度要求较高，右端 $\phi34_{-0.02}^{0}$ 外圆与 $\phi22H7$ 内孔有较高的同轴度要求，公差值为 $\phi0.03$。零件总体长度的精度要求为 40 ± 0.05。

（2）加工方法：该零件为小批量生产，所有加工要素均可在数控车床上加工。

2）机床选择

根据零件的结构特点、加工要求及现有设备情况，数控车床选用配备有 FANUC - 0i 系统的 CAK6140VA。其主要技术参数见表 2 - 10。

3）装夹方案的确定

根据工艺分析，该零件在数控车床上的装夹都采用三爪卡盘。装夹方法如图 2 - 83、图 2 - 84 所示，先以毛坯左端为粗基准加工右端，再调头以右端 $\phi34$ 外圆为精基准加工左端。

4）工艺过程卡片制定

根据以上分析，制定零件加工工艺过程卡如表 2 - 26 所示。

表 2-26 零件加工工艺过程卡

(工厂)	机械工艺过程卡		产品型号		零件图号		共1页	第1页
			产品名称	$\phi45\times55$	零件名称	轴承套		

材料牌号	毛坯种类	毛坯外形尺寸	每毛坯可制件数	每台件数	备注
45 钢	棒料	$\phi45\times55$		1	

工序号	工序名称	工序内容	车间	工段	设备	工艺装备	工时/min 准终	工时/min 单件
1	备料	备 $\phi45\times55$ 的 45 钢棒料			锯床			
2	数车	夹持毛坯左端车右端面见平即可。车外圆 $\phi34_{-0.02}^{0}$、$\phi42$ 至尺寸精度要求，打中心孔，钻 $\phi20$ 通孔，镗内孔 $\phi22H7$、$\phi24\times28$ 台阶孔至尺寸精度要求　调头装夹，车左端面，保证总长 40mm，外圆倒斜角 C2，内孔倒斜角 C1			CAK6140VA	三爪卡盘		
3	钳工	去毛刺						
4	检验	按图样检查零件尺寸及精度						
5	入库	油封、入库						

			设计 (日期)	审核 (日期)	标准化 (日期)	会签 (日期)
标记	处数	更改文件号	签字	日期		
标记	处数	更改文件号	签字	日期		

描图

描校

底图号

装订号

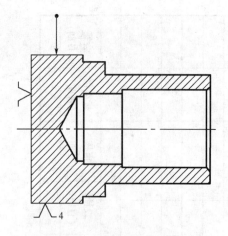

图2-83　右端加工装夹简图　　　　　　图2-84　左端加工装夹简图

5) 加工顺序的确定

加工时,先粗精车右端面及右端 $\phi34_{-0.02}^{0}\times34$、$\phi42$ 台阶轴至图纸精度要求,钻中心孔 →钻 $\phi20$ 通孔→镗 $\phi22$ 通孔→镗 $\phi24\times28$ 台阶孔。再调头粗精车左端面及左端 $\phi42\times6$ 圆柱面、$C2$ 外斜角、$C1$ 内孔斜角至图纸精度要求。

6) 刀具与量具的确定

端面及台阶轴的加工均选用90°的硬质合金外圆车刀,具体刀具型号见刀具卡片表2-27。

该零件尺寸精度要求较高,采用卡尺、千分尺测量。具体量具型号见量具卡片 表2-28。

表2-27　数控加工刀具卡片

产品名称或代号			零件名称		零件图号		备　注
工步号	刀具号	刀具名称		刀具规格		刀具材料	
1/2/7/8	T01	外圆车刀		93°		硬质合金	
3		中心钻		A3		高速钢	
4		麻花钻		$\phi20$		高速钢	
5/6/9	T03	内孔车刀		90°		硬质合金	
编　制		审　核		批　准		共　页　第　页	

表2-28　量具卡片

产品名称或代号		零件名称		零件图号	
序号	量具名称		量具规格	精度	数量
1	游标卡尺		0~150mm	0.02mm	1把
2	钢板尺		0~125mm	0.1 mm	1把
3	外径千分尺		25~50mm	0.01 mm	1把
4	内径千分尺		5~30mm	0.01 mm	1把
编　制		审　核		批　准	共　页　第　页

7) 数控车削加工工序卡片

制定零件数控车削加工工序卡如表2-29、表30所示。

100

表2-29 零件数控车削加工工序卡

(工厂)	数控加工工序卡	产品型号		零件图号		共2页	第1页
		产品名称		零件名称	轴承套	材料牌号	45钢

车间	工序号	工序名称	每台件数
	2	数车	

毛坯种类	毛坯外形尺寸	每毛坯可制件数	同时加工件数
棒料	φ45×55	1	

设备名称	设备型号	设备编号	切削液
数控铣床	CAK6140VA		

夹具编号	夹具名称
	三爪卡盘

工位器具编号	工位器具名称	工序工时 准终	单件

工步号	工步名称	工艺装备	主轴转速 /(r/min)	切削速度 /(m/min)	进给量 /(mm/r)	背吃刀量 /mm	进给次数	工时 机动	单件
1	按图夹毛坯左端外圆,粗车右端面,右端 $\phi42 \times 41$, $\phi34^{\ 0}_{-0.02} \times 34$ 轴,X 向留 0.5 余量,Z 向留 0.1 余量	93°外圆车刀	800	115	0.2	1.5			
2	精车右端面,右端 $\phi42 \times 41$, $\phi34^{\ 0}_{-0.02} \times \phi34^{\ 0}_{-0.02} \times 34$ 轴至图纸精度要求	93°外圆车刀	1200	170	0.15	0.25			
3	钻中心孔	A3 中心钻	1200	12					
4	钻 $\phi20$ 通孔	$\phi20$ 麻花钻	450	30					
5	粗车内孔 $\phi22 \times 12$, $\phi24 \times 28$,X 向留 0.5 余量,Z 向留 0.1 余量	90°内孔车刀	800	50	0.15	1.0			
6	精车内孔 $\phi22H7$, $\phi24 \times 28$ 至图纸精度要求	90°内孔车刀	1200	75	0.1	0.25			

					设计 (日期)	审核 (日期)	标准化 (日期)	会签 (日期)

标记	处数	更改文件号	签字	日期	标记	处数	更改文件号	签字	日期

描图

描校

底图号

装订号

表 2 - 30 零件数控车削加工工序卡

(工厂)	数控加工工序卡	产品型号		零件图号		共2页	第2页
		产品名称		零件名称	轴承套	材料牌号	45钢

车间	工序号	工序名称		每台件数			单件
	2	数车					
毛坯种类	毛坯外形尺寸	每毛坯可制件数		同时加工件数			
棒料	φ45×55	1					
设备名称	设备型号	设备编号	夹具名称		切削液		
数控铣床	CAK6140VA		三爪卡盘				
夹具编号		工位器具编号	工位器具名称		工序工时	准终	单件

工步号	工步名称	工艺装备	主轴转速 /(r/min)	切削速度 /(m/min)	进给量 /(mm/r)	背吃刀量 /mm	进给次数	工时 机动	工时 单件
7	按图夹持 φ34 外圆,粗车左端面及倒角,X 向留 0.5 余量,Z 向留 0.1 余量	93°外圆车刀	800	105	0.2	1.0			
8	精车左端面,端面倒角 C2,保证总长 40mm	93°外圆车刀	1200	160	0.15	0.25			
9	孔口倒角 C1	90°内孔车刀	1200	83	0.15				
						设计 (日期)	审核 (日期)	标准化 (日期)	会签 (日期)

描图									
描校									
底图号									
装订号	标记	处数	更改文件号	签字	日期	标记	处数	更改文件号	日期

102

2. 加工程序编制

1）右端加工程序

程 序	程 序 说 明
O0001；	程序名
T0101；	设立坐标系,选一号刀,一号刀补
M03 S800；	主轴以 800r/min 正转
G00 X100.0 Z100.0；	快速定位安全点
X45.0 Z5.0；	刀具到循环起点位置
G71 U1.5 R0.5； G71 P05 Q10 U0.5 W0.1 F0.2；	粗切削循环,粗切量 1.5,精切量 X0.5,Z0.1
N05 G01 X0 F0.15；	加工程序起始行,刀具至轴心延长线上
Z0；	到端面中心
G01 X34.0 F0.15；	加工端面
Z-34.0；	加工 ϕ34 外圆
X42.0；	加工 Z-34 台阶面
Z-41.0；	加工 ϕ42 外圆
N10 X45.0；	加工程序结束行
S1200；	变速精车主轴以 1200r/min 正转
G70 P05 Q10；	精加工轮廓
G00 X100.0 Z200.0；	快速退刀到安全位置
T0303；	调用 3 号刀具,3 号刀补,建立工件坐标系
M03 S800；	主轴以 800r/min 正转
X19.0 Z5.0；	刀具到循环起点位置
G71 U1.0 R0.5； G71 P15 Q20 U-0.5 W0.1 F0.15；	粗切削循环,粗切量 1.5,精切量 X0.5,Z0.1
N15 G01 X26.0 F0.1；	加工程序起始行
Z0；	端面
X24.0 Z-1.0；	加工 C1 倒角
Z-28.0；	镗 ϕ24 阶梯孔
X22.0；	加工 Z-28 阶梯孔面
Z-41.0；	镗 ϕ22 孔
N20 X19.0；	加工程序结束行
M03 S1200；	主轴以 1200r/min 正转
G70 P15 Q20；	精加工循环
G00 X100.0 Z200.0；	刀具移至安全位置
M30；	程序结束

103

2）左端加工程序

O0002；	程序名
T0101；	设立坐标系,选一号刀,一号刀补
M03 S800；	主轴以800r/min 正转
G00 X100.0 Z200.0；	刀具移至安全位置
X46.0 Z50.0；	刀具到循环起点位置
G71 U1.0 R0.5； G71 P06 Q10 U0.5 W0.1 F0.2；	粗切削循环,粗切量1.5,精切量X0.5, Z0.1
N06 G01 X20.0 F0.15；	加工程序起始行
Z40.0；	到端面
G01 X38.0；	刀具移至倒角起点
G01 X42.0 Z38.0；	加工 C2 倒角
N10 X46.0；	加工程序结束行
S1200；	主轴以1200r/min 正转
G70 P06 Q10；	精加工循环
G00 X100.0 Z200.0；	快速退刀到安全位置
T0303；	设立工件坐标系,选三号刀,三号刀补
M03 S1200；	主轴以1200r/min 正转
G00 X24.0 Z45.0；	刀具移至起刀点位置
G01 Z40.0 F0.15；	刀具移至倒角起点
G01 X22.0 Z39.0；	加工 C1 倒角
G01 X20.0；	X 方向退刀
G00 Z200.0；	Z 方向退至安全位置
X100.0；	X 方向退至安全位置
M30；	程序结束并复位

3. 误差因素分析

孔加工中,同一个工件如果具有不同的孔径时,尺寸偏差的不同会造成某个直径的超差。普通车床加工通常采用试切法降低加工误差,所以不用分析。而数控车床一般是使用同一把刀连续地加工整个内径,各个直径上的偏差理论上虽然相同,但实际上加工的往往不同,造成某个尺寸上的超差,从而无法通过修改刀补使所有尺寸都合格,产生加工废品,这是数控加工中的一种主要误差因素。造成这种误差的原因比较复杂,从几个重要的方面分析,可以概括为工艺因素、切削热因素、操作因素、刀具因素和编程因素等。

1）工艺因素

孔径的各段直径不同,造成刀具在切削不同孔径时受力不同,从而各直径的偏差不同。设留量最大的内径余量为 t_1,留量最小的内径余量为 t_2,数控车削加工余量的不均匀误差为 Δ_0,则 Δ_0 可按下式计算: $\Delta_0 = t_1 - t_2$。车床外圆时,工艺系统垂直方向切削力作用下引起的变形对工件加工精度影响不大,而在径向切削力作用下的变形对工件加工精度的影响最大,所以可以忽略垂直方向切削力,只考虑径向切削力作用下的变形。针对以上误差分析,在数控加工中编制工序时,要考虑数控编程自动加工的特点,尽可能使各内径的余量相同。

2)切削热因素

当加工余量过大时,刀具的高速、连续切削使得工件散热速减慢,虽然各段直径的偏差相同,但温度降低到常温后,不同直径段的收缩率不同,导致产生的不同的偏差。这方面的误差因素可以通过切削液来消除,编程时适当地提高切削速度和进刀量,同时在编制数控工件工序要充分考虑数控车床连续加工的特点,确定合理的车削余量,一般精车余量控制在1mm以下。

3)操作因素

当刀具安装不当时,即刀尖与主轴回转中心不在同一高度上,偏上、偏下一个 e 值,也会产生误差。这方面的误差一般出现在阶梯内或直径较小的孔的加工过程中。如果是这方面的原因造成直径偏差不同,且零件直径较大,精度要求不高,可以重新调刀,使刀具刀尖的位置尽量和主轴中心线保持一致。

4)刀具因素

刀具磨损也是造成加工误差的一个重要因素,这种现像一般出现在刀具初期磨损阶段(切削路线小于1mm)和剧烈磨损阶段,只要加工人员在安装刀具以前用油石修磨刀具,并及时更换不能修复的刀具就可以避免。

5)编程因素

程序编写的不当也是造成加工误差的一个重要原因,例如,在加工精度较高的不同阶梯内孔的工件时,应该充分考虑此时很难调整好刀尖高度,所以可以采用一把刀几组刀补的方法来进行编程。除此之外,还应该考虑反向间隙补偿值是否正确等因素。

孔加工误差分析见表2-31。

表2-31 孔加工误差分析

问题现象	产生原因	预防方法
尺寸不对	1. 测量不正确; 2. 车刀安装不对,刀柄与孔壁相碰; 3. 产生积屑瘤,增加刀尖长度,使孔车大; 4. 工件的热胀冷缩	1. 要仔细测量。用游标卡尺测量时,要调整好卡尺的松紧,控制好摆动位置,并进行试切; 2. 选择合理的刀杆直径,最好在未开车前,先把车刀在孔内走一遍,检查是否会相碰; 3. 研磨前面,使用切削液,增大前角,选择合理的切削速度; 4. 最好使工件冷下后再精车,加切削液
内孔有锥度	1. 刀具磨损; 2. 刀杆刚性差,产生"让刀"现象; 3. 刀杆与孔壁相碰; 4. 车头轴线歪斜; 5. 床身不水平,使床身导轨与主轴轴线不平行; 6. 床身导轨磨损,由于磨损不均匀,使走刀轨迹与工件轴线不平行	1. 提高刀具的耐用度,采用耐磨的硬质合金; 2. 尽量采用大尺寸的刀杆,减小切削用量; 3. 正确安装车刀; 4. 检量机床精度,校正主轴轴线与床身导轨的平行度; 5. 校正机床水平; 6. 大修车床

问题现象	产生原因	预防方法
内孔不圆	1. 孔壁薄,装夹时产生变形; 2. 轴承间隙太大,主轴颈成椭圆形; 3. 工件加工余量和材料组织不均匀	1. 选择合理的装夹方法; 2. 大修机床,并检查主轴的圆柱度; 3. 增加半精镗,把不均匀的余量车去,使精车余量尽量减小和均匀;对工件毛坯进行回火处理
内孔不光	1. 车刀磨损; 2. 车刀刃磨不良,表面粗糙度值大; 3. 车刀几何角度不合理,装刀低于中心; 4. 切削用量选择不当; 5. 刀杆细长,产生振动	1. 重新刃磨车刀; 2. 保证刀刃锋利,研磨车刀前后面; 3. 合理选择刀具角度,精车装刀时可略高于工件中心; 4. 适当降低切削速度,减小进给量; 5. 加粗刀杆度降低切削速度

思考与练习

1. 编制如图 2－85 所示零件加工工艺,编写零件程序并完成加工,毛坯尺寸 φ40 × 50,材料 45 钢。

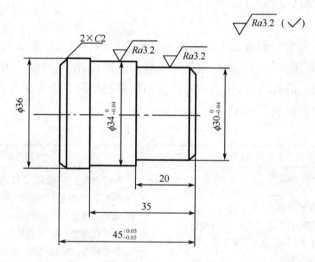

图 2－85　习题 1 零件图

2. 编制如图 2－86 所示零件加工工艺,编写零件程序并完成加工,毛坯尺寸 φ45 × 95,材料 45 钢。

3. 编制如图 2－87 所示零件加工工艺,编写零件程序并完成加工,毛坯尺寸 φ50 × 45,材料 45 钢。

4. 编制如图 2－88 所示零件加工工艺,编写零件程序并完成加工,毛坯尺寸 φ50 × 110,材料 45 钢。

5. 编制如图 2－89 所示零件加工工艺,编写零件程序并完成加工,毛坯尺寸 φ50 ×

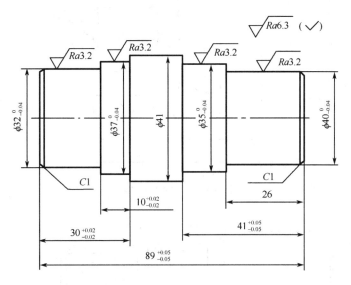

图 2 - 86 习题 2 零件图

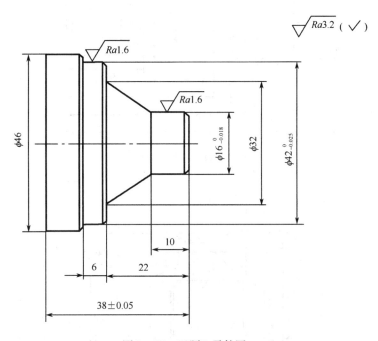

图 2 - 87 习题 3 零件图

105,材料 45 钢。

6. 编制如图 2 - 90 所示零件加工工艺,编写零件程序并完成加工,毛坯尺寸 $\phi 65 \times$ 50,材料 45 钢。

7. 编制如图 2 - 91 所示零件加工工艺,编写零件程序并完成加工,毛坯尺寸 $\phi 45 \times$ 50mm,材料 45 钢。

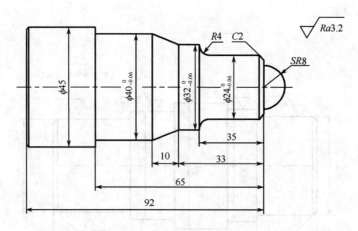

图 2 - 88 习题 4 零件图

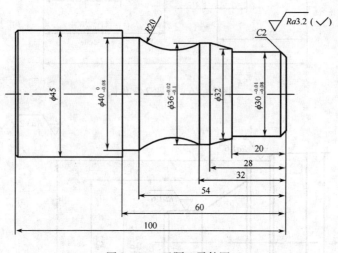

图 2 - 89 习题 5 零件图

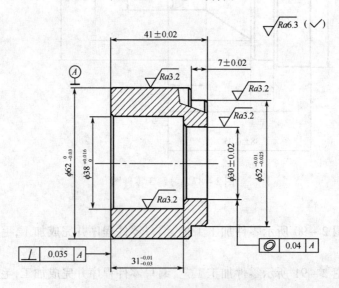

图 2 - 90 习题 6 零件图

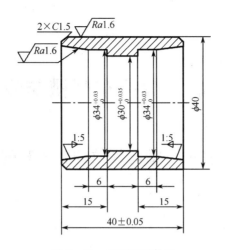

图 2-91　习题 7 零件图

8. 编制如图 2-92 所示零件加工工艺,编写零件程序并完成加工,毛坯尺寸 φ55×65mm,材料 45 钢。

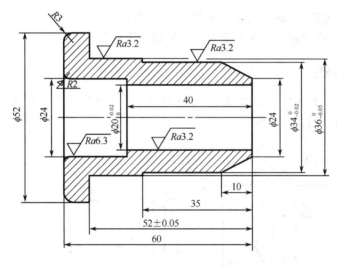

图 2-92　习题 8 零件图

第三章　数控车削槽与螺纹

任务一　槽与螺纹的数控车削

知识点

- 车削槽的加工工艺
- 车削螺纹的加工工艺
- 槽的编程指令
- 螺纹的编程指令

技能点

- 会编制常见沟槽、螺纹的加工工艺、程序并能加工出合格的零件
- 会对沟槽、螺纹进行检测并能对出现的误差进行分析

一、任务描述

完成如图 3-1 所示零件的加工,试编写加工程序(该零件为单件生产,毛坯尺寸为 $\phi55 \times 105$ 的棒料,材料为 45 钢)。

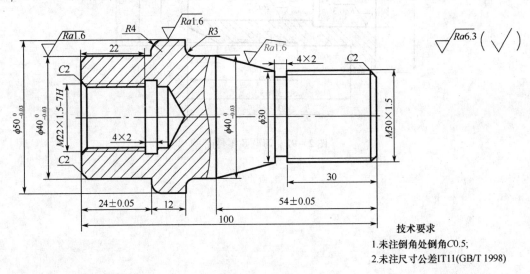

技术要求
1.未注倒角处倒角C0.5;
2.未注尺寸公差IT11(GB/T 1998)

图 3-1　传动轴零件

二、任务分析

该项目综合运用切削循环加工指令、切槽指令、螺纹加工指令完成零件的加工。通过该项目学习槽、螺纹加工的工艺制定方法,合理选用切削参数,编写加工程序,并掌握槽、

110

螺纹精确测量技术、精度控制方法,完成螺纹零件的加工。

三、知识链接

1. 槽加工工艺

在工件表面上车削沟槽的方法叫切槽,切槽加工是数控车床加工的一个重要组成部分。工业领域中使用有各种各样的槽,主要有工艺凹槽及油槽等,也有凹槽作为带传动电动机的滑轮,如 V 形槽,或用于填充密封橡胶的环槽等。常见沟槽加工位置有外槽、内槽和端面槽。如图 3 - 2 所示。

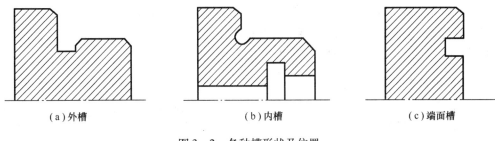

（a）外槽　　　　　　　　　　（b）内槽　　　　　　　　　（c）端面槽

图 3 - 2　各种槽形状及位置

槽加工工艺的确定要服从于整个零件的加工需要,同时还要考虑到槽加工的特点。下面分析切槽加工工艺。

1）切槽刀的选择

切槽刀按材料分为高速钢切槽刀和硬质合金切槽刀,如图 3 - 3 所示为高速钢切槽刀的几何形状和角度。

前角:一般取 $\gamma_0 = 5° \sim 20°$;

主后角:切削塑性材料时取大些,切断脆性材料时取小些,一般取 $\alpha_0 = 6° \sim 8°$;

副后角:其作用是减少副后刀面与工件已加工表面的摩擦,一般取 $\alpha_1 = 1° \sim 3°$;

主偏角:一般取 $Kr = 90°$;

副偏角:切槽刀的两个副偏角必须对称,其作用是减少副切削刃和工件的摩擦,为了不削弱刀头强度,一般取 $Kr' = 1° \sim 1.5°$。

切槽刀刀头部分长度 = 槽深 + (2 ~ 3)mm,刀宽根据加工工件槽宽的要求来选择。

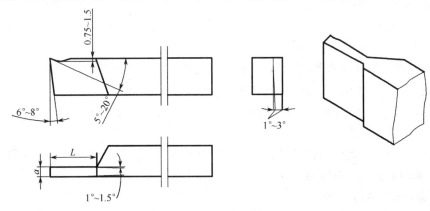

图 3 - 3　高速钢切槽刀

111

2）切槽刀的进刀方式

（1）对于宽度、深度值不大，且精度要求不高的槽，可采用与槽等宽的刀具直接切入一次成型的方法加工，如图3-4所示。刀具切入到槽底后可利用延时指令使刀具短暂停留，以修整槽底圆度，退出过程中可采用工进速度。

（2）对于宽度值不大，但深度值较大的深槽零件，为了避免切槽过程中由于排屑不畅，使刀具前部压力过大出现扎刀和折断刀具的现象，应采用分次进刀的方式，刀具在切入工件一定深度后，停止进刀并回退一段距离，达到断屑和退屑的目的。同时注意尽量选择强度较高的刀具。

（3）对于宽度大于一个切刀宽度的宽槽零件，槽的宽度、深度精度要求及表面质量要求相对较高，在切削宽槽时常采用排刀的方式进行粗切，然后用精切槽刀沿槽的一侧切至槽底，精加工至槽的另一侧，沿侧面退出，切削方式如图3-5所示。

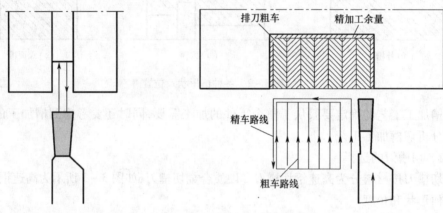

图3-4　简单槽类零件切削方式　　　　图3-5　宽槽切削方式示意图

3）切削用量的选择

（1）背吃刀量 a_p：横向切削时，切槽刀的背吃刀量等于刀的主切削刃宽度（$a_p = a$），所以只需确定切削速度和进给量。

（2）进给量 f：由于刀具刚性、强度及散热条件较差比其他车刀低，所以应适当地减少进给量。进给量太大时，容易使刀折断；进给量太小时，刀后面与工件产生强烈摩擦会引起振动。具体数值根据工件和刀具材料来决定。一般用高速钢切刀车钢料时，$f = 0.05 \sim 0.1\mathrm{mm/r}$；车铸铁时，$f = 0.1 \sim 0.2\mathrm{mm/r}$。用硬质合金刀加工钢料时，$f = 0.1 \sim 0.2\mathrm{mm/r}$。加工铸铁料时，$f = 0.15 \sim 0.25\mathrm{mm/r}$。

（3）切削速度 V_C：切槽时的实际切削速度随刀具切入越来越低，因此，切槽时的切削速度可选得高些。用高速钢切削钢料时，$V_C = 30 \sim 40\mathrm{m/min}$；加工铸铁时，$V_C = 15 \sim 25\mathrm{m/min}$。用硬质合金切削钢料时，$V_C = 80 \sim 120\mathrm{m/min}$；加工铸铁时，$V_C = 60 \sim 100\mathrm{m/min}$。

4）切槽刀的安装

安装时，刀体不宜伸出过长，切槽刀的中心线一定要垂直与工件的轴线，如图3-6所示，以免副后刀面与工件摩擦，影响加工质量。

2. 螺纹切削加工工艺

利用数控车加工螺纹时，由数控系统控制螺距的大小和精度，从而简化了计算，不用

112

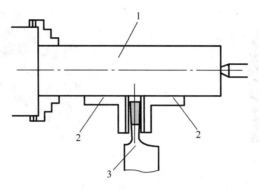

图 3-6 切槽刀的安装
1—工件；2—直角尺；3—切槽刀。

手动更换挂轮,并且螺距精度高且不会出现乱扣现象,螺纹切削回程期车刀快速移动,切削效率大幅提高,专用数控螺纹切削刀具、较高的切削速度的选择又进一步提高了螺纹的形状和表面质量。

1）螺纹的常见加工方法

螺纹的加工方法有很多,如攻丝,套扣、车削、铣削、滚压及磨削等,详见表3-1,在实际应用中要根据要求和条件合理选择各种加工方法和加工顺序。

表 3-1 螺纹的常见加工方法

加工方法	公差等级	表面粗糙度 $Ra/\mu m$	适 用 范 围
车削螺纹	9~4	3.2~0.8	单件小批量生产,加工轴、盘、套类零件与轴线同心的内外螺纹以及传动丝杠和蜗杆等
攻丝	8~6	6.3~1.6	各种批量生产,加工各类零件上的螺孔,直径小于 M16 的常用手动,大于 M16 或大批量生产用机动
铣削螺纹	9~6	6.3~3.2	大批大量生产,传动丝杠和蜗杆的粗加工和半精加工,亦可加工普通螺纹
搓丝	7~5	1.6~0.8	大批大量生产,滚压塑料材料的外螺纹。亦可滚压传动丝杠
滚丝	5~3	0.8~0.2	
磨削螺纹	4~3	0.8~0.1	各种批量的高精度、淬硬和不淬硬的外螺纹及直径大于 30mm 的内螺纹

2）刀具的类型

螺纹车刀的材料一般有高速钢和硬质合金两种。高速钢螺纹车刀刃磨比较方便,容易得到锋利的刀刃,而且韧性较好,刀尖不易爆裂,因此常用于塑性材料工件螺纹的粗加工。它的缺点是高温下容易磨损,不能用于高速车削。硬质合金螺纹车刀耐磨和耐高温性能比较好,一般用来加工脆性材料工件螺纹和高速切削塑性材料工件螺纹以及批量较大的小螺距（$p<4$）螺纹。图3-7所示为数控螺纹车刀的实物图。

螺纹车刀属于成型车刀,车刀的刀尖角等于螺纹的牙形角,普通螺纹牙型角 $a=60°$,该车刀前角 $\gamma_0=0°$ 以保证工件螺纹的牙型角,否则牙型角将产生误差。只有在粗加工或螺纹精度要求不高时,为提高切削性能,其前角才可取 $\gamma_0=5°\sim20°$。普通螺纹车刀的几

（a）外螺纹车刀

（b）内螺纹车刀

图 3-7　螺纹车刀

何角度如图 3-8 所示。

　　对于其他牙型的螺纹车刀，可根据需要到刀具生产厂家订做或自制，刀具材料和几何角度应满足粗、精加工，工件材料，切削环境等方面的要求。刀具的几何形状与角度要考虑牙型和螺旋升角的影响。

　　3）螺纹车刀的安装

　　安装螺纹车刀时刀尖对准工件中心，并用样板装刀，以保证刀尖角的角平分线与工件的轴线相垂直，车出的牙型角才不会偏斜，如图 3-9 所示。

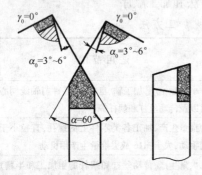

图 3-8　普通螺纹车刀几何角度

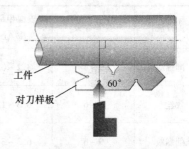

图 3-9　用样板装刀

　　4）进刀方式

　　螺纹加工的进刀方式主要有直进法、左右法、斜进法三种，如图 3-10 所示。

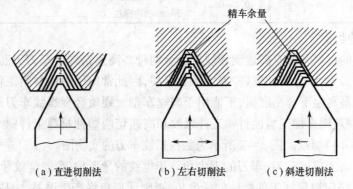
（a）直进切削法　　　（b）左右切削法　　　（c）斜进切削法

图 3-10　螺纹切削进刀方式

（1）直进法：车螺纹容易保证牙型的正确，但车刀两侧刀刃同时车削，容易产生"扎刀"现象，因此，只适用于车削较小螺距的螺纹。

（2）左右法：车刀只有一个侧面进行切削，不仅排屑顺利，而且还不易扎刀。但精车时，车刀左右的进给量一定要小，否则容易造成牙底过宽或牙底不平。

（3）斜进法：螺纹排屑顺利，不易扎刀；但只适用于粗切削，精车时还必须用左右切削法来保证螺纹的精度。

当螺纹牙型深度较深、螺距较大时，可分数次进给。切深的分配方式有常量式和递减式，如图 3-11 所示。

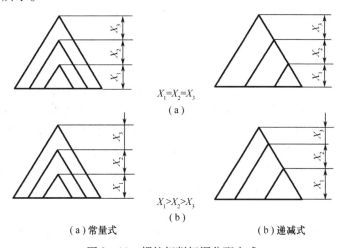

$X_1 = X_2 = X_3$
（a）

$X_1 > X_2 > X_3$
（b）

（a）常量式　　　　　　（b）递减式

图 3-11　螺纹切削切深分配方式

5）切削用量的选择

（1）背吃刀量 a_p 的确定：螺纹加工属于成型加工，为保证螺纹导程，加工时主轴每旋转一周，刀具的进给量必须等于螺纹的导程。由于螺纹加工时进给量较大，而螺纹车刀的强度一般较差，因此，当螺纹牙深较大时，一般分数次进给，每次进给的背吃刀量按递减规律分配。常用的螺纹切削进刀次数和背吃刀量见表 3-2。

表 3-2　普通螺纹切削进刀次数和背吃刀量

公制螺纹							
螺距	1	1.5	2.0	2.5	3	3.5	4
牙深	0.649	0.974	1.299	1.624	1.949	2.273	2.598
走刀次数和背吃刀量　1 次	0.7	0.8	0.9	1.0	1.2	1.5	1.5
2 次	0.4	0.6	0.6	0.7	0.7	0.7	0.8
3 次	0.2	0.4	0.6	0.6	0.6	0.6	0.6
4 次		0.16	0.4	0.4	0.4	0.6	0.6
5 次			0.1	0.4	0.4	0.4	0.4
6 次			0.15	0.4	0.4	0.4	0.4
7 次				0.2	0.2	0.2	0.4
8 次						0.15	0.3
9 次							0.2

英 制 螺 纹							
牙/in		24 牙	18 牙	16 牙	14 牙	12 牙	10 牙	8 牙
牙深	次数	0.678	0.904	1.016	1.162	1.355	1.626	2.033
背吃刀量及切削次数	1 次	0.398	0.399	0.396	0.397	0.450	0.496	0.598
	2 次	0.2	0.3	0.3	0.3	0.3	0.35	0.35
	3 次	0.08	0.15	0.25	0.25	0.3	0.3	0.3
	4 次		0.055	0.07	0.15	0.2	0.2	0.25
	5 次				0.065	0.105	0.2	0.25
	6 次						0.08	0.2
	7 次							0.085

（2）主轴转速的确定：数控车床加工螺纹时，因其传动链的改变，原则上其转速只要能保证主轴每转一周时，刀具沿主进给轴（多为 Z 轴）方向位移一个导程即可，不应受到限制。但数控车床加工螺纹时，会受到以下几方面的影响：

① 螺纹加工程序段中指定的导程值，相当于以每转进给量（mm/r）表示进给速度 F，如果将机床的主轴转速选择过高，其换算后的每分钟进给速度（mm/min）则必定大大超过正常值。

② 刀具在其位移过程的始/终，都将受到伺服驱动系统升/降频率和数控装置插补运算速度的约束，由于升/降频特性满足不了加工需要等原因，则可能因主进给运动产生出的"超前"和"滞后"而导致部分螺牙的螺距不符合要求。

③ 车削螺纹必须通过主轴的同步运行功能而实现，即车削螺纹需要有主轴脉冲发生器（编码器）。当其主轴转速选择过高，通过编码器发出的定位脉冲（即主轴每转一周时所发出的一个基准脉冲信号）将可能因"过冲"（特别是当编码器的质量不稳定时）而导致工件螺纹产生乱扣。

车螺纹时，主轴转速的确定应遵循以下原则：

· 保证生产效率和正常切削的情况下，选择较低的转速；

· 当螺纹加工程序段中的导入长度（一般取 $\delta_1 \geqslant n \times p / 400$ ）和切出长度（一般取 $\delta_2 \geqslant n \times p / 1800$ ）长度值较大时，即螺纹进给距离超过图样上规定螺纹的长度较大时，可选择适当高一些的主轴转速；

· 当编码器所规定的允许工作转速超过机床所规定主轴的最大转速时，则可选择尽量高一些的主轴转速；

· 通常情况下，车螺纹时的主轴转速 n 应按其机床或数控系统说明书中规定的计算式进行确定，其计算式为

$$n \leqslant \frac{1200}{P} - k$$

式中：P 为被加工螺纹的螺距，单位 mm；k 为保险系数，一般取为 80。

（3）进给速度 F：单线螺纹的进给速度导程与螺距相等，即 $F = S = P$；多线螺纹的进给速度只等于导程，即 $F = S = n \times P$（n 为螺纹线数，P 为螺距，S 为导程）。

6）普通螺纹基本尺寸的确定

普通螺纹是机械零件中应用最广泛的一种三角形螺纹,牙型角为60°。它的基本尺寸如图3-12所示,包含螺纹大径、中径、小径和牙型高度。

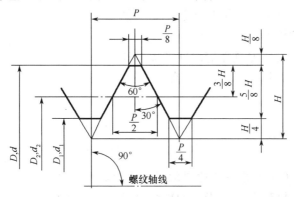

图3-12 普通螺纹牙型图

（1）螺纹大径(d、D）:螺纹大径是指与外螺纹牙顶或内螺纹牙底相重合的假想圆柱体直径,是螺纹的最大直径。螺纹大径基本尺寸等于螺纹公称直径。对于外螺纹是确定螺纹毛坯直径的依据,在螺纹加工前,由车削加工的外圆直径决定。对于内螺纹,螺纹大径是编制螺纹加工程序的依据。

【注】当高速车削普通外螺纹时,受车刀挤压后会使螺纹大径尺寸胀大,因此车螺纹前的外圆直径应比螺纹大径小。当螺距为1.5~3.5mm时,外圆直径一般可以比基本尺寸小0.2~0.4mm（约0.13P）;保证车好螺纹后牙顶处有0.125P的宽度。

（2）螺纹中径(d_2、D_2）:螺纹中径是一个假想圆柱的直径,其圆柱母线通过牙型上沟槽和凸起宽度相等的地方。中径是螺纹尺寸检测的标准和调试螺纹程序的依据。

普通外螺纹:$d_2 = d - 0.6495P$;

普通内螺纹:$D_2 = d - 0.6495P$。

其中P为螺纹的螺距。

（3）螺纹小径(d_1、D_1）:螺纹小径是指与外螺纹牙底或内螺纹牙顶相重合的假想圆柱体直径,是螺纹的最小直径。

普通外螺纹:$d_1 = d - 1.0825P$;

普通内螺纹:$D_1 = d - 1.0825P$。

对于外螺纹,小径是编制螺纹加工程序的依据。对于内螺纹,在螺纹加工前,由车削加工的内孔直径来保证。

车削普通外螺纹时,可取经验公式:

$$d_1 = d - 1.3P$$

车削普通内螺纹时,因为车刀切削时的挤压作用,内孔直径会缩小,所以车削内螺纹前的底孔直径$D_孔$应比内螺纹小径D_1略大些,在实际生产中,普通螺纹在车内螺纹前的孔径尺寸,可用下列近似公式计算:

车削塑性材料的内螺纹时:$D_孔 = d - P$

车削脆性材料的内螺纹时:$D_孔 \approx d - 1.05P$

3. 槽的编程

1）切刀刀位点

切槽及切断选用切刀,两刀尖及切削中心处有三个刀位点,如图3-13所示,在编制加工程序时,要采用其中之一作为刀位点,一般选用刀位点1。

2）暂停指令 G04

（1）指令功能:可使刀具作短时间的无进给光整加工,用于切槽、台阶端面等需要刀具在加工表面作短暂停留的场合。

（2）编程格式:

G04 X/P_;

X:暂停时间,单位为 s;

P:暂停时间,单位为 ms。

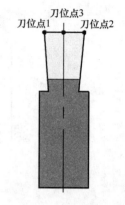

图3-13　切槽刀刀位点

（3）指令说明:G04 在前一程序段的进给速度降到零之后才开始暂停动作;在执行含 G04 指令的程序段时,先执行暂停功能;G04 为非模态指令,仅在其被规定的程序段中有效;G04 可使刀具作短暂停留,以获得圆整光滑的表面。

[例3.1] G04 X1.0;暂停1s

G04 P1000;暂停1s

3）径向切槽循环 G75

（1）指令功能:主要用于加工径向环形槽、宽槽,径向断续切削起到断屑、及时排屑的作用。配备动力刀具时,可用来钻孔。

（2）编程格式:

G75 R(e);

G75 X(U) Z(W) P(Δi)Q(Δk)R(Δd)F(f);

e:分层切削每次退刀量,其值为模态值;

U:X 向终点坐标值;

W:Z 向终点坐标值;

Δi:X 向每次的切入量,用不带符号的半径值表示;

Δk:Z 向每次的移动量;

Δd:切削到终点时的退刀量,可缺省;

f:进给速度。

（3）指令说明:如图3-14所示为 G75 循环进给路线,其进刀方向由切削终点$X(U)$、$Z(W)$与起点的相对位置决定,执行该指令时:刀具从起点径向进给 Δi、回退 e、再进给 Δi,直至切削到与切削终点 X 轴坐标相同的位置,然后轴向退刀 Δd、径向回退至与起点 X 轴坐标相同的位置,完成一次径向切削循环;轴向再次进刀 Δk 后,进行下一次径向切削循环;切削到切削终点后,返回起点,完成循环加工。

【注意事项】:

① 程序段中的 Δi、Δk 值,在 FANUC 系统中,不能输入小数点,而直接输入最小编程单位。如:P1500 表示径向每次切入量为 1.5mm。

② 退刀量 e 值要小于每次切入量 Δi。

118

③ 宽槽加工时 Z 向每次的移动量应小于切槽刀刀宽值,否则会出现切削不完全现象。

④ 循环起点 X 坐标应略大于毛坯外径,Z 坐标(加上切槽刀刀宽值)应与槽平齐。

4)编程举例

(1)窄槽的的编程:

[例3.2]加工如图 3-15 所示 3×2 的槽,选用与槽等宽的 3mm 切槽刀,坐标系选在工件右端面中心,切槽刀左刀尖为刀位点。

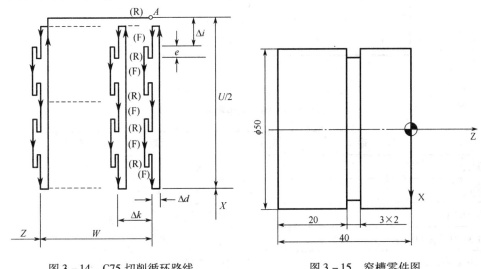

图 3-14 G75 切削循环路线　　　　图 3-15 窄槽零件图

程　序	程　序　说　明
O0001;	程序名
T0101;	设立坐标系,选一号刀,一号刀补
M03 S300;	主轴正转,转速 300r/min
G00 X100.0 Z100.0;	快速定位点
X55.0 Z5.0;	快速到达切削起点
Z-20.0;	定位槽 Z 向坐标点
G01 X46.0 F0.1;	切至槽底,进给速度 0.1mm/r
G04 X1.0;	延时 1s 修整槽底
G01 X55.0 F0.2;	退刀
G00 Z5.0;	快速退回切削起点
G00 X100.0 Z200.0;	退刀至安全位置
M05;	主轴停转
M30;	程序结束

(2)宽槽的的编程:

[例3.3]如图 3-16 所示的零件,加工一个较宽且有一定深度的槽,选用刀宽为

4mm 的切槽刀,可以采用图 3 – 5 所示的走刀路线,坐标系选在工件右端面中心,切槽刀左刀尖为刀位点。

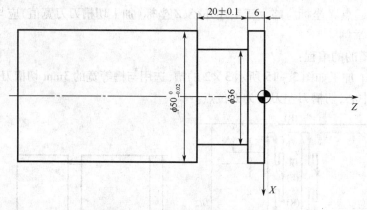

图 3 – 16　宽槽零件图

程　序	程　序　说　明
O0002;	程序名
T0101;	设立坐标系,选一号刀,一号刀补
M03 S400;	主轴正转,转速 400r/min
G00 X100.0 Z100.0;	快速定位点
X55.0 Z – 10.0;	定位宽槽 Z 向起刀点(加上刀宽 4mm)
G75 R2; G75 X36.0 Z – 26.0 P3000 Q3000 F0.1;	切槽循环,车槽回退 2mm,每次切削 3mm,Z 向移动 3mm,进给速度 0.1mm/r
G01 X60.0 F0.2;	X 轴退刀
G00 X100.0 Z100.0;	快速退刀至安全位置
M05;	主轴停转
M30;	程序结束

4. 螺纹的编程

数控系统不同,螺纹加工指令也有差异。FANUC 系统中,螺纹车削指令为基本螺纹车削指令 G32、螺纹车削固定循环指令 G92、螺纹车削复合循环指令 G76。

1) 单行程螺纹车削指令 G32

(1) 指令功能:G32 指令可以执行单行程螺纹切削,加工等螺距圆柱螺纹、锥螺纹,螺纹车刀进给运动严格根据输入的螺纹导程进行。

(2) 编程格式:

G32 X(U)_ Z(W)_ F_;

X:X 向螺纹终点坐标值(绝对坐标值);

Z:Z 向螺纹终点坐标值(绝对坐标值);

U:X 方向螺纹终点坐标相对于循环起始点的增量坐标值(相对坐标值);

W:Z 方向螺纹终点坐标相对于循环起始点的增量坐标值(相对坐标值);

120

F:螺纹导程。

（3）指令说明:如图3-17所示G32螺纹加工路线,刀具从起点以每转进给一个导程的进给速度切削到终点,螺纹车刀的切入、切出、返回均需编写程序用G01或G00控制。螺纹加工通常不能一次成型,需要多次进刀,且每次进刀量是递减的,G32指令没有自动递减功能,必须由用户编程给定。

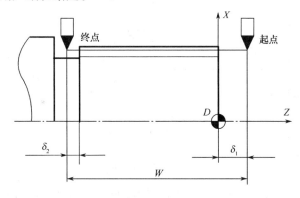

图3-17　G32螺纹加工路线

【注意事项】:

① 圆锥螺纹在X方向或者Z方向有不同导程,程序中的导程F的取值以两者较大的为准,即当加工螺纹锥角$\alpha \leqslant 45°$时,程序中的导程F的值以Z方向导程指定;当$\alpha > 45°$时以X方向导程指定;若$\alpha = 0°$,则为圆柱螺纹。

② 从螺纹粗加工到精加工,主轴的转速必须保持一常数。

③ 在没有停止主轴的情况下,停止螺纹的切削将非常危险;因此螺纹切削时进给保持功能无效,如果按下进给保持按键,刀具在加工完螺纹后停止运动。

④ 在螺纹加工中不使用恒定线速度控制功能。

⑤ 一般由于伺服系统的滞后,在螺纹切削的开始及结束部分,螺纹导程会出现不规则现象。为了考虑这部分的螺纹精度,在数控车床上切削螺纹时必须设置升速进刀段δ_1和降速退刀段δ_2,因此,加工螺纹的实际长度除了螺纹的有效长度量外,还应包括升速段δ_1和降速段δ_2的距离,其数值与工件的螺距和转速有关,由各系统设定,一般取$\delta_1 \geqslant n \times p/400, \delta_2 \geqslant n \times p/1800$。

2）螺纹车削单一固定循环指令（G92）

（1）指令功能:G92适用于对直螺纹和锥螺纹进行循环切削,每指定一次,螺纹切削自动进行一次循环。

（2）编程格式:

G92 X(U)_ Z(W)_ R_ F_;

X:X向螺纹终点坐标值（绝对坐标值）;

Z:Z向螺纹终点坐标值（绝对坐标值）;

U:X方向螺纹终点坐标相对于循环起始点的增量坐标值（相对坐标值）;

W:Z方向螺纹终点坐标相对于循环起始点的增量坐标值（相对坐标值）;

R:圆锥面切削起点相对于终点的半径差值;（切削圆柱螺纹$R = 0$,R省略）;

121

F:螺纹导程。

(3) 指令说明：

① 直线螺纹切削循环：如图 3-18 所示直线螺纹切削循环路线，G92 螺纹循环可分为 4 步动作：1(从循环起点 A 沿 X 向快速移动到螺纹切削起点)→2(沿 Z 向切削到螺纹终点 A′)→3(X 向快速退刀)→4(Z 向快速返回循环起点 A)。

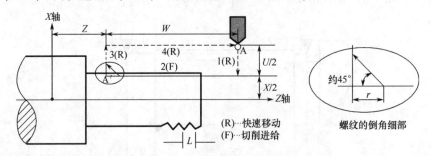

图 3-18　直线螺纹切削循环路线

② 锥度螺纹切削循环：如图 3-19 所示，锥度螺纹切削循环进行与直线螺纹切削循环相同的 4 个动作。在增量编程中，U 和 W 地址后的数值的符号取决于轨迹 1 和 2 的方向。如果轨迹 1 的方向沿 X 轴是负的，U 值也是负的。由于伺服系统的迟延，倒角的开始部分小于等于 45°，可进行螺纹的倒角。是否进行螺纹的倒角，随机床端的信号而定。将导程设定为 L 时，螺纹的倒角 r 值可以在 $0.1L \sim 12.7L$ 的范围内，以 $0.1L$ 为增量单位，通过参数(No. 5130)选择任意值。

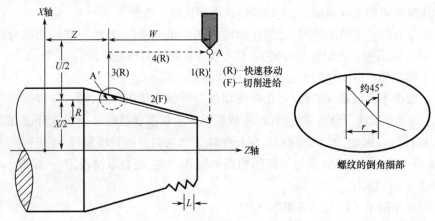

图 3-19　锥度螺纹切削循环路线

3) 螺纹切削复合循环指令(G76)

(1) 指令功能：用于多次自动循环切削螺纹，设置好切削参数后可自动完成螺纹加工。G76 编程时采用斜进分层法进刀，吃刀量逐渐减少，避免扎刀，提高了螺纹精度，常用于无退刀槽螺纹、梯形螺纹的加工。

(2) 编程格式：

G76 P(m)(r)(a) Q(Δdmin) R(d)；

G76 X(u) Z(w) R(i) P(k) Q(Δd) F(L)；

122

m:精加工重复次数01~99(2位数字),该值是模态的,此值用参数(NO.5142)号设定,由程序指令改变;

r:螺纹倒角量00~99(2位数字),当螺距由 L 表示时,可以从0.0L 到9.9L 设定,单位为0.1L,该值是模态的;此值可用(NO.5130)号参数设定,由程序指令改变;

a:刀尖角度。可以选择80°、60°、55°、30°、29°和0°六种中的一种,由2位数规定;该值是模态的,可用(NO.5143)号参数设定,用程序指令改变;

$\Delta d\min$:最小切削深度(半径值),单位为 μm;当一次循环运行切削深度小于 $\Delta d\min$ 时,则取 $\Delta d\min$ 作为切削深度;该值是模态的,可用(NO.5140)号参数设定,用程序指令改变;

d:精加工余量,单位为 mm,该值是模态的,可用(NO.5141)号参数设定,用程序指令改变;

X:螺纹终点 X 轴绝对坐标值,单位为 mm;

Z:螺纹终点 Z 轴的绝对坐标值,单位为 mm;

i:螺纹锥度值,单位为 mm,如果 $i=0$,可以进行普通直螺纹切削;

k:螺纹牙深(半径值),一般取 $0.65 \times P$(螺距),单位为 μm;

Δd:第一刀切削深度(半径值),单位为 μm;

L:螺纹导程(同 G32),单位为 mm。

(3)指令说明:如图3-20所示 G76 螺纹切削循环进给路线,采用斜进分层式,由于单侧刀刃切削工件,刀刃容易损伤和磨损,使加工的螺纹面不直,刀尖角发生变化,从而影响牙型精度。刀具负载较小,排屑容易,因此,此加工方法一般适用于大螺距低精度螺纹的加工,在螺纹精度要求不高的情况下,此加工方法更为简捷方便。而 G32、G92 螺纹切削循环采用直进式进刀方式,一般多用于小螺距高精度螺纹的加工。

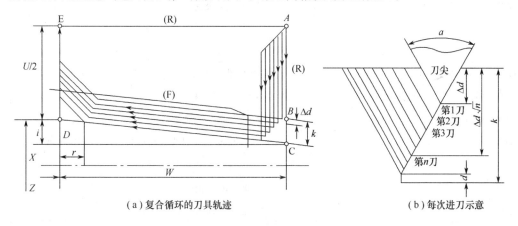

(a)复合循环的刀具轨迹   (b)每次进刀示意

图3-20 螺纹车削复合循环指令

【注意事项】:

① 螺纹切削循环进刀方法,第一刀的切深 Δd,第 n 刀的切深 Δd_n,每次切削循环的切除量均为常数。

② P、Q、R 指定的数据,根据地址 X(U)、Z(W)的有无而不同。

③ 循环动作在用地址 X(U)、Z(W)指定的 G76 指令中进行。

④ 在螺纹切削过程中应用进给暂停时,刀具就返回到该时刻的循环的起点(切入位置)。

4）编程举例

（1）G32 指令编程应用：

[例3.4] 编写如图3-21所示的圆柱螺纹程序。螺纹导程为 $F = 1.5, \delta_1 = 3, \delta_2 = 1$, 每次背吃刀量直径值分别为 0.8mm、0.6mm、0.4mm、0.16mm。

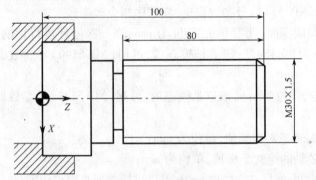

图3-21 圆柱螺纹零件

O0003；	程序名
T0101；	设立坐标系,选1号刀,1号刀补
G00 X50.0 Z120.0；	移到起始点的位置
M03 S600；	主轴以 600r/min 旋转
G00 X29.2 Z103.0；	到螺纹起点,升速段 3mm,吃刀深 0.8mm
G32 Z19.0 F1.5；	切削螺纹到螺纹切削终点,降速段 1mm
G00 X40.0；	X轴方向快退
Z103.0；	Z轴方向快退到螺纹起点处
X28.6；	X轴方向快进到螺纹起点处,吃刀深 0.6mm
G32 Z19.0 F1.5；	切削螺纹到螺纹切削终点
G00 X40.0；	X轴方向快退
Z103.0；	Z轴方向快退到螺纹起点处
X28.2；	X轴方向快进到螺纹起点处,吃刀深 0.4mm
G32 Z19.0 F1.5；	切削螺纹到螺纹切削终点
G00 X40.0；	X轴方向快退
Z103.0；	Z轴方向快退到螺纹起点处
X28.0；	切削螺纹到螺纹切削终点
G32 Z19.0 F1.5；	切削螺纹到螺纹切削终点
G00 X40.0；	X轴方向快退
X50.0 Z120.0；	返回程序起点位置
M05；	主轴停
M30；	程序结束并复位

124

（2）G92 指令编程应用：

[例 3.5] 编写如图 3 − 22 所示的圆柱内螺纹程序。螺纹导程为 $F = 2$，$\delta_1 = 3$，$\delta_2 = 1$，每次背吃刀量直径值分别为 0.8mm、0.6mm、0.4mm、0.16mm。

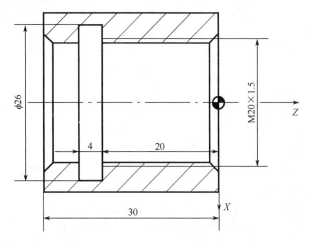

图 3 − 22　圆柱内螺纹零件

O0002；	程序名
T0101；	设立坐标系，选 1 号刀，1 号刀补
M03 S600；	主轴以 600r/min 正转
G01 X16.0 Z3.0 F0.2；	刀具移至循环起点位置
G92 X18.8 Z − 21.0 F1.5；	第一次循环切螺纹，切深 0.8mm
G92 X19.4 Z − 21.0 F1.5；	第二次循环切螺纹，切深 0.6mm
G92 X19.8 Z − 21.0 F1.5；	第三次循环切螺纹，切深 0.4mm
G92 X20.0 Z − 21.0 F1.5；	第四次循环切螺纹，切深 0.16mm
G00 X100.0 Z100.0；	快速返回定位点
M05；	主轴停止
M30；	程序结束并复位

（3）G76 指令编程应用：

[例 3.6] 编写如图 3 − 23 所示梯形螺纹零件的加工程序。螺纹导程 $F = 6$，螺纹小径为 33.0mm。精加工次数为 2，斜向退刀量取 10mm，刀尖角为 30°，最小切削深度取 0.02mm，精加工余量 0.1mm，螺纹锥度为 0，牙型高度计算为 3.5mm，第一次切削深度为 0.8mm。

O0005；	程序名
T0101；	设立坐标系，选 1 号刀，1 号刀补
M03 S600；	主轴以 600r/min 正转
G00 X50.0 Z12.0；	刀具移至循环螺纹起点位置

O0005;	程序名
G76 P021030 Q50 R0.1; G76 X33.0 Z-46.0 R0.0 P3500 Q800 F6.0;	精加工次数为2,斜向倒角量取10,刀尖角为30°,最小切深取0.05,精加工余量0.1 螺纹锥度为0,牙型高度计算为3.5,第一次切深为0.8,螺距为6,螺纹小径为33
G00 X100.0 Z100.0;	快速返回定位点
M05;	主轴停
M30;	程序结束并复位

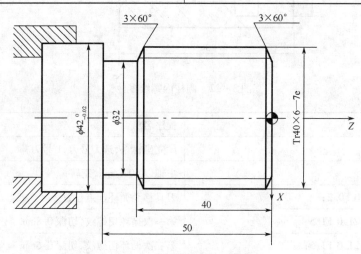

图3-23　梯形螺纹零件

5. 沟槽及螺纹的检测

1）沟槽的测量

沟槽直径可用千分尺、游标卡尺、卡钳等测量,沟槽的宽度可用钢板尺、样板、游标卡尺等测量,如图3-24所示是测量较高精度沟槽的几种方法。

2）螺纹的测量

螺纹的主要测量参数有螺距、大径、小径和中径尺寸。

（1）大、小径的测量:外螺纹大径和内螺纹小径的公差一般较大,可用游标卡尺或千分尺测量。

（2）螺距的测量:螺距一般可用钢直尺或螺距规测量。由于普通螺纹的螺距一般较小,所以采用钢直尺测量时,最好测量10个螺距的长度,然后除以10,就得出一个较正确的螺距尺寸。

（3）中径的测量:对精度较高的普通螺纹,可用外螺纹千分尺直接测量,如图3-25所示,所测得的千分尺的读数就是该螺纹中径的实际尺寸;也可用"三针"测量法进行间接测量（三针测量法仅适用于外螺纹的测量）,但需通过计算后,才能得到中径尺寸。

126

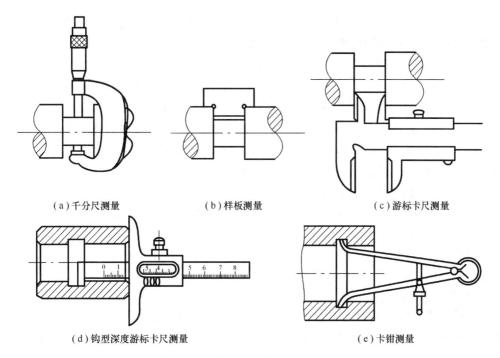

（a）千分尺测量　　　（b）样板测量　　　（c）游标卡尺测量

（d）钩型深度游标卡尺测量　　　（e）卡钳测量

图 3 - 24　测量较高精度沟槽的方法

（4）综合测量：是指使用螺纹塞规或螺纹环规对螺纹精度进行检测，如图 3 - 26 所示。其中螺纹塞规用于检测内螺纹尺寸的正确性，一端为通规，一端为止规。螺纹环规用于检测外螺纹尺寸的正确性，由一个通规和一个止规组成。使用螺纹塞规和螺纹环规时，应按其对应的公称直径和公差等级进行选择。

图 3 - 25　外螺纹千分尺　　　　图 3 - 26　螺纹塞规与螺纹环规

① 通规使用：首先清理干净被测螺纹油污及杂质，然后在环规与被测螺纹对正后，用大拇指与食指转动环规，使其在自由状态下旋合，通过螺纹全部长度判定为合格。

② 止规使用：首先清理干净被测螺纹油污及杂质，然后在环规与被测螺纹对正后，用大拇指与食指转动环规，旋入螺纹长度在 2 个螺距之内为合格。

四、任务实施

1. 工艺分析

1）零件图工艺分析

（1）加工内容及技术要求：该零件主要加工要素为 $\phi 50_{-0.03}^{0}$、$\phi 40_{-0.03}^{0}$ 的台阶轴，

$\phi30\sim\phi40$ 的锥面，4×2 的外槽，4×2 的内沟槽，$M30\times1.5$ 普通外螺纹，$M22\times1.5-7H$ 普通内螺纹及左右两端面，并保证总长为 100mm。

零件尺寸标注完整、无误，轮廓描述清晰，技术要求清楚明了。

零件毛坯为 $\phi55\times105$ 的 45 钢，切削加工性能较好，无热处理要求。

左端 $\phi50$、$\phi40$ 外圆台阶轴的表面粗糙度要求为 $Ra1.6$，直径精度要求分别为 $\phi50_{-0.03}^{0}$、$\phi40_{-0.03}^{0}$，长度精度要求有 24 ± 0.05；$\phi24$ 的内沟槽宽度为 4，内螺纹精度要求为 $M22\times1.5-7H$；右端 $\phi30\sim\phi40$ 锥面、$\phi40_{-0.03}^{0}$ 外圆柱的表面粗糙度要求为 $Ra1.6$，直径精度要求为 $\phi40_{-0.03}^{0}$，长度精度要求有 54 ± 0.05；$\phi26$ 的外槽宽度为 4，外螺纹尺寸要求为 $M30\times1.5$；零件总体长度要求为 100mm。

（2）加工方法：该零件为小批量生产，所有加工要素均可在数控车床上加工。

2）机床选择

根据零件的结构特点、加工要求及现有设备情况，数控车床选用配备有 FANUC-0i 系统的 CAK6140VA。其主要技术参数见表 2-10。

3）装夹方案的确定

根据工艺分析，该零件在数控车床上的装夹都采用三爪卡盘。装夹方法如图 3-27、图 3-28 所示，先以毛坯左端为粗基准加工右端，再调头以右端 $\phi60$ 外圆为精基准加工左端。

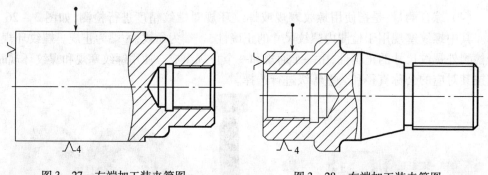

图 3-27　左端加工装夹简图　　　　　图 3-28　右端加工装夹简图

4）工艺过程卡片制定

根据以上分析，制定零件加工工艺过程卡如表 3-3 所列。

5）加工顺序的确定

加工时，先粗精车左端面、左端 $\phi50_{-0.03}^{0}\times36$、$\phi40_{-0.03}^{0}\times24$ 台阶轴、$R4$ 圆角及倒角至图纸精度要求，然后用 A3 中心钻钻孔→麻花钻钻 $\phi18$ 孔→车螺纹底孔→车内沟槽→车内螺纹；再调头粗精车右端面、$\phi40_{-0.03}^{0}$ 外圆柱、$\phi30\sim\phi40$ 锥面、$M30\times1.5$ 螺纹大径、$R3$ 圆角及倒角至图纸精度要求并保证总长→切槽→车削外螺纹。

6）刀具与量具的确定

根据零件加工要素选用合适的刀具，具体刀具型号见刀具卡片表 3-4。

该零件测量要素类型较多，需选用多种量具，具体量具型号见量具卡片表 3-5。

7）数控车削加工工序卡片

制定零件数控车削加工工序卡见表 3-6、表 3-7。

表 3 - 3　零件加工工艺过程卡

（工厂）	机械工艺过程卡		产品型号	φ55×105	产品名称	传动轴	零件图号		共 1 页	第 1 页
材料牌号	45 钢	毛坯种类	棒料	毛坯外形尺寸	φ55×105	每毛坯可制件数	零件名称	1	每台件数	
工序号	工序名称	工序内容				车间	工段	设备	工艺装备	备注
										工时/min
										准终　单件
1	备料	备 φ55×105 的 45 钢棒料						锯床		
2	数车	粗、精车左端面,左端 φ50$^{\ 0}_{-0.03}$×37、φ40$^{\ 0}_{-0.03}$×24 外圆、R4 圆角至图纸精度要求,切内沟槽,钻 φ18×30 的孔,车内螺纹底孔,加工 M22×1.5-7H 内螺纹 调头粗精车右端面,φ40$^{\ 0}_{-0.03}$ 外圆柱、φ30~φ40 锥面、M30×1.5 螺纹大径、R3 圆角并保证总长 100,切外槽 4×2,车 M30×1.5 外螺纹						CAK6140VA	三爪卡盘	
3	钳工	去毛刺								
4	检验	按图样检查零件尺寸及精度								
5	入库	油封、入库								
								设计（日期）	审核（日期）	标准化（日期）　会签（日期）
标记	处数	更改文件号	签字	日期	标记	处数	更改文件号	签字	日期	
描图										
描校										
底图号										
装订号										

129

表 3 - 4　数控加工刀具卡片

产品名称或代号			零件名称	零件图号		备　注
工步号	刀具号	刀具名称	刀具规格		刀具材料	
1/2/9/10	T01	外圆车刀	93°		硬质合金	
3		中心钻	A3		高速钢	
4		麻花钻	ϕ18		高速钢	
5/6	T02	内孔车刀	90°		硬质合金	
7	T03	内切槽刀	刀宽4mm		高速钢	
8	T04	内螺纹车刀	60°		硬质合金	
11	T05	外切槽刀	刀宽4mm		高速钢	
12	T06	外螺纹车刀	60°		硬质合金	
编　制		审　核		批　准		共　页　第　页

表 3 - 5　量具卡片

产品名称或代号		零件名称		零件图号	
序号	量具名称	量具规格	精度		数量
1	游标卡尺	0～150 mm	0.02mm		1把
2	钢板尺	0～125mm	0.1 mm		1把
3	外径千分尺	25～50mm	0.01 mm		1把
4	内径千分尺	5～30mm	0.01 mm		1把
5	螺纹环规	M30×1.5-6h			1套
6	螺纹塞规	M22×1.5-7H			1套
编　制		审　核		批　准	共　页　第　页

2. 数控加工程序编制

1）左端加工程序

程　　序	程序说明
O0001;	左端外轮廓加工程序名
T0101;	设立坐标系,选1号刀,1号刀补
M03 S800;	主轴以 800r/min 正转
G00 X100.0 Z100.0;	刀具快速定位到安全点
G00 X57.0 Z5.0;	刀具到循环起点位置
G71 U1.5 R1.0; G71 P07 Q16 U0.5 W0.1 F0.2;	粗切削循环,粗切量1.5,退刀量1,精切余量 X0.5,Z0.1进给0.2mm/r
N07 G42 G01 X0 F0.15;	加工程序起始行,建立刀具半径补偿
Z0;	到端面中心
G01 X36.0;	加工端面
G01 X40.0 Z-2.0;	加工 C2 倒角

130

程　序	程序说明
Z－24.0；	加工 φ40 外圆
G01 X42.0；	加工 Z－24 的台阶面
G03 X50.0 Z－28.0 R4；	加工 R4 圆弧
G01 Z－37.0；	加工 φ50 的外圆
G01 X55.0；	加工 Z－37 的台阶面
N17 G40 X57.0；	加工程序结束行,取消刀具半径补偿
S1200；	变速精车 1200r/min 正转
G70 P07 Q16；	精加工轮廓
G00 X100.0 Z100.0；	快速退刀到安全位置
M30；	程序结束并复位
O0002；	左端内轮廓加工程序名
T0202；	设立坐标系,选 2 号刀,2 号刀补
M03 S800；	主轴以 800r/min 正转
G00 X100.0 Z100.0；	刀具快速定位到安全点
G00 X19.0 Z5.0；	刀具到循环起点位置
G71 U1.0 R0.8； G71 P06 Q10 U－0.5 W0.1 F0.15；	粗切削循环,粗切量 1.5,退刀量 1,精切余量 X0.5,Z0.1 进给 0.2mm/r
N06 G01 X24.5 F0.1；	加工程序起始行
Z0；	到端面
G01 X20.5 Z－2.0；	倒角 C2
Z－26.0；	加工螺纹底孔
N10 G01 X19.0；	加工程序结束行
S1200	主轴变速 1200r/min 精车
G70 P07 Q11；	精加工轮廓
G00 Z100.0；	Z 向快速退刀
X100.0；	X 向快速退刀
M30；	程序结束并复位
O0003；	左端内沟槽加工程序名
T0303；	设立坐标系,选 3 号刀,3 号刀补
M03 S300；	主轴以 300r/min 正转
G00 X100.0 Z100.0；	刀具快速定位到安全点
G00 X19.0 Z5.0；	刀具到切削起点位置

程　　序	程　序　说　明
G01 Z－26.0 F0.1；	刀具定位到切槽起点
G01 X24.0 F0.05；	切槽
G04 X1.0；	延时1s修整槽底
G01 X19.0；	退刀
G00 Z5.0；	返回起点
G00 X100.0 Z100.0；	快速退刀到安全位置
M30；	程序结束并复位
O0004；	左端内螺纹加工程序名
T0404；	设立坐标系,选4号刀,4号刀补
M03 S600；	主轴以600r/min正转
G00 X19.0 Z5.0；	刀具移至循环螺纹起点位置
G76 P020060 Q50 R0.1； G76 X22.0 Z－46.0 R0.0 P975 Q400 F1.5；	精加工次数为2,斜向倒角量00,刀尖角为60°,最小切深取0.05,精加工余量0.1 螺纹锥度为0,牙型高度计算为0.975mm,第一次切深为0.4,导程为1.5
G00 Z100.0；	Z向快速退刀
G00 X100.0；	X向快速退刀
M05；	主轴停
M30；	程序结束并复位

2）编写右端加工程序

程　　序	程　序　说　明
O0001；	右端外轮廓加工程序名
T0101；	设立坐标系,选1号刀,1号刀补
M03 S800；	主轴以800r/min正转
G00 X100.0 Z200.0；	刀具快速定位到安全点
G00 X57.0 Z105.0；	刀具到循环起点位置
G71 U1.5 R1.0； G71 P05 Q16 U0.5 W0.1 F0.2；	粗切削循环,粗切量1.5,退刀量1,精切余量X0.5,Z0.1进给0.2mm/r
N05 G42 G01 X0 F0.15；	加工程序起始行,建立刀具半径补偿
Z100.0；	到端面中心
G01 X25.8；	加工端面
G01 X29.8 Z98.0；	加工C2倒角
Z66.0；	加工ϕ29.8圆柱
X30.0；	加工Z66台阶面

程 序	程 序 说 明
G01 X40.0 Z46.0；	加工 φ30 锥面
G01 Z39.0；	加工 φ40 的圆柱
G02 X46.0 Z36.0 R3；	加工 R3 圆弧
G01 X55.0；	加工 Z36 台阶面
N16 G40 X57.0；	取消刀具半径补偿
M03 S1500；	主轴以 1500r/min 正转
G70 P05 Q16；	精加工轮廓
G00 X100.0 Z200.0；	快速退刀到安全位置
M30；	程序结束并复位
O0002；	右端切槽程序名
T0505；	设立坐标系,选 5 号刀,5 号刀补
M03 S300；	主轴以 300r/min 正转
G00 X100.0 Z200.0；	刀具快速定位到安全点
G00 X35.0 Z105.0；	刀具到切削起点位置
G01 Z66.0 F0.1；	刀具定位到切槽起点
G01 X26.0 F0.05；	切槽
G04 X1.0；	延时 1s 修整槽底
G01 X35.0；	退刀
G00 Z105.0；	Z 向快速退刀
G00 X100.0 Z200.0；	快速退刀到安全位置
M30；	程序结束并复位
O0003；	右端螺纹加工程序名
T0606；	设立坐标系,选 6 号刀,6 号刀补
M03 S600；	主轴以 600r/min 正转
G00 X100.0 Z200.0；	刀具快速定位到安全点
G00 X32.0 Z105.0；	刀具到循环起点位置
G92 X29.2 Z64.0 F1.5；	螺纹切削循环,切深 0.8,导程 1.5
G92 X28.6 Z64.0 F1.5；	螺纹切削循环,切深 0.6,导程 1.5
G92 X28.2 Z64.0 F1.5；	螺纹切削循环,切深 0.4,导程 1.5
G92 X28.0 Z64.0 F1.5；	螺纹切削循环,切深 0.16,导程 1.5
G00 X100.0；	X 向快速退刀
G00 Z200.0；	快速退刀到安全位置
M30；	程序结束并复位

表 3 - 6 零件数控车削加工工序卡 1

(工厂)	数控加工工序卡		产品型号		零件图号			
			产品名称		零件名称	传动轴	共 2 页	第 1 页

车间	工序号 2	工序名称 数车	材料牌号 45钢
毛坯种类 棒料	毛坯外形尺寸 $\phi55 \times 105$	每毛坯可制件数	每台件数
设备名称 数控车床	设备型号 CAK6140VA	设备编号	同时加工件数 1
夹具编号	夹具名称 三爪卡盘		切削液
工位器具编号	工位器具名称	工序工时	准终 单件

工步号	工步名称	工艺装备	主轴转速 /(r/min)	切削速度 /(m/min)	进给量 /(mm/r)	背吃刀量 /mm	进给次数
1	按图夹持毛坯外圆,粗车左端外圆,$R4$ 圆角,Z 轴方向留 0.5 余量,X 轴方向留 0.5 余量,Z 轴方向 $\phi40^{\ 0}_{-0.03} \times 24$ 外圆、$\phi50^{\ 0}_{-0.03} \times 37$、$\phi40^{\ 0}_{-0.03} \times 24$ 外圆,$R4$ 至图纸精度要求留 0.1 余量	93°外圆车刀	800	140	0.2	1.5	
2	精车左端面,左端 $\phi50^{\ 0}_{-0.03} \times 37$,$\phi40^{\ 0}_{-0.03} \times 24$ 外圆,$R4$ 至图纸精度要求	93°外圆车刀	1200	205	0.15	0.25	
3	钻中心孔	A3 中心钻	1200				
4	钻 $\phi18 \times 30$ 的孔	$\phi18$ 麻花钻	400				
5	粗车内螺纹底孔 $\phi20.5 \times 26$,X 轴方向留 0.5 余量,Z 轴方向留 0.1 余量	90°内孔车刀	800	45	0.15	1.0	
6	精车内螺纹底孔至 $\phi20.5 \times 26$	90°内孔车刀	1200	75	0.1	0.25	
7	切内沟槽 4×2	刀宽 4mm 内切槽刀	300	20	0.05	2.0	
8	车 M22×1.5-7H 内螺纹	60°内螺纹车刀	600	40	1.5		

				设计 (日期)	审核 (日期)	标准化 (日期)	会签 (日期)
标记	处数	更改文件号	签字	日期	标记 处数 更改文件号 签字	日期	

描图 描校 底图号 装订号

134

表 3 - 7 零件数控车削加工工序卡 2

(工厂)	数控加工工序卡	产品型号		零件图号				共 2 页	第 2 页
		产品名称		零件名称					

车间	工序号	工序名称	材料牌号
数车	2	数车	45 钢

毛坯种类	毛坯外形尺寸	每毛坯可制件数	每台件数
棒料	φ55×105	1	

设备名称	设备型号	设备编号	同时加工件数
数控车床	CAK6140VA		

夹具编号	夹具名称	切削液
	三爪卡盘	

工位器具编号	工位器具名称	工序工时	
		准终	单件

工步号	工步名称	工艺装备	主轴转速 /(r/min)	切削速度 /(m/min)	进给量 /(mm/r)	背吃刀量 /mm	进给次数
9	调头夹 φ40 外圆,粗车右端面,φ40$_{-0.03}^{0}$ 外圆柱,φ30～φ40 锥面,M30×1.5 螺纹大径,R3 圆角,X 轴方向留 0.5 余量,Z 轴方向留 0.1 余量	93°外圆车刀	800	140	0.2	1.5	
10	精车右端面,φ40$_{-0.03}^{0}$ 外圆柱,φ30～φ40 锥面,M30×1.5 螺纹大径,R3 圆角至图纸精度要求	93°外圆车刀	1200	205	0.15	0.25	
11	切 4×2 外槽	刃宽 4mm 外切槽刀	300	30	0.05	2.0	
12	车 M30×1.5 外螺纹	60°外螺纹车刀	600	56	1.5		

	设计 (日期)	审核 (日期)	标准化 (日期)	会签 (日期)

描图					
描校					
底图号					
装订号	标记	处数	更改文件号	签字	日期
	标记	处数	更改文件号	签字	日期

135

3. 槽及螺纹加工误差分析

1）槽加工误差分析

在数控车床上进行槽加工时影响加工误差的因素较多,其问题现象、产生原因预防和消除的措施见表 3 –8。

表 3 – 8　槽加工误差分析

问 题 现 象	产 生 原 因	预防和消除
槽的一侧或两侧面出现小台阶 	刀具数据不准确或程序错误	1. 调整或重新设定刀具数据; 2. 检查、修改加工程序
槽底出现倾斜 	刀具安装不正确	正确安装刀具
槽的侧面出现凹凸面 	1. 刀具刃磨角度不对称; 2. 刀具安装角度不对称; 3. 刀具两刀尖磨损不对称	1. 更换刀片; 2. 重新刃磨刀具; 3. 正确安装刀具
槽的两个侧面倾斜 	刀具磨损	重新刃磨刀具或更换刀片
槽底出现振动现象,留有指纹	1. 工件装夹不正确; 2. 刀具安装不正确; 3. 切削参数不正确; 4. 程序延时时间太长	1. 检查工件安装,增加安装刚性; 2. 调整刀具安装位置; 3. 提高或降低切削速度; 4. 缩短程序延时时间
切槽过程中出现扎刀现象,造成刀具断裂	1. 进给量过大; 2. 切屑阻塞	1. 降低进给速度; 2. 采用断、退屑方式切入
切槽过程中出现较强的振动,表现为工件刀具出现谐振现象,严重者车床也会一同产生谐振,切削不能继续	1. 工件装夹不正确; 2. 刀具安装不正确; 3. 进给速度过低	1. 检查工件安装,增加安装刚性; 2. 调整刀具安装位置; 3. 提高进给速度

2）螺纹加工误差分析

螺纹加工误差分析见表 3 –9。

表 3 - 9　螺纹加工误差分析

问题现象	产生原因	预防和消除
切削过程出现振动	1. 工件装夹不正确； 2. 刀具安装不正确； 3. 切削参数不正确	1. 检查工件安装,增加安装刚性； 2. 调整刀具安装位置； 3. 提高或降低切削深度
螺纹牙顶呈刀口状	1. 刀具角度选择错误； 2. 螺纹外径尺寸过大； 3. 螺纹切削过深	1. 选择正确的刀具； 2. 检查并选择合适的工件外径尺寸； 3. 减小螺纹切削深度
螺纹牙型过平	1. 刀具中心错误； 2. 螺纹切削深度不够； 3. 刀具牙型角度过小； 4. 螺纹外径尺寸过小	1. 选择合适的刀具并调整刀具中心的高度； 2. 适当增大刀具牙型角； 3. 检查并选择合适的工件外径尺寸
螺纹牙型底部圆弧过大	1. 刀具选择错误； 2. 刀具磨损严重	1. 选择正确的刀具； 2. 重新刃磨或更换刀片
螺纹牙型底部过宽	1. 刀具选择错误； 2. 刀具磨损严重； 3. 螺纹有乱牙现象	1. 选择正确的刀具； 2. 重新刃磨或更换刀片； 3. 检查加工程序中有无导致乱牙的原因； 4. 检查主轴脉冲编码器是否松动、损坏； 5. 检查 Z 轴丝杠是否有窜动现象
螺纹表面质量差	1. 切削速度过低； 2. 刀具中心过高； 3. 切削控制较差； 4. 刀尖产生积屑瘤； 5. 切削液选用不合理	1. 调高主轴转速； 2. 调整刀具中心高度； 3. 选择合理的进刀方式及切深； 4. 选择合适的切削液并充分喷注
螺距误差	1. 伺服系统滞后效应； 2. 加工程序不正确	1. 增加螺纹切削升、降通段的长度； 2. 检查、修改加工程序

思考与练习

1. 编制如图 3-29 所示零件加工工艺,编写零件程序并完成加工,毛坯尺寸 $\phi50 \times 80$mm,材料 45 钢。

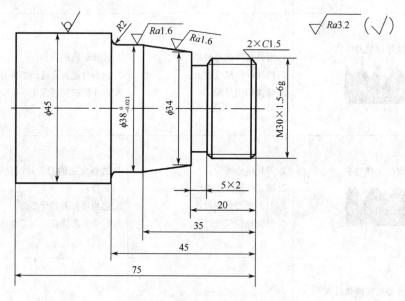

图 3-29 习题 1 零件图

2. 编制如图 3-30 所示零件加工工艺,编写零件程序并完成加工,毛坯尺寸 $\phi45 \times 100$mm,材料 45 钢。

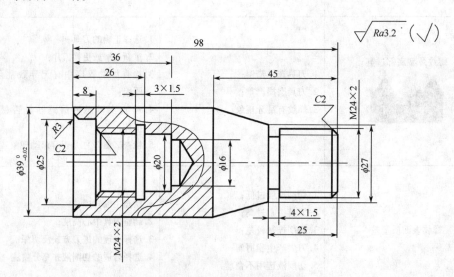

图 3-30 习题 2 零件图

3. 编制如图 3-31 所示零件加工工艺,编写零件程序并完成加工,毛坯尺寸 $\phi45 \times 75$mm,材料 45 钢。

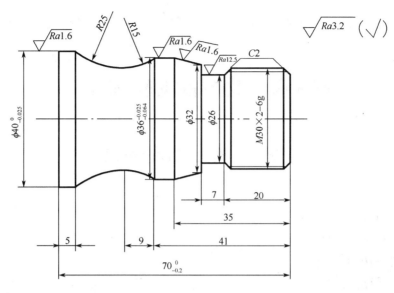

图 3 – 31 习题 3 零件图

4. 编制如图 3 – 32 所示零件加工工艺,编写零件程序并完成加工,毛坯尺寸 $\phi40 \times$ 110mm,材料 45 钢。

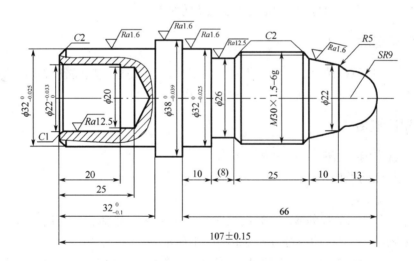

图 3 – 32 习题 4 零件图

第四章　数控铣削轮廓加工

任务一　建立工件坐标系

知识点
- 数控铣床的类型与结构
- 数控铣床的型号与识别
- 数控铣床的加工对象
- 坐标系建立指令

技能点
- 数控铣床的基本操作
- 数控铣床的对刀

一、任务描述

掌握数控铣床对刀原理,独立完成数控铣床的对刀操作。

二、任务分析

该任务是任何数控铣床加工前必不可少的部分,为了完成该项任务,必须了解数控铣床的相关知识,掌握数控铣床的对刀原理与对刀操作过程。

三、知识链接

1. 数控铣床相关知识

1)数控铣床的类型

(1)按构造分类

① 工作台升降式数控铣床:这类数控铣床采用工件台移动、升降,而主轴不动的方式。小型数控铣床一般采用此种方式,如图 4-1 所示。

② 主轴头升降式数控铣床:如图 4-2 所示,这类数控铣床采用工作台纵向和横向移动,且主轴沿垂向溜板上下运动。该类铣床在精度保持、承载重量、系统构成等方面具有很多优点,已成为数控铣床的主流。

③ 龙门式数控铣床:如图 4-3 所示,这类数控铣床主轴可以在龙门架的横向与垂向溜板上运动,而龙门架则沿床身作纵向运动。因要考虑到扩大行程、缩小占地面积及刚性等技术上的问题,大型数控铣床往往采用龙门式结构。

(2)按通用铣床的分类方法分类

① 立式数控铣床:立式数控铣床在数量上一直占据数控铣床的大多数,应用范围也

140

图 4 - 1　工作台升降式
　数控铣床

图 4 - 2　主轴头升降式
　数控铣床

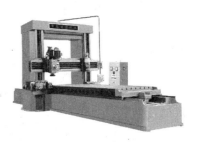
图 4 - 3　龙门式数控铣床

最广。从机床数控系统控制的坐标数量来看,目前 3 坐标立式数控铣床仍占大多数;一般可进行 3 坐标联动加工,但也有部分机床只能进行 3 个坐标中的任意两个坐标联动加工(常称为 2.5 轴加工)。此外,还有机床主轴可以绕 X、Y、Z 坐标轴中的其中一个或两个轴作数控摆角运动的 4 坐标和 5 坐标数控立铣。

　　② 卧式数控铣床:与通用卧式铣床相同,其主轴轴线平行于水平面,如图 4 - 4 所示。为了扩大加工范围和扩充功能,卧式数控铣床通常采用增加数控转盘或万能数控转盘来实现 4、5 坐标加工。这样,不但工件侧面上的连续回转轮廓可以加工出来,而且可以实现在一次安装中,通过转盘改变工位,进行"四面加工"。

　　③ 立卧两用数控铣床:如图 4 - 5 所示,目前这类数控铣床已不多见,由于这类铣床的主轴方向可以更换,能达到在一台机床上既可以进行立式加工,又可以进行卧式加工,而同时具备上述两类机床的功能,其使用范围更广,功能更全,选择加工对象的余地更大,且给用户带来方便。这类机床特别适合生产批量小、品种较多、需要立、卧两种方式加工的场合。

图 4 - 4　卧式数控铣床

图 4 - 5　立卧两用数控铣床

　　2) 数控铣床的结构
　　数控铣床由机床主体、数控系统、伺服系统三大部分构成。具体结构以图 4 - 6 所示卧式加工中心为例来加以说明。

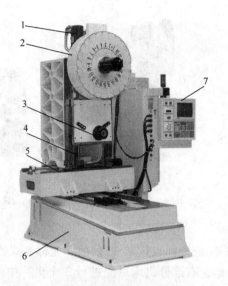

图 4-6 数控铣床的组成

1—伺服电动机；2—刀库及换刀装置；3—主轴；4—导轨；5—工作台；6—床身；7—数控系统。

主体部分主要由床身、主轴、工作台、导轨、刀库、换刀装置、伺服电动机、数控系统等组成。

数控系统由程序的输入/输出装置、数控装置等组成，其作用是接收加工程序等各种外来信息，并经处理和分配后，向驱动机构发出执行命令。

伺服系统位于数控装置与机床主体之间，主要由伺服电动机、伺服电路等装置组成。它的作用是根据数控装置输出信号，经放大转换后驱动执行电动机，带动机床运动部件按约定的速度和位置进行运动。

3）数控铣床的型号与识别

在金属切削机床型号编制方法中，机床类别代号与机床通用特性代号在第一章中已经介绍，在此只介绍铣床类别中的组代号及床身铣床的系代号划分方法，具体划分方式见表 4-1、表 4-2。

表 4-1　铣床组代号划分表

组别	0	1	2	3	4	5	6	7	8	9
铣床 X	仪表铣床	悬臂及滑枕铣床	龙门铣床	平面铣床	仿形铣床	立式升降台铣床	卧式升降台铣床	床身铣床	工具铣床	其他铣床

表 4-2　床身铣床的系代号划分表

系别	1	2	3	4	5	6	7	9
床身铣床 7	床身铣床	转塔床身铣床	立柱移动床身铣床	立柱移动转塔床身铣床	卧式床身铣床	立柱移动卧式床身铣床	滑枕床身铣床	立柱移动立卧式床身铣床

【注】：不同组别的铣床，其主参数所表示的对象不尽相同，在表 4-2 中列出的床身铣床的主参数均表示工作台面宽度数据，其数值为工作台面宽度的 1/100。

[例 4.1] 识别如下铣床的型号含义：

XK715

142

X——铣床；

K——数控铣床；

7——床身铣床(组代号)；

1——床身铣床(系代号)；

5——工作台面宽度为500mm(主参数,工作台面宽度的1/100)。

2. 数控铣削加工对象

数控铣削主要包括平面铣削与轮廓铣削,也可以对零件进行钻、扩、铰、锪和镗孔加工与攻螺纹等。其主要适合于下列几类零件的加工。

1) 平面类零件

平面类零件是指加工面平行或垂直于水平面,以及加工面与水平面的夹角为一定值的零件,这类加工面可展开为平面。

如图4-7所示的三个零件均为平面类零件。其中,曲线轮廓面A垂直于水平面,可采用圆柱立铣刀加工。凸台侧面B与水平面成一固定角度,这类加工面可以采用成型铣刀来加工。对于斜面C,当工件尺寸不大时,可用专用夹具(如斜板)垫平后加工。

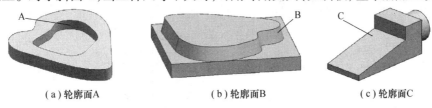

(a) 轮廓面A　　　　　(b) 轮廓面B　　　　　(c) 轮廓面C

图4-7　平面类零件

2) 曲面类零件

加工面为空间曲面的零件(如模具、叶片、螺旋桨等)称为曲面类零件,如图4-8所示零件中的两个曲面内腔。曲面类零件不能展开为平面。加工时,铣刀与加工面始终为点接触,一般采用球头刀在三坐标数控铣床上加工。当零件曲面特别复杂,三坐标数控铣床无法满足加工时,也可采用四坐标或五坐标数控机床进行加工。

3) 箱体类零件

箱体类零件一般是指具有一个以上孔系,内部有一定型腔或空腔,在长、宽、高方向有一定比例的零件。如汽车的发动机缸体、变速箱体;机床的床头箱、主轴箱等。如图4-9所示为一高速发动机箱体零件。

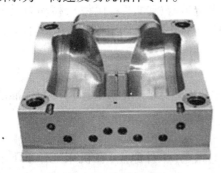

图4-8　曲面类零件

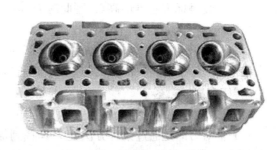

图4-9　箱体零件

箱体类零件一般都需要进行多工位孔系、轮廓及平面加工,公差要求较高,特别是形位公差要求较为严格,通常要经过铣、钻、扩、镗、铰、锪、攻丝等工序,需要刀具较多,在普通机床上加工难度大,精度难以保证。这类零件在数控铣床上或加工中心上加工,一次装夹可完成普通机床60%~95%的工序内容,零件各项精度一致性好,质量稳定,同时可节约加工成本,缩短生产周期。

虽然数控铣床加工范围广泛,但是因受数控铣床自身特点的制约,某些零件仍不适合在数控铣床上加工。如简单的粗加工面、加工余量不太充分或很不均匀的毛坯零件,以及生产批量特别大而精度要求又不高的零件等。

3. 数控铣削对刀方法

数控铣床对刀即通过某种方法使刀具(或找正器)找到加工原点(工件原点)在机床坐标系下的坐标值(X、Y、Z值)。若要对某一零件进行加工,必须首先完成其对刀,让数控系统通过对刀值识别零件在工作台上的位置,才能完成该零件的加工。如图4-10所示,通过对刀需要找到加工原点O_1在机床坐标系下的各轴的坐标值(Xa, Yb, Zc)。以下各轴对刀均设工件上表面几何中心为加工原点。

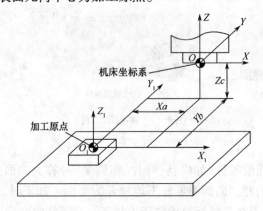

图4-10 对刀原理示意图

1) Z轴对刀

Z轴对刀即是通过某种方法让刀具找到加工原点(工件原点)在机床坐标系下的Z坐标值,在此以标准芯棒为对刀工具,介绍其对刀原理。

如图4-11所示,若要让刀具找到加工原点在机床坐标系下的Z坐标值,则先在工件上放置一标准尺寸的芯棒(也可用标准量块、Z轴设定器等标准工具代替),移动刀具使其底面刚好接触标准芯棒最高点,则此时刀具底端与工件上表面距离刚好为H,然后通过以下公式计算得出Z对刀值:

$$Z = Z_1 - H$$

式中:Z_1为刀具底面接触标准芯棒最高点时所对应的Z坐标值(机床坐标);H为标准芯棒直径(标准高度)。

2) X、Y轴对刀

X、Y轴对刀即是通过某种方法让刀具找到加工原点(工件原点)在机床坐标系下的X、Y坐标值,在此以寻边器为对刀工具,以X轴对刀为例(Y轴对刀原理及对刀方法与X轴相同)介绍其对刀原理。

144

（1）方案一：如图 4－12 所示，加工原点在机床坐标系下的 X 坐标值不能直接得出，而只能先用寻边器分别接触工件 A、B 两侧（使寻边器的工作外圆与工件侧面相切）并记下其所对应的 X 坐标值（X_1、X_2），然后通过以下公式计算得出加工原点的 X 坐标值：

$$X = (X_1 + X_2)/2$$

式中：X_1 为寻边器外圆与工件 A 侧面相切时所对应的 X 坐标值（机床坐标）；X_2 为寻边器外圆与工件 B 侧面相切时所对应的 X 坐标值（机床坐标）。

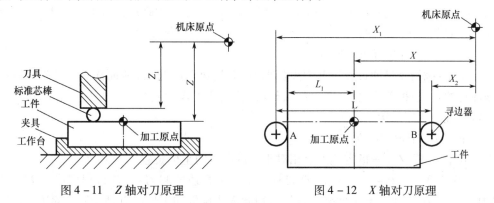

图 4－11　Z 轴对刀原理　　　　　　　图 4－12　X 轴对刀原理

（2）方案二：如图 4－12 所示，加工原点在机床坐标系下的 X 坐标值不能直接得出，可先用寻边器接触工件 A 侧或 B 侧（使寻边器的工作外圆与工件侧面相切）并记下其所对应的 X 坐标值，然后通过公式计算得出加工原点的 X 坐标值，计算公式见表 4－3。

表 4－3　对刀值的计算

序号	寻边位置（相对于加工原点而言）	计算公式
1	在加工原点的负方向（A 侧面）	$X = X_1 + D/2 + L_1$
2	在加工原点的正方向（B 侧面）	$X = X_2 - D/2 + L_B$

式中：X_1 为寻边器外圆与工件 A 侧面相切时所对应的 X 坐标值（机床坐标）；X_2 为寻边器外圆与工件 B 侧面相切时所对应的 X 坐标值（机床坐标）；D 为寻边器工作外圆直径；L_1 为工件 A 侧面与加工原点的距离（X 轴方向）；L_B 为工件 B 侧面与加工原点的距离（X 轴方向）。

以上表格中提供的两种计算公式，分别适用于寻 A 侧面或 B 侧面，即计算公式的选用与寻边的位置有关。该方案也可适用于非对称工件的对刀（即加工原点的位置未设置在工件对称中心），对刀时（X 轴方向）只需要寻找工件其中一个侧边，便可计算得出对刀值。

（3）方案三：采用方案一或方案二时，均需要通过公式计算才能得出对刀值，当数据较多时不便于计算。因此可以利用数控系统中的"相对坐标"测量出 A、B 两侧的相对距离 L，直接将寻边器移动至 $L/2$ 处，该位置所对应的机床坐标 X 值便是加工原点的 X 坐标值。后续介绍的对刀方法中就利用了"相对坐标"来辅助完成对刀。

4. 坐标系建立指令

1）工件坐标系零点偏移（G54～G59）

功能：使用该指令设定对刀参数值（即设定工件原点在机床坐标系中的坐标值）。一旦指定了 G54～G59 之一，则该工件坐标系原点即为当前程序原点，后续程序段中的工件绝对坐标值均以此程序原点作为数值计算基准点。该数据输入机床存储器后,在机床重新开机时仍然存在。

编程格式:G54 G00 X_ Y_ Z_;

通过以上的编程格式指定 G54 后,刀具以 G54 中设定的坐标值为基准快速定位到目标点(X,Y,Z),该目标点通常被称为起刀点。

[例 4.2] 如图 4-13 所示,右上角 O 点为机床零点,在系统内设定了两个工件坐标系:G54(X-50.0 Y-50.0 Z-10.0),G55(X-100.0 Y-100.0 Z-20.0)。此时,建立了原点在 O' 的 G54 工件坐标系和原点在 O'' 的 G55 工件坐标系。

2) 设定工件坐标系(G92)

功能:该指令是通过设定起刀点(即程序开始运动的起点)从而建立工件坐标系。应该注意的是,该指令只是设定坐标系,机床(刀具或工作台)并未产生任何运动,这一指令通常出现在程序的第一段。

编程格式:G92 X_ Y_ Z_;

其中:X、Y、Z——指定起刀点相对于工件原点的坐标位置。

[例 4.3] 如图 4-14 所示,将刀具置于一个合适的起刀点,执行程序段:G92 X20.0 Y10.0 Z10.0;则建立起工件坐标系。采用此方式设置的工件原点是随刀具起始点位置的变化而变化的。

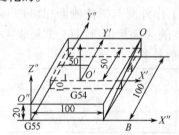

图 4-13 G54 设定工件坐标系

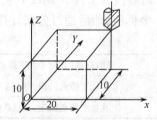

图 4-14 G92 设定工件坐标系

G92 指令与 G54~G59 指令都是用于设定工件加工坐标系的,但它们在使用中是有区别的。

(1)G92 指令通过程序(起刀点的位置)来设定工件坐标系;G54~G59 指令是通过在系统中设置参数的方式设定工件坐标系。

(2)G92 所设定的工件坐标原点与当前刀具位置有关,该原点在机床坐标系中的位置随当前刀具位置的不同而改变。G54~G59 所设定的工件坐标原点一经设定,其在机床坐标系中的位置不变,与刀具当前位置无关。

(3)当程序中采用 G54~G59 设定工件坐标系后,也可通过 G92 建立新的工件坐标系。

[例 4.4] 如图 4-15 所示,通过 G54 方式设定工件坐标系并使刀具定位于 XOY 坐标系中的(X200.0,Y160.0)处,执行 G92 程序段后,就由向量 A 偏移产生了一个新的工件坐标系 X'O'Y'。程序如下:

G54 G00 X200.0 Y160.0;

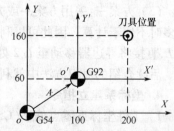

图 4-15 在 G54 方式下设定 G92

G92 X100.0 Y100.0；

四、任务实施

手动或手摇对刀操作及设定工件坐标系操作。

1. X、Y方向对刀

X、Y轴对刀常用的方法有试切对刀、寻边器对刀（常用寻边器如图4-16所示）。下面介绍机械式偏心寻边器对刀（X轴方向）的方法。

（a）机械式偏心寻边器　　　　　　　　　（b）光电式寻边器

图4-16　寻边器

机械式偏心寻边器由左、右两部分及连接弹簧组成（图4-16（a）），寻边器的左半部分被安装在刀柄上。当寻边器以合理的转速旋转时，其右半部分受离心力而发生偏心，使用适当的倍率移动寻边器，使寻边器的工作外圆与工件表面接触并使其上下两部分刚好同心，此时寻边器轴心与工件表面距离等于工作外圆的半径。

对刀方法如下（以图4-12为例介绍）：

（1）将装有寻边器的刀柄安装到主轴上；

（2）在MDI状态下启动主轴（S200～S400）；

（3）采用"手轮"方式先将寻边器移动至工件A侧面附近，再使寻边器的工作外圆逐渐靠近工件A侧面（手轮倍率应合理，建议当距离较小时增量倍率选择"×10"）；

（4）以步进方式使寻边器向工件A侧面移动，当寻边器接触工件表面且同心时停止移动；

（5）将显示切换为相对坐标界面，使X坐标值归零；

（6）移动寻边器离开A侧面，按照（3）与（4）的步骤使寻边器接触工件B侧面且同心时停止移动；

（7）记下相对坐标界面上的当前X坐标值（记为X_L），移动寻边器离开B侧面；

（8）移动寻边器至$X_L/2$处；

（9）进入工件坐标系设置界面，移动光标至"01（G54）"所对应的X参数栏，将当前位置所对应的机床坐标X值输入缓存区中，按下 INPUT 功能键完成X方向对刀值的输入。

【说明】：

（1）Y轴对刀方式与X轴对刀方式相同，在此省略介绍；

（2）输入对刀参数时，也可将光标移至"01（G54）"所对应的坐标轴参数栏内（例如Y轴），输入"Y0"并选择软功能键［测量］，同样能够完成其数据输入；

（3）对刀时坐标轴的移动倍率以及工件表面质量等情况都会影响对刀精度，因此需要综合考虑，确定合理的对刀方式。

2. Z 方向对刀

Z 轴对刀常用的方法有试切对刀、Z 轴设定器对刀、标准芯棒对刀、机外对刀仪对刀（机外对刀仪如图 4 – 17 所示）。下面介绍几种常用的对刀方法。

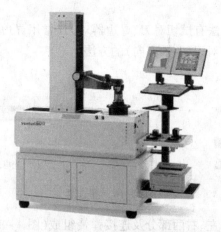

图 4 – 17　机外对刀仪

1）标准芯棒对刀

（1）主轴停转，换上切削用刀具；

（2）采用"手轮"方式将刀具移动至工件上方，使刀具底面与工件上表面之间的距离略小于芯棒直径（手轮倍率应合理，以确保安全，建议当距离较小时增量倍率选择" ×10"），然后将芯棒放于工件上表面；

（3）轻推芯棒检查其是否能够通过刀具底面与工件上表面之间的间隙；

（4）以步进方式抬高刀具（ +Z 方向），然后按步骤（3）检查芯棒是否能够通过间隙；

（5）重复步骤（4），当芯棒刚好能够通过间隙时记下当前 Z 坐标值（机床坐标）；

（6）按公式计算得出 Z 对刀值；

（7）选择 $\boxed{\text{OFS/SET}}$ 功能键，再选择菜单软键［偏置］，进入补偿参数设置界面，将计算所得的 Z 对刀值输入"外形（H）"所对应的 001 号参数表中。若使用多把刀具，可将各刀具的对刀值按顺序输入不同序号的参数表中。

【说明】：

（1）在对刀过程中，增量倍率应采用先大倍率再小倍率的方式进行。如果误差较大，则必须先将标准芯棒移出刀具正下方，然后重复对刀步骤（2）~（5），最后完成对刀参数的输入。

（2）当刀具改变后应重新对刀，获取新的 Z 对刀值。

2）Z 轴设定器对刀

Z 轴设定器对刀与标准芯棒对刀方式基本相同。Z 轴设定器如图 4 – 18 所示。

在此以带表式 Z 轴设定器为例，说明其对刀方法。如图 4 – 19 所示，Z 轴设定器的柱体标准高度 H 通常为 $50^{+0.005}$ mm，使用前应先对其进行调零，然后按以下步骤进行：

（1）主轴停转，换上切削用刀具；

（a）带表式 Z 轴设定器　　　　　　　（b）电子式 Z 轴设定器

图 4 – 18　Z 轴设定器

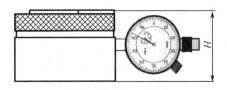

图 4 – 19　带表式 Z 轴设定器尺寸

（2）将 Z 轴设定器轻放于工件上表面；

（3）移动刀具使其底面缓慢接触 Z 轴设定器的凸台部分并下压凸台至指针指向零位（增量倍率一般选择为"×10"）；

（4）采用公式计算得出 Z 对刀值并输入对刀参数表中。

任务二　外形轮廓铣削加工

知识点

- 立铣刀的周铣削工艺
- 圆弧插补指令
- 刀具半径补偿
- 常用编程指令

技能点

- 采用半径补偿方式编写数控铣加工程序
- 采用圆弧插补指令方式编写数控铣加工程序

一、任务描述

编写如图 4 – 20 所示外轮廓零件的加工程序，并在数控铣床上进行加工。毛坯为 125×125×25，材料为 45 钢，小批量生产。

二、任务分析

在完成该任务的编程时，由于工件轮廓的轨迹与刀具刀位点的轨迹不一致，因此，需采用刀具半径补偿方式进行编程。

为了保证加工质量，在加工过程中需选用合适的加工刀具、合适的切削用量及切削液。

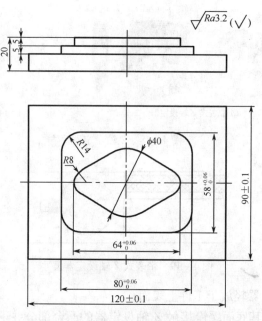

图 4 – 20　外轮廓铣削加工任务图

三、知识链接

1. 立铣刀介绍

1）数控铣床常用刀具材料

常用的数控刀具材料有高速钢、硬质合金、涂层硬质合金、陶瓷、立方氮化硼、金刚石等。其中，高速钢、硬质合金和涂层硬质合金在数控铣削刀具中应用最广。

2）常用轮廓铣削刀具

常用轮廓铣削刀具主要有面铣刀、立铣刀、键槽铣刀、模具铣刀和成型铣刀等。

（1）面铣刀。如图 4 – 21 所示，面铣刀的圆周表面和端面上都有切削刃，圆周表面的切削刃为主切削刃，端面上的切削刃为副切削刃。面铣刀多为套式镶齿结构，刀齿为高速钢或硬质合金，刀体为 40Cr。

刀片和刀齿与刀体的安装方式有整体焊接式、机夹焊接式和可转位式三种，其中可转位式是当前最常用的一种夹紧方式。

根据面铣刀刀具型号的不同，面铣刀直径可取 $d = 40 \sim 400mm$，螺旋角 $\beta = 10°$，刀齿数取 $z = 4 \sim 20$。

图 4 – 21　面铣刀

（2）平底立铣刀。如图4-22所示,立铣刀是数控机床上用得最多的一种铣刀。立铣刀的圆柱表面和端面上都有切削刃,圆柱表面的切削刃为主切削刃,端面上的切削刃为副切削刃,它们可同时进行切削,也可单独进行切削。主切削刃一般为螺旋齿,这样可以增加切削平稳性,提高加工精度。由于普通立铣刀端面中心处无切削刃,所以立铣刀不能进行轴向进给,端面刃主要用来加工与侧面相垂直的底平面。

（3）键槽铣刀。如图4-23所示,键槽铣刀一般只有两个刀齿,圆柱面和端面都有切削刃,端面刃延伸至中心,既像立铣刀,又像钻头。加工时先轴向进给达到槽深,然后沿键槽方向铣出键槽全长。

图4-22　平底立铣刀　　　　　　　　　图4-23　键槽铣刀

按国家标准规定,直柄键槽铣刀直径 $d = 2 \sim 22\text{mm}$,锥柄键槽铣刀直径 $d = 14 \sim 50\text{mm}$。键槽铣刀直径的精度要求较高,其偏差有 e8 和 d8 两种。键槽铣刀重磨时,只需刃磨端面切削刃,因此重磨后铣刀直径不变。

（4）模具铣刀。模具铣刀由立铣刀发展而成,可分为圆锥形立铣刀、（圆锥半角 $\alpha = 3°、5°、7°、10°$）、圆柱形球头立铣刀和圆锥形球头立铣刀三种,其柄部有直柄、削平型直柄和莫氏锥柄。模具铣刀中,圆柱形球头立铣刀在数控机床上应用较为广泛,如图4-24所示。

（a）圆柱形球头铣刀　　　　　　　　　（b）R铣刀

图4-24　模具铣刀

（5）其他铣刀。轮廓加工时除使用以上几种铣刀外,还使用鼓形铣刀和成型铣刀等。

2. 数控铣床常用刀柄系统介绍

数控铣床或加工中心上使用的刀具通过刀柄与主轴相连,刀柄通过拉钉和主轴内的拉紧装置固定在主轴上,由刀柄夹持刀具传递速度、扭矩,如图4-25所示。最常用的刀柄与主轴孔的配合锥面一般采用7:24的锥度,这种锥柄不自锁,换刀方便,与直柄相比有较高的定心精度和刚度。现今,刀柄与拉钉的结构和尺寸已标准化和系列化,在我国应用最为广泛的是 BT40 与 BT50 系统刀柄和拉钉。

1）刀柄分类

（1）按刀柄的结构分类。

① 整体式刀柄:整体式刀柄直接夹住刀具,刚性好;但其规格、品种繁多,给生产带来不便。

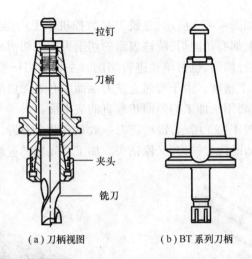

（a）刀柄视图　　　　　（b）BT 系列刀柄

图 4 – 25　刀柄的结构与规格

② 模块式刀柄：模块式刀柄比整体式多出中间连接部分，装配不同刀具时更换连接部分即可，克服了整体式刀柄的缺点；但对连接精度、刚性、强度等有很高的要求。

（2）按刀柄与主轴连接方式分类。

① 一面约束：一面约束刀柄以锥面与主轴孔配合，端面有 2mm 左右的间隙，此种连接方式刚性较差。如图 4 – 26（a）所示。

② 二面约束：二面约束以锥面及端面与主轴孔配合，能确保在高速、高精度加工时的可靠性要求。如图 4 – 26（b）所示。

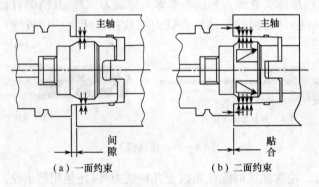

（a）一面约束　　　　　（b）二面约束

图 4 – 26　按刀柄与主轴连接方式分类

（3）按刀具夹紧方式分类（图 4 – 27）。

① 弹簧夹头式刀柄：该类刀柄使用较为广泛，采用 ER 型卡簧进行刀柄与刀具之间的连接，适用于夹持直径 16mm 以下的铣刀进行铣削加工；若采用 KM 型卡簧，则为强力夹头刀柄，它可以提供较大的夹紧力，适用于夹持直径 16mm 以上的铣刀进行强力铣削。

② 侧固式刀柄：该类刀柄采用侧向夹紧，适用于切削力大的加工；但一种尺寸的刀具需配备对应的一种刀柄，规格较多。

③ 热装夹紧式刀柄：该类刀柄在装刀时，需要加热刀柄孔，将刀具装入刀柄后，冷却刀柄，靠刀柄冷却收缩以很大的夹紧力同心地夹紧刀具。这种刀柄装夹刀具后，径向跳动

（a）弹簧夹头式刀柄

（b）侧固式刀柄

（c）热装夹紧式刀柄

（d）强力夹头刀柄

图 4 - 27　按刀具夹紧方式分类

小、夹紧力大、刚性好、稳定可靠,非常适合高速切削加工;但由于安装与拆卸刀具不便,不适用于经常换刀的场合。

④ 液压夹紧式刀柄:该类刀柄采用液压夹紧刀具,夹持效果非常好,刚性好,可提供较大的夹紧力,非常适合高速切削加工。

（4）按允许转速分类。

① 低速刀柄:一般指用于主轴转速在 8000r/min 以下的刀柄。

② 高速刀柄:一般指用于主轴转速在 8000r/min 以上的高速加工的刀柄,其上有平衡调整环,必须通过动平衡检测后方可使用。

（5）按所夹持的刀具分类(图 4 - 28)。

① 圆柱铣刀刀柄:用于夹持圆柱铣刀。

② 锥柄钻头刀柄:用于夹持莫氏锥度刀杆的钻头、铰刀等,带有扁尾槽及装卸槽。

③ 面铣刀刀柄:与面铣刀盘配套使用。

④ 直柄钻夹头刀柄:用于装夹直径在 13mm 以下的中心钻、直柄麻花钻等。

⑤ 镗刀刀柄:用于各种高精度孔的镗削加工,有单刃、双刃以及重切削等类型。

⑥ 丝锥刀柄:用于自动攻丝时装夹丝锥,一般具有切削力限制功能。

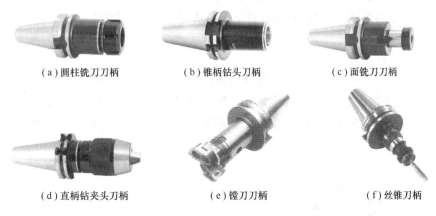

（a）圆柱铣刀刀柄　　　　（b）锥柄钻头刀柄　　　　（c）面铣刀刀柄

（d）直柄钻夹头刀柄　　　　（e）镗刀刀柄　　　　（f）丝锥刀柄

图 4 - 28　按夹持刀具分类

2）拉钉

数控铣床或加工中心用拉钉如图 4 - 29 所示,其尺寸也已标准化,ISO 和 GB 规定了A 型和 B 型两种形式的拉钉,其中,A 型拉钉用于不带钢球的拉紧装置,B 型拉钉用于带钢球的拉紧装置。

3）弹簧夹头及中间模块

弹簧夹头有两种:ER 弹簧夹头和 KM 弹簧夹头,如图 4 - 30 所示。其中,ER 弹簧夹头的夹紧力较小,适用于切削力较小的场合;KM 弹簧夹头的夹紧力较大,适用于强力切削。

中间模块如图4-31所示，是刀柄和刀具之间的中间连接装置，通过中间模块的使用，提高了刀柄的通用性能。例如，镗刀、丝锥和钻夹头与刀柄的连接就经常使用中间模块。

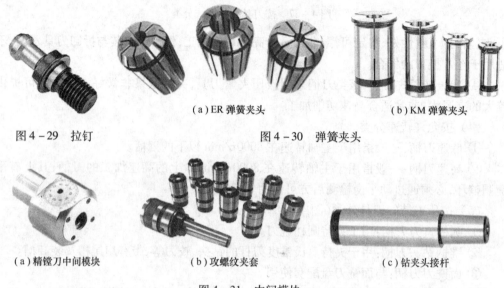

（a）ER弹簧夹头　　　　　　　　　　（b）KM弹簧夹头

图4-29　拉钉　　　　　　　　　图4-30　弹簧夹头

（a）精镗刀中间模块　　　（b）攻螺纹夹套　　　　（c）钻夹头接杆

图4-31　中间模块

3. 铣削用量的选用

铣削加工的切削用量包括切削速度、进给速度、背吃刀量和侧吃刀量。从刀具耐用度出发，切削用量的选择方法是：先选择背吃刀量或侧吃刀量，其次选择进给速度，最后确定切削速度。

1）背吃刀量 a_p 或侧吃刀量 a_e

背吃刀量 a_p 为平行于铣刀轴线测量的切削层尺寸，单位为 mm。端铣时，a_p 为切削层深度；圆周铣削时，为被加工表面的宽度。侧吃刀量 a_e 为垂直于铣刀轴线测量的切削层尺寸，单位为 mm。端铣时，a_e 为被加工表面宽度；圆周铣削时，a_e 为切削层深度，如图4-32所示。

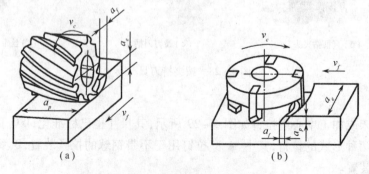

（a）　　　　　　　　　　　　　（b）

图4-32　铣削加工的切削用量

背吃刀量或侧吃刀量的选取主要由加工余量和对表面质量的要求决定。

（1）当工件表面粗糙度值要求为 $Ra = 12.5 \sim 25\mu m$ 时，如果圆周铣削加工余量小于

154

5mm,端面铣削加工余量小于 6mm,粗铣一次进给就可以达到要求。但是在余量较大、工艺系统刚性较差或机床动力不足时,可分两次进给完成。

（2）当工件表面粗糙度值要求为 $Ra = 3.2 \sim 12.5\mu m$ 时,应分为粗铣和半精铣两步进行。粗铣时背吃刀量或侧吃刀量选取同前。粗铣后留 $0.5 \sim 1.0mm$ 余量,在半精铣时切除。

（3）当工件表面粗糙度值要求为 $Ra = 0.8 \sim 3.2\mu m$ 时,应分为粗铣、半精铣、精铣三步进行。半精铣时,背吃刀量或侧吃刀量取 $1.5 \sim 2mm$;精铣时,圆周铣侧吃刀量取 $0.3 \sim 0.5mm$,面铣刀背吃刀量取 $0.5 \sim 1mm$。

2）进给量 f 与进给速度 V_f 的选择

铣削加工的进给量 $f(mm/r)$ 是指刀具转一周,工件与刀具沿进给运动方向的相对位移量;进给速度 $v_f(mm/min)$ 是单位时间内工件与铣刀沿进给方向的相对位移量。进给速度与进给量的关系为 $v_f = n \times f$（n 为铣刀转速,单位 r/min）。进给量与进给速度是数控铣床加工切削用量中的重要参数,根据零件的表面粗糙度、加工精度要求、刀具及工件材料等因素,参考切削用量手册选取或通过选取每齿进给量 f_z,再根据公式 $f = Z \times f_z$（Z 为铣刀齿数）计算。

每齿进给量 f_z 的选取主要依据工件材料的力学性能、刀具材料、工件表面粗糙度等因素。工件材料强度和硬度越高,f_z 越小;反之则越大。硬质合金铣刀的每齿进给量高于同类高速钢铣刀。工件表面粗糙度要求越高,f_z 就越小。每齿进给量的确定可参考表 4-4 选取。工件刚性差或刀具强度低时,应取较小值。

表 4-4　铣刀每齿进给量参考值

工件材料	f_z/mm			
	粗　铣		精　铣	
	高速钢铣刀	硬质合金铣刀	高速钢铣刀	硬质合金铣刀
钢	$0.10 \sim 0.15$	$0.10 \sim 0.25$	$0.02 \sim 0.05$	$0.10 \sim 0.15$
铸铁	$0.12 \sim 0.20$	$0.15 \sim 0.30$		

3）切削速度 V_c

铣削的切削速度 V_c 与刀具的耐用度、每齿进给量、背吃刀量、侧吃刀量以及铣刀齿数成反比,而与铣刀直径成正比。其原因是当 f_z、a_p、a_e 和 Z 增大时,刀刃负荷增加,而且同时工作的齿数也增多,使切削热增加,刀具磨损加快,从而限制了切削速度的提高。为提高刀具耐用度,允许使用较低的切削速度。但是加大铣刀直径则可改善散热条件,可以提高切削速度。

铣削加工的切削速度 V_c 可参考表 4-5 选取,也可参考有关切削用量手册中的经验公式通过计算选取。

4）常用碳素钢材料切削用量选择推荐表

在工厂的实际生产过程中,切削用量一般根据经验并通过查表的方式来进行选取。常用碳素钢件或铸铁件材料（HB150 ~ HB300）切削用量的推荐值见表 4-6。

5）计算公式

通过所学知识对进给量 f、背吃刀量 a_p、切削速度 V_c 三者进行合理选用。表 4-7 提供了切削用量选择参考。

表 4 – 5 铣削加工的切削速度参考值

工件材料	硬度 HBS	铣削速度/（m/min）		工件材料	硬度 HBS	铣削速度/（m/min）	
		硬质合金铣刀	高速钢铣刀			硬质合金铣刀	高速钢铣刀
低、中碳钢	<220	60 ~ 150	20 ~ 40	工具钢	200 ~ 250	45 ~ 80	12 ~ 25
	225 ~ 290	55 ~ 115	15 ~ 35	灰铸铁	100 ~ 140	110 ~ 115	25 ~ 35
	300 ~ 425	35 ~ 75	10 ~ 15		150 ~ 225	60 ~ 110	15 ~ 20
高碳钢	<220	60 ~ 130	20 ~ 35		230 ~ 290	45 ~ 90	10 ~ 18
	225 ~ 325	50 ~ 105	15 ~ 25		300 ~ 320	20 ~ 30	5 ~ 10
	325 ~ 375	35 ~ 50	10 ~ 12	可锻铸铁	110 ~ 160	100 ~ 200	40 ~ 50
	375 ~ 425	35 ~ 45	5 ~ 10		160 ~ 200	80 ~ 120	25 ~ 35
合金钢	<220	55 ~ 120	15 ~ 35		200 ~ 240	70 ~ 110	15 ~ 25
	225 ~ 325	35 ~ 80	10 ~ 25		240 ~ 280	40 ~ 60	10 ~ 20
	325 ~ 425	30 ~ 60	5 ~ 10	铝镁合金	95 ~ 100	360 ~ 600	180 ~ 300
不锈钢		70 ~ 90	20 ~ 35	黄铜		180 ~ 300	60 ~ 90
铸钢		45 ~ 75	15 ~ 25	青铜		180 ~ 300	30 ~ 50

表 4 – 6 常用钢件材料切削用量的推荐值

刀具名称	刀具材料	切削速度 /（m/min）	进给量（速度） /（mm/r）	背吃刀量 /mm
中心钻	高速钢	20 ~ 40	0.05 ~ 0.10	0.5D
标准麻花钻	高速钢	20 ~ 40	0.15 ~ 0.25	0.5D
	硬质合金	40 ~ 60	0.05 ~ 0.20	0.5D
扩孔钻	硬质合金	45 ~ 90	0.05 ~ 0.40	≤2.5
机用铰刀	硬质合金	6 ~ 12	0.3 ~ 1	0.10 ~ 0.30
机用丝锥	硬质合金	6 ~ 12	P	0.5P
粗镗刀	硬质合金	80 ~ 250	0.10 ~ 0.50	0.5 ~ 2.0
精镗刀	硬质合金	80 ~ 250	0.05 ~ 0.30	0.3 ~ 1
立铣刀 或键槽铣刀	硬质合金	80 ~ 250	0.10 ~ 0.40	1.5 ~ 3.0
	高速钢	20 ~ 40	0.10 ~ 0.40	≤0.8D
面铣刀	硬质合金	80 ~ 250	0.5 ~ 1.0	1.5 ~ 3.0
球头铣刀	硬质合金	80 ~ 250	0.2 ~ 0.6	0.5 ~ 1.0
	高速钢	20 ~ 40	0.10 ~ 0.40	0.5 ~ 1.0

表 4 – 7 铣削切削参数计算公式表

符号	术语	单位	公式
V_c	切削速度	m/min	$V_c = \dfrac{\pi \times D_c \times n}{1000}$
n	主轴转速	r/min	$n = \dfrac{V_c \times 1000}{\pi \times D_c}$

符号	术　语	单位	公　式
V_f	进给速度	mm/min	$V_f = f_z \times n \times z_n$
		mm/r	$V_f = f_n \times n$
f_z	每齿进给量	mm	$f_z = \dfrac{V_f}{n \times z_n}$
f_n	每转进给量	mm/r	$f_n = \dfrac{V_f}{n}$

[例 4.5] 计算转速及进给速度。

条件:加工 $50 \times 50 \times 10$mm 的凸台,毛坯材料 45 钢,选用 $\phi 10$ 的硬质合金键槽铣刀,背吃刀量为 1.5mm。请计算转速 S 的范围及进给速度 F 各是多少?(注意进给速度 F 的单位为 mm/min)

刀具名称	刀具材料	切削速度 /(m/min)	进给量/(mm/r)	背吃刀量 /mm
中心钻	高速钢	20 ~ 40	0.05 ~ 0.10	0.5D
立铣刀 或键槽铣刀	硬质合金	80 ~ 250	0.10 ~ 0.40	1.5 ~ 3.0
	高速钢	20 ~ 40	0.10 ~ 0.40	≤0.8D
面铣刀	硬质合金	80 ~ 250	0.5 ~ 1.0	1.5 ~ 3.0

解:

$$n_1 = \frac{1000 V_c}{\pi d} = \frac{1000 \times 80}{3.14 \times 10} = 2547 (\text{r/min}), F_1 = n_1 \times f = 2547 \times 0.10 = 254 (\text{mm/min})$$

$$n_2 = \frac{1000 V_c}{\pi d} = \frac{1000 \times 250}{3.14 \times 10} = 7961 (\text{r/min}), F_2 = n_2 \times f = 7961 \times 0.4 = 3184 (\text{mm/min})$$

根据以上计算可知,转速 S 的范围为 2547 ~ 7961r/min,进给速度 F 的范围为 254 ~ 3184mm/min。

4. 数控编程的数学运算

对零件图形进行数学处理是数控编程前的主要准备工作之一。根据零件图样,用适当的方法将数控编程有关数据计算出来的过程,称为数学运算。数学运算的内容包括零件轮廓的基点和节点坐标以及刀位点轨迹坐标的计算。

1) 基点的计算

零件的轮廓由许多不同的几何要素组成,如直线、圆弧、二次曲线等,各几何要素之间的连接点称为基点,如图 4 - 33 中的 A、B、C、D、E 均为基点。

基点的计算常采用以下两种方法计算:

(1) 人工求解。此方法是根据零件图样上给定的尺寸,运用代数或几何的有关知识,计算出基点数值。

[例 4.6] 如图 4 - 33 所示,编程坐标系原点为 O 点,X、Y 轴方向如图中所示。要完成该零件的编程,必须找出基点 O、A、B、C、D 的坐标值。

157

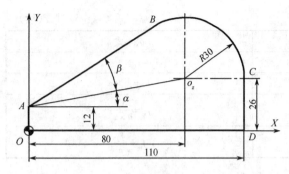

图 4 - 33　基点计算图样

表 4 - 8　各基点坐标数据

基　点	坐标值	
O	X0	Y0
A	X0	Y12.0
B	X64.279	Y51.551
C	X110.0	Y26.0
D	X110.0	Y0

虽然通过人工方法可以求得基点的坐标值,但计算量相对较大,计算过程相对较复杂,当零件图中需要计算的基点坐标值较多时,此方法不利于提高计算效率,因此当计算量较大时通常采用 CAD 软件进行基点坐标分析与查取。

(2) CAD 软件绘图分析。用 CAD 软件绘图分析基点坐标值时,首先根据零件图样用 CAD 软件(如 AutoCAD)绘制出与需要查取基点坐标值相关的图形,再根据软件自带的坐标点查询功能或标注尺寸的方式查取出该基点坐标值。

2) 节点的计算

如果零件轮廓是由直线或圆弧之外的其他曲线构成,而数控系统又不具备该曲线的插补功能,其数据计算就比较复杂。为了方便这类曲线数据的计算,将其按数控系统的插补功能要求,在满足允许误差的条件下,用若干直线或圆弧来逼近,便能够为其数据计算提供方便。通常将这些相邻直线段或圆弧段的交点或切点称为节点。

如图 4 - 34 所示的曲线是采用直线逼近,该曲线与逼近直线的各交点(如 A、B、C、D、E、F、G)即为节点。

在进行数控编程前,首先需要计算出各节点坐标值,但用人工求解的方法比较复杂,通常情况下需要借助 CAD/CAM 软件进行处理,按相邻两节点间的直线进行编程。如图 4 - 34 中所示,通过选择 7 个节点,使用 6 个直线段来逼近该曲线,因而有 6 个直线插补程序段。节点的数量越多,

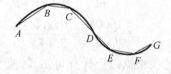

图 4 - 34　轮廓节点

由直线逼近曲线而产生的误差越小,同时程序段则越多。可以看出,节点数目的多少,决定了加工精度及程序长度。

5. 立铣刀的周铣削工艺

1) 起止高度与安全高度

(1) 起止高度:是指进退刀的初始高度(起始和返回平面)。程序开始时,刀具将先到这一高度,同时在程序结束后,刀具也将退回到这一高度,起止高度一般大于或等于安全高度,如图 4 - 35 所示。

(2) 安全高度:也称为提刀高度(安全平面),是为了避免刀具碰撞工件而设定的高度(Z 值)。安全高度是在铣削过程中,刀具需要转移位置时将退到这一高度再进行 G00 快速定位到下一进刀位置,此值一般情况下应大于零件的最大高度(即高于零件的最高表面),如图 4 - 36 所示。

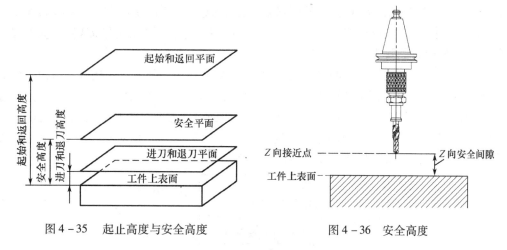

图 4-35　起止高度与安全高度　　　　图 4-36　安全高度

（3）进刀和退刀高度：刀具在此高度位置实现快速下刀与切削进给的过渡（进刀和退刀平面），刀具以 G00 快速下刀到指定位置，然后以接近速度下刀到加工位置。如果不设定该值，刀具以 G00 的速度直接下刀到加工位置。若该位置又在工件内或工件上，且采用垂直下刀方式，则极不安全。即使是空的位置下刀，使用该值也可以使机床有缓冲过程，确保下刀所到位置的准确性。但是该值也不宜取得太大，因为下刀插入速度往往比较慢，太长的慢速下刀距离将影响加工效率。

在加工过程中，当刀具需要在两点间移动而不切削时，是否要提刀到安全平面呢？当设定为抬刀时，刀具将先提高到安全平面，再在安全平面上移动；否则将直接在两点间移动而不提刀。直接移动可以节省抬刀时间，但是必须要注意安全，在移动路径中不能有凸出的部位。特别注意在编程中，当分区域选择加工曲面并分区加工时，中间没有选择的部分是否有高于刀具移动路线的部分。在粗加工时，对较大面积的加工通常建议使用抬刀，以便在加工时可以暂停，对刀具进行检查。而在精加工时，常使用不抬刀以加快加工速度，特别是像角落部分的加工，抬刀将造成加工时间大幅延长，如图 4-37 所示。

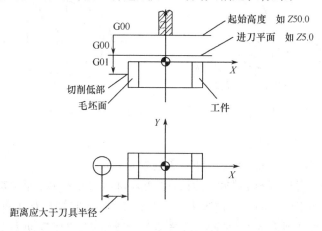

图 4-37　Z 向下刀

2）水平方向进/退刀方式

为了改善铣刀开始接触工件和离开工件表面时的状况，数控编程时一般要设置刀具

159

接近工件和离开工件表面时的特殊运行轨迹,以避免刀具直接与工件表面相撞和保护已加工表面。水平方向进/退刀方式分为"直线"与"圆弧"两种方式,分别需要设定进/退刀线长度和进/退刀圆弧半径。

精加工轮廓时,比较常用的方式是:以被加工表面相切的圆弧方式接触和退出工件表面,如图4-38所示,图中的切入轨迹是以圆弧方式与被加工表面相切,退出时也是以一个圆弧轨迹离开工件。另一种方式是:以被加工表面法线方向进入和退出工件表面,进入和退出轨迹是与被加工表面相垂直(法向)的一段直线,此方式相对轨迹较短,适用于表面要求不高的情况,常在粗加工或半精加工中使用。

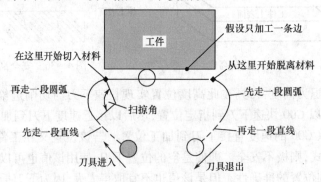

图4-38 水平方向进/退刀方式

外轮廓常见的水平方向进/退刀方式如图4-39、图4-40所示。

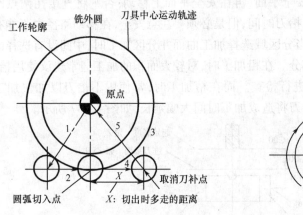

图4-39 外圆铣削   图4-40 刀具切入和切出时的外延

3)顺铣和逆铣(图4-41)

顺铣——切削处刀具的旋向与工件的送进方向一致。

通俗地说,是刀齿追着材料"咬",刀齿刚切入材料时切得深,而脱离工件时则切得少。顺铣时,作用在工件上的垂直铣削力始终是向下的,能起到压住工件的作用,对铣削加工有利,而且垂直铣削力的变化较小,故产生的振动也小,机床受冲击小,有利于减小工件加工表面的粗糙度值,从而得到较好的表面质量,同时顺铣也有利于排屑,数控铣削加工一般尽量用顺铣法加工。

逆铣——切削处刀具的旋向与工件的送进方向相反。

160

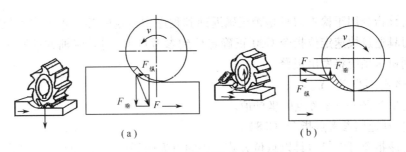

图 4-41 顺铣和逆铣

通俗地说,是刀齿迎着材料"咬",刀齿刚切入材料时切得薄,而脱离工件时则切得厚。这种方式机床受冲击较大,加工后的表面不如顺铣光洁,消耗在工件进给运动上的动力较大。由于铣刀刀刃在加工表面上要滑动一小段距离,刀刃容易磨损。但对于表面有硬皮的毛坯工件,顺铣时铣刀刀齿一开始就切削到硬皮,切削刃容易损坏,而逆铣时则无此问题。

6. 数控系统常用基本指令

1) 公制/英制编程指令(G21/G20)

该编程指令用于设定坐标功能字是使用公制(mm)还是英制(in)。G21 为公制,G20 为英制。编程如下所示:

G21 G91 G01 X150.0;(表示刀具向 X 轴正方向移动 150mm)

G20 G91 G01 X150.0;(表示刀具向 X 轴正方向移动 150in)

G21/G20 指令可单独占一行,也可与其他指令写在同一程序段中。英制对旋转轴无效,旋转轴的单位都是度(°)。

2) 绝对坐标与增量坐标指令(G90/G91)

(1) 绝对坐标指令(G90):该指令指定后,程序中的坐标数据以编程原点作为计算基准点,即以绝对方式编程。如图 4-42 所示,刀具的移动从 $O \to A \to B$,用 G90 编程时的程序如下:

G90 G01 X30.0 Y10.0 F200;($O \to A$)

X20.0 Y20.0;($A \to B$)

(2) 增量坐标指令(G91):增量坐标又称相对坐标,该指令指定后,程序中的坐标数据以刀具起始点作为计算基准点,表示刀具终点相对于刀具起始点坐标值的增量。如图 4-42 所示,刀具的移动从 $O \to A \to B$,用 G91 编程时的程序如下:

G91 G01 X30.0 Y10.0 F200;($O \to A$)

X-10.0 Y10.0;($A \to B$)

3) 返回参考点指令(G27、G28、G29)

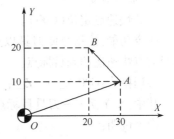

图 4-42 绝对坐标与增量坐标

对于机床回参考点动作,除可采用手动回参考点的操作外,还可以通过编程指令来自动实现。常见的与返回参考点相关的编程指令有 G27、G28、G29,这三种指令均为非模态指令。

(1) 返回参考点校验指令(G27)。

161

功能:该指令用于检查刀具是否正确返回到程序中指定的参考点位置。执行该指令时,如果刀具通过快速定位指令 G00 正确定位到参考点上,则对应轴的返回参考点指示灯亮,否则机床系统将发出报警。

编程格式:G27 X_ Y_ Z_;

其中:X、Y、Z——参考点的坐标值。

（2）自动返回参考点指令（G28）。

功能:该指令可以使刀具以点位方式经中间点返回到机床参考点,中间点的位置由该指令后的 X_Y_Z_值决定。

编程格式:G28 X_ Y_ Z_;

其中:X、Y、Z——返回过程中经过的中间点坐标值。该坐标值可以通过 G90/G91 指定其为增量坐标或绝对坐标。

返回参考点过程中设定中间点的目的是为了防止刀具在返回机床参考点过程中与工件或夹具发生干涉。

[例4.7] G90 G28 X50.0 Y20.0 Z100.0;

表示刀具先快速定位到中间点（X50,Y20,Z100）处,再返回机床 X、Y、Z 轴的参考点。

（3）自动从参考点返回指令（G29）。

功能:该指令使刀具从机床参考点出发,经过一个中间点到达这个指令后面 X_Y_Z_坐标值所指定的位置。

编程格式:G29 X_ Y_ Z_;

其中:X、Y、Z——中间点坐标值。

G29 指令所指中间点的坐标与前面 G28 指令所指定的中间点坐标为同一坐标值,因此,这条指令只能出现在 G28 指令的后面。

5）平面选择指令（G17/G18/G19）

当机床坐标系及工件坐标系确定后,对应地就确定了三个坐标平面,即 XY 平面、ZX 平面和 YZ 平面,如图 4 - 43 所示。可分别用 G 代码 G17（XY 平面）、G18（ZX 平面）和 G19（YZ 平面）表示这三个平面。

6）基本运动指令

（1）快速点定位（G00）。

指令功能:该指令使刀具以点位控制方式从刀具当前点快速运动到目标点。

编程格式:G00 X_ Y_ Z_ ;

其中:X、Y、Z——刀具目标点坐标值;

指令说明:

① 使用 G00 指令编程时,刀具的移动速度由机床系统参数设定,一般设定为机床最大的移动速度,因此该指令不能用于切削工件。该指令在执行

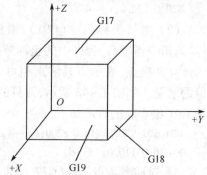

图 4 - 43 平面选择指令

过程中可通过机床面板上的进给倍率修调旋钮对其移动速度进行调节。

② 该指令所产生的刀具运动路线可能是直线或折线,如图 4 - 44 中刀具由 A 点移动到 B 点时,G00 指令的运动路线如图中虚线部分所示。因此需要注意在刀具移动过程中

是否会与零件或夹具发生碰撞。

③ 可使用 G90/G91 指定其目标点坐标值以绝对坐标或增量坐标方式计算。

[例4.8] 如图1-40所示,刀具由 A 点移动到 B 点,采用 G00 指令编程如下所示:

G90 G00 X50.0 Y25.0;(绝对坐标编程方式)

G91 G00 X30.0 Y15.0;(增量坐标编程方式)

(2) 直线插补(G01)。

指令功能:该指令使刀具以直线插补方式按指定速度以最短路线从刀具当前点运动到目标点。

编程格式:G01 X_ Y_ Z_ F_;

其中:X、Y、Z——刀具目标点坐标值;

F——进给速度。

指令说明:

① 使用 G01 指令编程时,刀具的移动速度由 F 指定,速度可通过程序控制;其移动路线为两点之间的最短距离,移动路线可控,如图4-44中AB段所示。因此该指令可用于切削工件。该指令在执行过程中可通过机床面板上的进给倍率修调旋钮对其移动速度进行调节。

② 可使用 G90/G91 指定其目标点坐标值以绝对坐标或增量坐标方式计算;可使用 G94/G95 指定 F 值的单位。

[例4.9] 如图4-44所示,刀具由 A 点移动到 B 点,采用 G01 指令编程如下所示:

G90 G01 X50.0 Y25.0 F200;(绝对坐标编程方式)

G91 G01 X30.0 Y15.0 F200;(增量坐标编程方式)

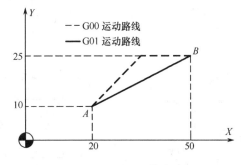

图4-44　G00/G01 指令编程

7) 圆弧插补指令

(1) 编程格式:程序段有两种书写方式,一种是圆心法,即 I、J、K 编程;另一种是半径法,即 R 编程。编程格式如下:

在 XY 平面内:$G17 \begin{Bmatrix} G02 \\ G03 \end{Bmatrix} X\_Y\_ \begin{Bmatrix} I\_J\_ \\ R\_ \end{Bmatrix} F\_;$

在 ZX 平面内:$G18 \begin{Bmatrix} G02 \\ G03 \end{Bmatrix} X\_Z\_ \begin{Bmatrix} I\_K\_ \\ R\_ \end{Bmatrix} F\_;$

在 YZ 平面内:$G19 \begin{Bmatrix} G02 \\ G03 \end{Bmatrix} Y\_Z\_ \begin{Bmatrix} J\_K\_ \\ R\_ \end{Bmatrix} F\_;$

（2）指令含义见表4-9。

表4-9　指令含义

条　件	指　令		说　明
平面选择	G17		圆弧在 XY 平面上
	G18		圆弧在 ZX 平面上
	G19		圆弧在 YZ 平面上
旋转方向	G02		顺时针方向圆弧插补指令
	G03		逆时针方向圆弧插补指令
终点位置	G90 时	X、Y、Z	为终点数值，是工件坐标系中的坐标值
	G91 时	X、Y、Z	为从起点到终点的增量
圆心的坐标	I、J、K		圆弧起点到圆心的增量
半径	R		圆弧半径

【注】：I、J、K 为起点到圆心的距离，如图4-45所示，其算法为：圆心坐标值－圆弧起点坐标值，即

$$\begin{cases} I = X_{圆心} - X_{圆弧起点} \\ J = Y_{圆心} - Y_{圆弧起点} \\ K = Z_{圆心} - Z_{圆弧起点} \end{cases}$$

［例4.10］如图4-46所示轨迹 AB，用圆弧指令编写的程序段如下：

圆弧1：G03 X2.68 Y20.0 R20.0;

　　　G03 X2.68 Y20.0 I-17.32 J-10.0;

圆弧2：G02 X2.68 Y20.0 R20.0;

　　　G02 X2.68 Y20.0 I-17.32 J10.0;

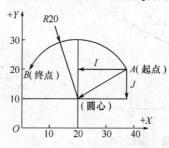
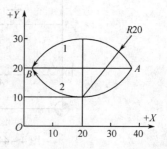

图4-45　圆弧编程中的I、J值　　　　图4-46　R及I、J、K编程举例

（3）圆弧顺逆方向的判别：沿圆弧所在平面（如 XY 平面）的另一坐标轴（ Z 轴）的正方向向负方向看，顺时针方向为顺时针圆弧（即 G02），逆时针方向为逆时针圆弧（即 G03）。如图4-47所示。

（4）注意事项：圆弧半径 R 有正值与负值之分。当圆弧圆心角小于或等于180°（如图4-48所示圆弧1）时，程序中的 R 用正值表示。当圆弧圆心角大于180°并小于360°（如图4-48所示圆弧2）时，R 用负值表示。需

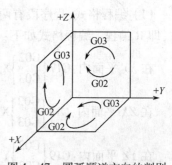

图4-47　圆弧顺逆方向的判别

要注意的是,该指令格式不能用于整圆插补的编程,整圆插补需用 I、J、K 方式编程。

[例 4.11] 如图 4-48 所示轨迹 AB,用 R 指令格式编写的程序段如下:

圆弧 1:G03 X30.0 Y-40.0 R50.0 F100;

圆弧 2:G03 X30.0 Y-40.0 R-50.0 F100;

[例 4.12] 如图 4-49 所示,起点在(20,0),整圆程序的编写如下:

① 绝对值编程:G90 G02 X20.0 Y0 I-20.0 F300;

② 增量值编程:G91 G02 X0 Y0 I-20.0 F300;

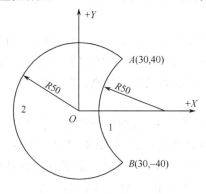

图 4-48 R 值的正负判断

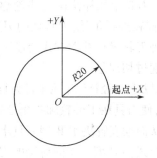

图 4-49 整圆程序的编写

7. 刀具补偿

1) 刀具补偿功能

在数控编程过程中,为了编程方便,通常将数控刀具假想成一个点。在编程时,一般不考虑刀具的长度与半径,而只考虑刀位点与编程轨迹重合。但在实际加工过程中,由于刀具半径与刀具长度各不相同,在加工中势必造成很大的加工误差。因此,实际加工时必须通过刀具补偿指令,使数控机床根据实际使用的刀具尺寸自动调整各坐标轴的移动量,确保实际加工轮廓和编程轨迹完全一致。数控机床的这种根据实际刀具尺寸,自动改变坐标轴位置,使实际加工轮廓和编程轨迹完全一致的功能,称为刀具补偿功能。

数控铣床的刀具补偿功能分为刀具半径补偿功能和刀具长度补偿功能。

2) 刀位点

刀位点是指加工和编制程序时,用于表示刀具特征的点,如图 4-50 所示,也是对刀和加工的基准点。车刀与镗刀的刀位点,通常是指刀具的刀尖;钻头的刀位点通常指钻尖;立铣刀、端面铣刀的刀位点指刀具底面的中心;而球头铣刀的刀位点指球头中心(球

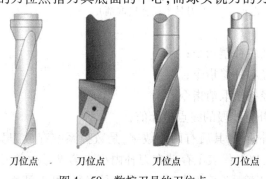

刀位点　　　刀位点　　　刀位点　　　刀位点

图 4-50 数控刀具的刀位点

165

头顶点)。

3)刀具半径补偿

(1)刀具半径补偿功能:在编制轮廓铣削加工程序时,一般按工件的轮廓尺寸进行刀具轨迹编程,而实际的刀具运动轨迹与工件轮廓有一偏移量(即刀具半径),在编程中通过刀具半径补偿功能来调整坐标轴移动量,以使刀具运动轨迹与工件轮廓一致。因此,运用刀具半径补偿功能来编程可以达到简化编程的目的。

根据刀具半径补偿在工件拐角处过渡方式的不同,刀具半径补偿通常分为 B 型刀具半径补偿和 C 型刀具半径补偿两种。

B 型刀具半径补偿在工件轮廓的拐角处采用圆弧过渡,如图 4 - 51(a)所示的圆弧 DE。这样在外拐角处,刀具切削刃始终与工件尖角接触,刀具的刀尖始终处于切削状态。采用此种刀具半径补偿方式会使工件上尖角变钝、刀具磨损加剧,甚至在工件的内拐角处还会引起过切现象。

C 型刀具半径补偿采用了较为复杂的刀偏计算,计算出拐角处的交点,如图 4 - 51(b)所示 B 点,使刀具在工件轮廓拐角处采用了直线过渡的方式,如图 4 - 51(b)所示的直线 AB 与 BC,从而彻底解决了 B 型刀具半径补偿存在的不足。FANUC 数控系统默认的刀具半径补偿形式为 C 型。下面讨论的刀具半径补偿都是指 C 型刀具半径补偿。

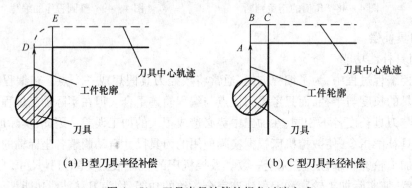

(a)B 型刀具半径补偿　　　　　　　　(b)C 型刀具半径补偿

图 4 - 51　刀具半径补偿的拐角过渡方式

(2)刀具半径补偿指令格式:

编程格式:

G41 G01/G00 X_ Y_ F_ D_;　　　（刀具半径左补偿）

G42 G01/G00 X_ Y_ F_ D_;　　　（刀具半径右补偿）

G40 G01/G00 X_ Y_ F_;　　　　　（刀具半径补偿取消）

其中:

G41——刀具半径左补偿指令;

G42——刀具半径右补偿指令;

G40——刀具半径补偿取消指令;

X、Y——建立刀补直线段的终点坐标值;

D——刀具半径补偿号;其后有两位数字,是数控系统存放刀具半径补偿值的地址,如图 4 - 52 所示。如:D01 代表了存储在刀补内存表第 1 号中的刀具半径值。刀具的半径补偿值需预先用手工输入(其数值不一定为刀具半径,可正可负)。

166

G41、G42、G40 均为模态指令。

（3）G41 指令与 G42 指令的判断方法：处在补偿平面外另一坐标轴的正向，沿刀具的移动方向看，当刀具处在切削轮廓左侧时，称为刀具半径左补偿（即 G41）；当刀具处在工件的右侧时，称为刀具半径右补偿（即 G42）。如图 4 - 53 所示。

图 4 - 52 刀半径补偿界面

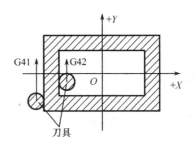

图 4 - 53 G41 指令与 G42 指令的判别

（4）刀具半径补偿过程：刀具半径补偿的过程分三步，即刀补的建立、刀补的执行和刀补的取消。如图 4 - 54 所示，程序如下：

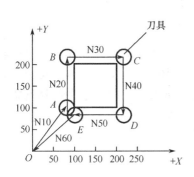

图 4 - 54 刀具半径补偿过程

O0010;	
……	
N10 G41 G01 X100.0 Y100.0 D01 F100;	刀补建立
N20 Y200.0;	刀补执行
N30 X200.0;	
N40 Y100.0;	
N50 X100.0;	
N60 G40 G00 X0 Y0;	刀补取消
……	

① 刀补的建立：在刀具从起点接近工件时，刀心轨迹从与编程轨迹重合过渡到与编程轨迹偏离一个偏置量的过程。在此过程中，刀具必须要有直线移动。

② 刀补的进行：刀具中心始终与编程轨迹相距一个偏置量直到刀补取消。一旦刀补建立，不论加工任何可编程的轮廓，刀具中心始终让开编程轨迹一个偏置值。

③ 刀补的取消：刀具离开工件，刀心轨迹从与编程轨迹偏离一个偏置量过渡到与编程轨迹重合的过程。在此过程中，刀具亦必须要有直线移动。

（5）刀具半径补偿的作用：

① 刀具因磨损、重磨、换新刀而引起刀具直径改变后，不必修改程序，只需在刀具参数设置中输入变化后的刀具直径。如图 4 - 55（a）所示，1 为未磨损的刀具，2 为磨损后的刀具，两者直径不同，只需将刀具参数中的刀具半径 r_1 改为 r_1，即可适用同一

167

程序。

② 使用同一个程序、同一把刀具,可同时进行精、粗加工。如图4-55(b)所示,刀具半径r,精加工余量a;粗加工时,偏置量设为$(r+a)$,则加工出点画线轮廓;精加工时,用同一程序,同一刀具,但偏置量设为r,则加工出实线轮廓。

③ 在模具加工中,利用同一个程序,可加工出同一公称尺寸的凹、凸型面。如图4-55(c)所示。在加工外轮廓时,将偏置量设为$+D$,刀具中心将沿轮廓的外侧切削;当加工内轮廓时,偏置量设为$-D$,这时刀具中心将沿轮廓的内侧切削。

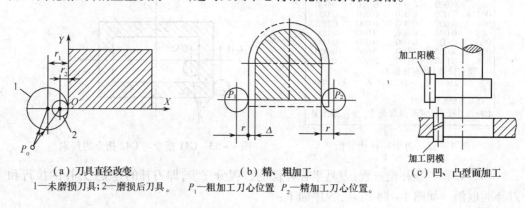

（a）刀具直径改变 　　（b）精、粗加工 　　（c）凹、凸型面加工
1—未磨损刀具;2—磨损后刀具。 　　P_1—粗加工刀心位置 P_2—精加工刀心位置。

图4-55　刀具半径补偿的作用

（6）注意事项:

① 在刀补的建立状态中,如果存在有两段以上的没有移动指令或存在非指定平面轴的移动指令段,则可能产生进刀不足或进刀超差,如图4-56(a)所示。其原因是数控系统预读的两个程序段都没有进给,因而无法确定刀具的前进方向。非补偿平面移动指令通常指:只有G、M、S、F、T代码的程序段(如G90,M05等)、程序暂停程序段(如G04 X10.0)和G17平面加工中的Z轴移动指令等。

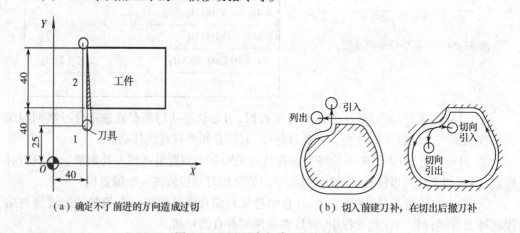

（a）确定不了前进的方向造成过切 　　（b）切入前建立刀补,在切出后撤刀补

图4-56　刀具半径建立注意事项

② 为保证工件质量,在切入前建立刀补,在切出后撤消刀补。即刀补的建立和取消应该在工件轮廓以外(如延长线上)进行,如图4-56(b)所示。

③ 当刀具半径大于所加工工件内轮廓转角、沟槽以及加工台阶高度时会产生过切,

168

如图 4-57 所示。

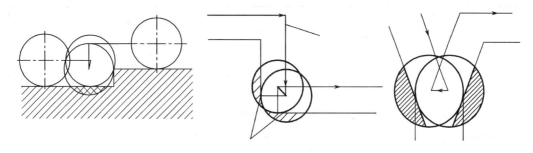

图 4-57　刀具选择不当造成的过切

④ 刀具半径补偿模式的建立与取消程序段,只能在 G00 或 G01 移动指令模式下才有效。当然,现在有部分系统也支持 G02、G03 模式,但为防止出现差错,最好不使用 G02、G03 指令。

⑤ 为保证刀补建立与刀补取消时刀具与工件的安全,通常采用 G01 运动方式来建立或取消刀补。如果采用 G00 运动方式来建立或取消刀补,则要采取先建立刀补再下刀和先退刀再取消刀补的方法。

⑥ 为了便于计算坐标,可采用切向切入方式或法向切入方式来建立或取消刀补。对于不便于沿工件轮廓切向或法向切入切出时,可根据情况增加一个辅助程序段。刀具半径补偿建立与取消程序段的起始位置与终点位置尽量与补偿方向在同

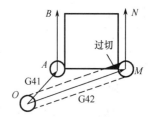

图 4-58　刀补建立时的
起始与终点位置

一侧,如图 4-58 所示 OA,以防止在刀具半径补偿建立与取消过程中刀具产生过切现象,如图 4-58 所示 OM。

⑦ 刀具半径补偿加工实例:

[例 4.13] 如图 4-59(a)所示,选用 φ16mm 键槽铣刀在 80mm×80mm×20mm 的毛坯上加工 60mm×60mm×5mm 的外形轮廓,试编写加工程序。

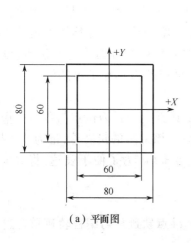

（a）平面图

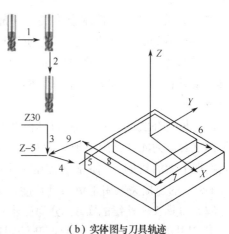

（b）实体图与刀具轨迹

图 4-59　刀具半径补偿编程实例

169

加工程序如下：

程　序	注　释
O0010；	程序名
G90 G94 G40 G80 G49 G21 G17；	程序初始化
G91 G28 Z0；	刀具回 Z 向零点
G54 G90 G00 X－60.0 Y－60.0；	设定工件坐标系，刀具快速点定位到工件外侧，轨迹1
M03 S600 M08；	主轴正转，开切削液
G43 G00 Z100.0 H01；	刀具长度补偿
Z30.0；	Z 向快速点定位，轨迹2
G01 Z－5.0 F50；	刀具切削进给至切削层深度，轨迹3
G41 G01 X－30.0 Y－50.0 F100 D01；	建立刀具半径补偿，切向切入，轨迹4
Y30.0；	G17 平面切削加工，轨迹5
X30.0；	轨迹6
Y－30.0；	轨迹7
X－50.0；	轨迹8
G40 G01 X－60.0 Y－60.0；	取消刀具半径补偿，轨迹9
G00 Z50.0；	刀具 Z 向退刀
M30；	程序结束并返回

4）刀具长度补偿

如图 4 - 60 所示，数控镗床、铣床和加工中心所使用的刀具，每把刀具的长度都不相同，同时，由于刀具磨损或其他原因也会引起刀具长度发生变化，然而一旦对刀完成，则数控系统便记录了相关点的位置，并加以控制。这样如果用其他刀具加工，则必将出现加工不足或者过切。

铣刀的长度补偿与控制点有关。一般用一把标准刀具的刀头作为控制点，则该刀具称为零长度刀具。如果加工时更换刀具，则需要进行长度补偿。长度补偿的值等于所换刀具与零长度刀具的长度差。另外，当把刀具长度的测量基准面作为控制点，则刀具长度补偿始终存在。使用刀具长度补偿指令，可使每一把刀具加工出的深度尺寸都正确。

（1）长度补偿功能的类型：刀具长度补偿的目的就是让其他刀具刀位点与程序中指定坐标重合。为此选其中一把刀为基准刀，获取其他刀具与该刀具的长度差，记为 Δ，则若要实现上面的目的，应使基准点的实际位置是 $Z = Z_{程序} \pm \Delta$。为了便于表达，将 $Z = Z_{程序} \pm \Delta$ 中的连接关系用正负刀具长度识记。

（2）刀具长度补偿的实现（分为三步）：

① 刀补的建立：在刀具从起点开始到达安全高度，基准点轨迹从与编程轨迹重合过渡到与编程轨迹偏离一个偏置量的过程。

② 刀补进行：基准点始终与编程轨迹相距一个偏置量直到刀补取消。

170

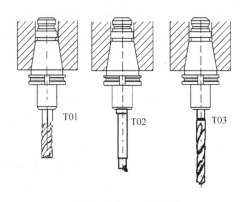

长度补偿值

| 工具补正 | | | 0 | N |
番号	形状(H)	摩耗(H)	形状(D)	摩耗(D)
001	434.082	3.000	0.000	0.000
002	0.000	0.000	0.000	0.000
003	0.000	0.000	0.000	0.000
004	0.000	0.000	0.000	0.000
005	0.000	0.000	0.000	0.000
006	0.000	0.000	0.000	0.000
007	0.000	0.000	0.000	0.000
008	0.000	0.000	0.000	0.000

现在位置（相对座标）

X −300.000 Y −215.000 Z −125.000
）   S 0   T

回零 **** *** ***

[补正][SETTING][坐标系][   ][（操作）]

图 4 - 60　刀具安装　　　　图 4 - 61　刀具长度补偿界面

③ 刀补取消：刀具离开工件,基准点轨迹从与编程轨迹偏离一个偏置量过渡到与编程轨迹重合的过程。

（3）刀具长度补偿指令：

编程格式：

G43 G00/G01 Z_ H_ ;　　　　　（刀具长度正补偿）

G44 G00/G01 Z_ H_ ;　　　　　（刀具长度负补偿）

G49 G00/G01 Z_ ;　　　　　　（取消刀具长度补偿）

其中：

G43——刀具长度正补偿,指令基准点沿指定轴的正方向偏置补偿地址中指定的数值;

G44——刀具长度负补偿,指令基准点沿指定轴的负方向偏置补偿地址中指定的数值;

Z——补偿轴的终点值(在 G43/G44 中表示编程坐标数值,在 G49 中表示机床坐标数值);

H——刀具长度补偿号,是刀具长度偏移量的存储器地址,如图 4 - 61 所示;

G49——取消刀具长度补偿;

G43、G44、G49 均为模态指令,它们可以相互注销。

说明：

① 进行刀具长度补偿前,需完成对刀工作,即"补偿地址下必须有相应补偿量";

② 刀补的引入和取消要求应在 G00 或 G01 程序段,且必须在 Z 轴上进行;

③ G43、G44 指令不要重复指定,否则会报警;

④ 一般刀具长度补偿量的符号为正,若取为负值时,会引起刀具长度补偿指令 G43 与 G44 相互转化。

（4）刀具长度补偿的作用：

① 使用刀具长度补偿指令,在编程时不必考虑刀具的实际长度及各把刀具长度尺寸的不同;

② 当由于刀具磨损、更换刀具等原因引起刀具长度尺寸变化时,只要修正刀具长度补偿量,而不必调整程序或刀具。

（5）刀具长度补偿量的确定:如图4-62(a)所示,第一种方法是先通过机外对刀法测量出刀具长度(图中 H01 和 H02),作为刀具长度补偿值(该值应为正),输入到对应的刀具补偿参数中。此时,工件坐标系(G54)中 Z 值的偏置值应设定为工件原点相对机床原点 Z 向坐标值(该值为负)。

如图4-62(b)所示,第二种方法将工件坐标系(G54)中 Z 值的偏置值设定为零,即 Z 向的工件原点与机床原点重合,通过机内对刀测量出刀具 Z 轴返回机床原点时刀位点相对工件基准面的距离(图中 H01、H02 均为负值)作为每把刀具长度补偿值。

如图4-62(c)所示,第三种方法将其中一把刀具作为基准刀,其长度补偿值为零,其他刀具的长度补偿值为与基准刀的长度差值(可通过机外对刀测量)。此时应先通过机内对刀法测量出基准刀在 Z 轴返回机床原点时刀位点相对工件基准面的距离,并输入到工件坐标系(G54)中 Z 值的偏置参数中。

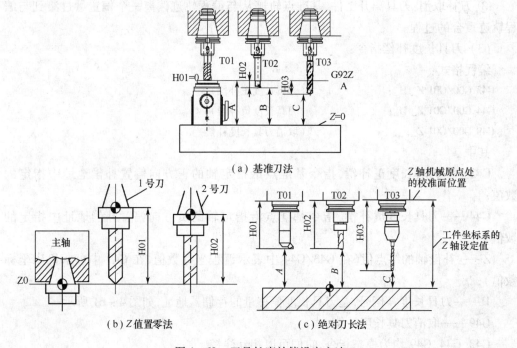

（a）基准刀法

（b）Z值置零法　　　（c）绝对刀长法

图4-62　刀具长度补偿设定方法

（6）刀具长度补偿的应用:

[例4.14]按图4-63所示走刀路线完成数控加工程序编制。

（H01 地址下置入偏移值为3.0）

O1234;
G21 G17 G40 G49 G80 G94 G98;
/G91 G28 Z0;
/G28 X0 Y0;
M03 S630;
G54 G90 G00 X70.0 Y25.0;

172

G43 Z50.0 H01;
G00 Z5.0;
G01 Z－30.0　　F100;
G00 Z5.0;
X40.0 Y－45.0;
G01 Z－15.0 F80;
G04 P3000;
G00 Z50.0;
M30;

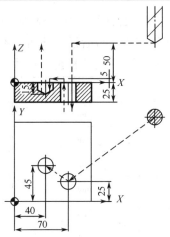

图 4－63　刀具长度补偿加工

由于偏置号的改变而造成偏置值的改变时,新的偏置值并不加到旧偏置值上。例如,H01 的偏置值为 20.0,H02 的偏置值为 30.0 时,

G90 G43 Z100.0 H01　　　　Z 将达到 120.0

G90 G43 Z100.0 H02　　　　Z 将达到 130.0

四、任务实施

1. 工艺分析

1）零件图工艺分析

通过零件图工艺分析,确定零件的加工内容、加工要求,初步确定各个加工结构的加工方法。

（1）加工内容:该零件主要由平面及外轮廓组成,因为毛坯是长方板料,尺寸为125×125×25,加工内容为三个凸台:120×90×10 凸台、80×58×5 凸台以及最上边的菱形凸台。

零件的主要加工要求为:

① 120×90 凸台,要求保证长边尺寸 120±0.1,短边尺寸 90±0.1,零件总高尺寸要

173

求保证20。

② 80×58×5凸台，要求保证长边尺寸 $80^{+0.06}_{0}$ ，短边尺寸 $58^{+0.06}_{0}$ ，4边圆角保证 $R14$ ，高度尺寸5。

③ 菱形凸台，要求保证长边尺寸 $64^{+0.06}_{0}$ ，短边尺寸 $\phi40$ ，左右两侧圆角 $R8$ ，高度尺寸5。

以上尺寸要求中未标注公差的基本尺寸可按自由尺寸公差等级IT11～IT12处理。

④ 零件粗糙度要求为所有表面均保证 $Ra3.2$ 。

（2）各结构的加工方法：由于该零件结构为方形零件、小批量生产，零件120×90凸台及高度尺寸要求不高，可首先在普铣上完成长边尺寸 120±0.1、短边尺寸 90±0.1 及零件总高尺寸20的加工。其余轮廓表面质量及尺寸精度要求较高，因此适合在数控铣床上按粗铣 →精铣的方法加工。

2）机床选择

根据零件的结构特点及加工要求，选择在数控铣床上进行加工，选用配备 FANUC – 0i 系统的 KV650 数控铣床加工该零件比较合适。该机床参数详见表4－10。

表4－10　KV650立式数控铣床技术参数（部分）

名　称	单　位	数　值
工作台面积(宽×长)	mm	405×1370
工作台纵向行程	mm	650
工作台横向行程	mm	450
主轴箱垂直向行程	mm	500
主轴端面至工作台面距离	mm	100～600
主轴锥孔	ISO40	（BT40 刀柄）
转速范围	r/min	60～6000
进给速度	mm/min	5～8000
快速移动速度	mm/min	10000
定位精度	mm	0.008
重复定位精度	mm	0.005
机床需气源	MPa	0.5～0.6
加工工件最大重量	kg	700

3）装夹方案的确定

根据零件的结构特点，采用平口虎钳装夹，零件上的被夹持面选择前后两侧，以底面定位。由于零件加工的总高度为10，因此零件宜高出钳口10以上，底面使用垫块支承定位，装夹示意图如图4－64所示。由于在数控铣床加工之前，零件的外形尺寸已经加工到位，因此在数控铣床上装夹时需要将工件上表面校平，以保证零件加工的正确性。

4）工艺过程卡片制定

根据以上分析，制定零件加工工艺过程卡如表4－11所列。

表 4-11 工艺过程卡

(工厂)	机械工艺过程卡		产品型号	125×95×25	零件图号		共 1 页	第 1 页
			产品名称		零件名称	1		
材料牌号	45 钢	毛坯种类	板料	毛坯外形尺寸	125×95×25	每毛坯可制件数	每台件数	1	备注
工序号	工序名称	工 序 内 容		车间	工段	设备	心轴	工艺装备	工时/min 准终	单件
1	备料	备料 125×95×25 板料								
2	普铣	铣六面,保证尺寸(120±0.1)×(90±0.1)×20,保证表面质量 Ra6.3		金工		锯床				
3	数控铣	粗铣菱形凸台及 80×58×5 凸台,两凸台侧面单边留 0.1mm 余量,两凸台高度至图纸要求至图纸尺寸,保证表面质量 Ra3.2		数控				CAK6140VA		
		精铣菱形凸台及 80×58×5 凸台至图纸要求								
4	钳工	去毛刺								
5	检验									
							设计 (日期)	审核 (日期)	标准化 (日期)	会签 (日期)
标记	处数	更改文件号	签字	日期	标记	处数	更改文件号	签字	日期	

描图

描校

底图号

装订号

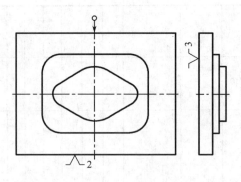

图 4 - 64 装夹示意图

5）加工顺序的确定

由于在普铣上已经加工完成 120 × 90 × 20 凸台且尺寸已保证，因而在数控铣床上只需完成其上两凸台的加工。按照先粗后精的原则，先从上到下完成其粗加工，再进行各轮廓的精加工。在粗加工时，由于在 120 × 90 平面上有两个不同形状的凸台，因此应该在深度方向分两层加工，第一层先去除菱形凸台周边的残料，第二层去除 80 × 58 × 5 凸台周边的残料。

6）刀具与量具的确定

因为该零件为平面类零件，适合选用平底立铣刀进行加工。在粗加工时主要考虑加工效率，因此可选用较大直径的平底立铣刀，精加工时可选用较小直径的立铣刀。该零件粗加工选择 $\phi20$ 硬质合金立铣刀，$Z_n = 2$。精加工选择 $\phi10$ 硬质合金立铣刀，$Z_n = 2$。

刀具与量具的选择分别参见表 4 - 12、表 4 - 13。

表 4 - 12　数控加工刀具卡片

产品名称或代号			零件名称		零件图号		备　注
工步号	刀具号	刀具名称	刀具规格		刀具材料		
1	T01	平底立铣刀	$\phi20$		硬质合金		2 刃
2	T02	平底立铣刀	$\phi10$		硬质合金		2 刃
编　制		审　核		批　准		共　页　　第　页	

表 4 - 13　量具卡片

产品名称或代号		零件名称		零件图号	
序号	量具名称	量具规格	分度值	数量	
1	游标卡尺	0 ~ 150mm	0.02mm	1 把	
2	粗糙度样板			1 套	
编　制	审　核		批　准	共　页　　第　页	

7）拟订数控铣削加工工序卡片

制定零件数控铣削加工工序卡如表 4 - 14 所列。

表4－14 数控铣削加工工序卡

数控加工工序卡		产品型号		零件图号		共 页	第 页
		产品名称		零件名称		材料牌号 45钢	

	车间	工序号	工序名称	毛坯外形尺寸 120×90×20	每毛坯可制件数	每台件数
	数控					
毛坯种类 板料	设备名称 数控铣床	设备型号 KV650	设备编号	同时加工		
		夹具编号		夹具名称 平口虎钳	切削液	
			工位器具编号	工位器具名称	工序工时 准终 单件	

工步号	工 步 名 称	工艺装备	主轴转速 /(r/min)	切削速度 /(m/min)	进给量 /(mm/min)	背吃刀量 /mm	进给次数	工时 机动 单件
1	粗铣菱形凸台及 80×58×5 凸台,两凸台侧面单边留 0.1mm余量,两凸台高度至图纸要求尺寸,表面质量 Ra3.2	KV650 数控铣床 φ20 立铣刀 游标卡尺	1100	70	330	5		
2	精铣菱形凸台及 80×58×5 凸台至图纸要求	KV650 数控铣床 φ10 立铣刀 游标卡尺	2500	80	500	5		
					设计 (日期)	审核 (日期)	标准化 (日期)	会签 (日期)
标记	处数	更改文件号	签字	日期	标记	处数	更改文件号	签字 日期

描图
描校
底图号
装订号

177

2. 确定走刀路线及数控加工程序编制

1）确定并绘制走刀路线

（1）粗加工走刀路线的确定：粗加工时，由于在120×90平面上有两个不同形状的凸台，因此在深度方向分两层加工，第一层铣削菱形凸台周边的残料，第二层铣削80×58×5凸台周边的残料。两个不同深度层的走刀路线如图4-65所示。

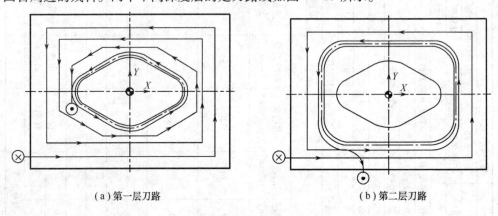

（a）第一层刀路 　　　　　　　　　　（b）第二层刀路

图4-65　粗加工刀路

（2）精加工走刀路线的确定如图4-66所示。

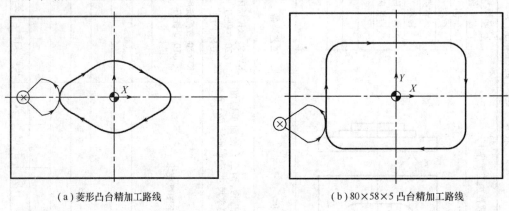

（a）菱形凸台精加工路线 　　　　　（b）80×58×5凸台精加工路线

图4-66　精加工刀路

2）数控加工程序编制

以工件上表面几何中心为编程原点，编程坐标系设置如图4-67所示。

（1）粗加工程序（侧面单边留余量0.1）：

00001;	程序名
G17 G80 G90 G40 G21;	保护头
G54 G00 X - 80.0 Y - 33.0;	建立工件坐标系,设定起刀点为 X - 80.0 Y - 33.0
M03 S1100	
G43 Z100.0 H01;	建立刀具长度正补偿,调用 1 号刀补,设定 Z 向安全高度为 100
G00 Z5.0;	快速下刀至 Z5

178

G01 Z - 5. F100;	
G01 G42 X - 60. 0 Y - 33. 0 D01 F330;	建立刀具半径右补偿,调用 1 号刀补,补偿值设为 10. 1
G01 X48. 0;	
Y33. 0;	
X - 48. 0;	
Y - 21. 0;	
X36. 0;	
Y21. ;	
X - 36. 0;	
Y - 9. 0;	
X - 16. 0 Y - 21. 0;	
X16. 0;	
X36. 0 Y - 9. 0;	
Y9. 0;	
X16. 0 Y21. 0;	
X - 16. 0;	
X - 32. 0 Y11. 4;	
Y0;	
G03 X - 28. 0 Y - 6. 928 R8. 0;	
G01 X - 10. 0 Y - 17. 321;	
G03 X10. 0 Y - 17. 321 R20. 0;	
G01 X28. 0 Y - 6. 928;	
G03 Y6. 928 R8. 0;	
G01 X10. 0 Y17. 321;	
G03 X - 10. 0 R20. 0;	
G01 X - 28. 0 Y6. 928;	
G03 X - 32. 0 Y0 R8. 0;	
G01 Y - 12. 0;	
G01 Z5. 0 F500;	
G00 G40 X - 80. 0 Y - 33. 0;	
G01 Z - 10. 0 F100;	粗加工方凸台程序

G01 G42 X－60.0 Y－33.0 D01 F330;	建立刀具半径右补偿,调用1号刀补,补偿值设为10.1
G01 X48.0;	
Y33.0;	
X－48.0;	
Y－29.0;	
X26.0;	
G03 X40.0 Y－15.0 R14.0;	
G01 Y15.0;	
G03 X26.0 Y29.0 R14.0;	
G01 X－26.0;	
G03 X－40.0 Y15.0 R14.0;	
G01 Y－15.0;	
G03 X－26.0 Y－29.0 R14.0;	
G02 X－14.0 Y－41.0 R12.0;	
G01 G40 Y－55.0;	
G01 Z5. F500;	
G00 Z100.0;	
M05;	
M30;	

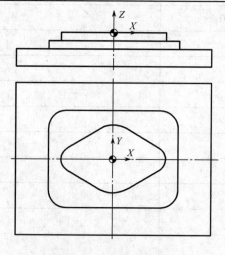

图4－67 编程坐标系设置

180

（2）精加工程序：

O0002；	
G17 G80 G90 G40 G21；	
G54 G00 X－55.0 Y－0；	
M03 S2500	
G43 Z100.0 H02；	
G00 Z5.0；	
G01 Z－5. F100；	
G01 G41 X－42.0 Y－10.0 D02 F500；	建立刀具半径左补偿,调用2号刀补,调整补偿值进行精加工
G03 X－32.0 Y0 R10.0；	
G02 X－28.0 Y6.928 R8.0；	
G01 X－10.0 Y17.321；	
G02 X10.0 R20.0；	
G01 X28.0 Y6.928；	
G02 Y－6.928 R8.0；	
G01 X10.0 Y－17.321；	
G02 X－10.0 R20.0；	
G01 X－28.0 Y－6.928；	
G02 X－32.0 Y0 R8.0；	
G03 X－42.0 Y10.0 R10.0；	
G01 G40 X－55.0 Y－0；	
G00 X－70.0 Y－15.0；	精加工下层圆台
G01 Z－10.0 F100；	
G01 G41 X－50.0 Y－25.0 D02 F500；	建立刀具半径左补偿,调用2号刀补,调整补偿值进行精加工
G03 X－40.0 Y－15.0 R10.0；	
G01 Y15.0；	
G02 X－26.0 Y29.0 R14.0；	
G01 X26.0；	
G02 X40.0 Y15.0 R14.0；	
G01 Y－15.0；	
G02 X26.0 Y－29.0 R14.0；	
G01 X－26.0；	
G02 X－40.0 Y－15.0 R14.0；	

G03 X − 50. 0 Y − 5. 0 R10. 0;	
G01 G40 X − 70. 0 Y − 15. 0;	
G01 Z5. 0 F500;	
G00 Z100. 0;	
M05;	
M30;	

3. 注意事项与误差分析

在数控铣削加工中，由于刀具、工件材料、机床、夹具等多种情况的影响，会对零件的加工质量产生影响。铣削加工常见问题产生原因及解决方法见表 4 − 15。

表 4 − 15 铣削加工常见问题产生原因及解决方法

问题	产生原因	解 决 方 法
前刀面产生月牙洼	刀片与切屑焊住	1. 用抗磨损刀片、用涂层合金刀片； 2. 降低铣削深度或铣削负荷； 3. 用较大的铣刀前角
刃边粘切屑	变化振动负荷造成增加铣削力与温度	1. 将刀尖圆弧或倒角处用油石研光； 2. 改变合金牌号增加刀片强度； 3. 减少每齿进给量，铣削硬材料时，降低铣削速度； 4. 使用足够的润滑性能和冷却性能好的切削液
刀齿热裂	高温时迅速变化温度	1. 改变合金牌号； 2. 降低铣削速度； 3. 适量使用切削液
刀齿刃边缺口或下陷	刀片受拉压交变应力；铣削硬材料刀片氧化	1. 加大铣刀倒角； 2. 将刀片切削刃用油石研光； 3. 降低每齿进给量
镶齿刀刃破碎或刀片裂开	铣削力过高	1. 采用抗振合金牌号刀片； 2. 采用强度较高的负角铣刀； 3. 用较厚的刀片、刀垫； 4. 减小进给量或铣削深度； 5. 检查刀片座是否全部接触
刃口过度磨损或边磨损	磨削作用、机械振动及化学反应	1. 采用抗磨合金牌号刀片； 2. 降低铣削速度，增加进给量； 3. 进行刃磨或更换刀片
铣刀排屑槽结渣	不正常的切屑，容屑槽太小	1. 增大容屑空间和排屑槽； 2. 铣削铝合金时，抛光排屑槽

问 题	产 生 原 因	解 决 方 法
铣削中工件产生鳞刺	过高的铣削力及铣削温度	1. 铣削硬度在 34~38HRC 以下软材料及硬材料时增加铣削速度; 2. 改变刀具几何角度,增大前角并保持刃口锋利; 3. 采用涂层刀片
工件产生冷硬层	铣刀磨钝,铣削厚度太小	1. 刃磨或更换刀片; 2. 增加每齿进给量; 3. 采用顺铣; 4. 用较大隙角和正前角铣刀
表面粗糙度参数值偏大	铣削用量偏大;铣削中产生震动;铣刀跳动;铣刀磨钝	1. 降低每齿进给量; 2. 采用宽刃大圆弧修光齿铣刀; 3. 检查工作台镶条,消除其间隙以及其他运动部件的间隙; 4. 检查主轴孔与刀杆配合以及刀杆与铣刀配合,消除其间隙或在刀杆上加装惯性飞轮; 5. 检查铣刀刀齿跳动,调整或更换刀片,用油石研磨刃口,降低刃口粗糙度参数值; 6. 刃磨与更换可转位刀片的刃口或刀片,保持刃口锋利; 7. 铣削侧面时,用有侧隙角的错齿或镶齿三面刃铣刀
平面度超差	铣削中工件变形,铣刀轴心线与工件不垂直工件,在加紧中产生变形	1. 减小夹紧力,避免产生变形; 2. 检查加紧点是否在工件刚度最好的位置; 3. 在工件的适当位置增设可锁紧的辅助支撑,以提高工件刚度; 4. 检查定位基面是否有毛刺、杂物是否全部接触; 5. 在工件的安装夹紧过程中应遵照由中间向两侧或对角顺次加紧的原则,避免由于加紧顺序不当而引起的工件变形; 6. 减小铣削深度 a_p,降低铣削速度 v,加大进给量 a_f,采用小余量、低速度大进给铣削,尽可能降低铣削时工件的温度变化; 7. 精铣前,放松工件后再加紧,以消除粗铣时的工件变形; 8. 校准铣刀轴线与工件平面的垂直度,避免产生工件表面铣削时的下凹
垂直度超差	立铣刀铣侧面时直径偏小,或震动、摆动,三面刃铣刀垂直于轴线进给铣侧面时刃杆刚度不足	1. 选用直径较大、刚度好的立铣刀; 2. 检查铣刀套筒或夹头与主轴的同轴度以及内孔与外圆的同轴度,并消除安装中可能产生的歪斜; 3. 减小进给量或提高铣削速度; 4. 适当减小三面刃铣刀直径,增大刀杆直径,并降低进给量,以减小刀杆的弯曲变形
尺寸超差	立铣刀、键槽铣刀、三面刃铣刀等刀具本身摆动	1. 检查铣刀刃磨后是否符合图样要求;及时更换已磨损的刀具; 2. 检查铣刀安装后的摆动是否超过精度要求范围; 3. 检查铣刀刀杆是否弯曲;检查铣刀与刀杆套筒接触之间的端面是否平整或与轴线是否垂直,或有杂物毛刺未清除

任务三 型腔铣削加工

知识点

- 内轮廓零件铣削加工方法
- 子程序的编制及应用
- 数控铣削常用的夹具
- 铣削零件常用的量具

技能点

- 内轮廓零件铣削进刀方式的确定
- 采用子程序方式编写数控铣削加工程序
- 能合理选择数控铣削夹具
- 能正确选择和使用量具完成零件的检测

一、任务描述

采用数控铣床完成图4-68所示零件的加工,试编写加工程序(该零件为单件生产,毛坯尺寸为 $\phi75 \times 30$ 的棒料,材料为45钢)。

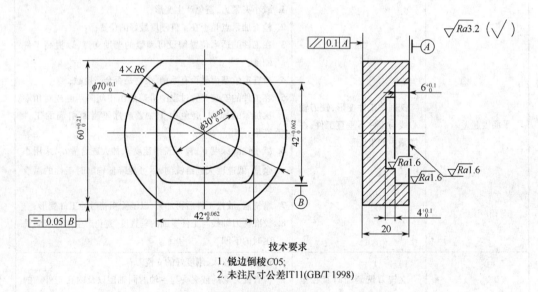

技术要求

1. 锐边倒棱C05;
2. 未注尺寸公差IT11(GB/T 1998)

图4-68 型腔铣削加工任务图

二、任务分析

该任务主要进行零件内轮廓的加工,内轮廓的深度大于刀具的被吃刀量,所以完成该任务的程序编制时,采用子程序编程比较合适。在编写子程序时,要特别注意刀具半径补偿在子程序中的编程方法。

为了保证该工件的加工质量,在加工过程中要注意选择合适的加工路线。

184

三、知识链接

1. 内轮廓加工工艺

1）内轮廓加工方法

内轮廓（型腔）加工是数控铣削中常见的一种加工。内轮廓加工需要在边界线确定的一个封闭区域内去除材料，该区域由侧壁和底面围成，其侧壁和底面可以是斜面、凸台、球面以及其他形状，内轮廓内部可以全空或有孤岛。对于形状比较复杂或内部有孤岛的内轮廓则需要使用计算机辅助（CAM）编程。内轮廓加工切屑难排出，散热条件差，故要求良好的冷却，同时，加工工艺也直接影响内轮廓加工质量。内轮廓加工时需重点考虑深度方向刀具切入方法及水平方向刀路设计。

（1）深度方向刀具切入方法

① 垂直切深进刀方式：采用垂直切深进刀时，需选择切削刃过中心的键槽铣刀进行加工，不能采用平底立铣刀进行加工，另外，由于采用这种进刀方式切削时，刀具中心切削速度为零，因此，选择键槽铣刀进行加工时，应选用较低的切削进给速度。

② 在工艺孔中进刀方式：在内轮廓加工中，为保证刀具强度，有时需用平底立铣刀来加工，由于三刃及多刃平底立铣刀中心无刀刃，无法进行 Z 向垂直切削，可选用直径稍小的钻头先加工出工艺孔，再以平底立铣刀进行 Z 向垂直切削，如图 4-69 所示。

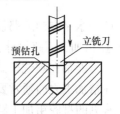

图 4-69 通过预钻孔下刀铣型腔

③ 斜坡式进刀方式：刀具以斜线方式切入工件来达到 Z 向进刀的目的，该方式能有效避免分层切削刀具中心处切削速度过低的缺点，改善了刀具的切削条件，提高了切削效率，广泛应用于大尺寸的内轮廓粗加工，斜线走刀角度 α 由刀具直径决定，结合 L_m 和吃刀量，a_p 一般取 $5° \sim 10°$，如图 4-70 所示。

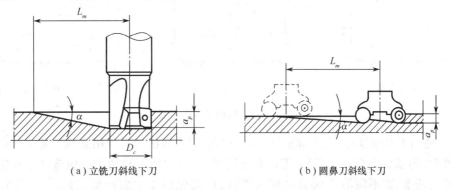

（a）立铣刀斜线下刀　　　　　　　（b）圆鼻刀斜线下刀

图 4-70 斜坡式下刀

④ 螺旋进刀方式：在主轴的轴向采用三轴联动螺旋插补切进工件材料（图 4-71），以螺旋下刀方式铣削型腔时，可使切削过程稳定，能有效避免轴向垂直受力所造成的震动。采用螺旋下刀方式粗铣型腔，其螺旋角通常控制在 $1.5° \sim 3°$，同时螺旋半径 R 值（指刀心轨迹）也需要根据刀具结构及相关尺寸确定，常取 $R \geqslant \dfrac{D_c}{2}$。

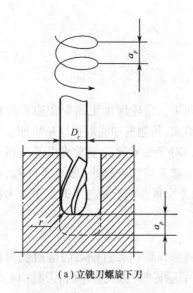
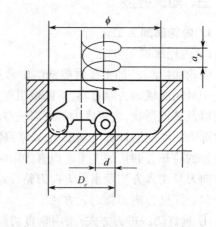

(a)立铣刀螺旋下刀　　　　　　　　　　　　　　(b)圆鼻刀螺旋下刀

图4-71　螺旋下刀

（2）水平方向刀路设计：

①粗加工刀路设计：型腔的加工分粗、精加工，先用粗加工从内切除大部分材料，粗加工不可能都在顺铣模式下完成，也不可能保证所有地方留作精加工的余量完全均匀。所以在精加工之前通常要进行半精加工。这种情况下可能使用一把或多把刀具。

常见的型腔粗加工路线有：如图4-72(a)为Z字形行切；图4-72(b)为环绕切削；如把Z字形运动和环绕切削结合起来用一把刀进行粗加工和半精加工是一个很好的方法，因为它集中了两者的优点，如图4-72(c)所示。

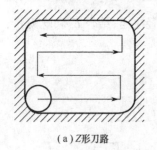
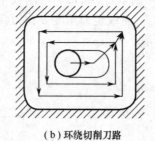
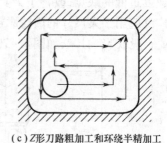

(a)Z形刀路　　　　　　　　(b)环绕切削刀路　　　　　　(c)Z形刀路粗加工和环绕半精加工

图4-72　粗加工方法刀路

②精加工刀路设计：内轮廓精加工时，切入、切出方法选择采用立铣刀侧刃铣削轮廓类零件时，为减少接刀痕迹，保证零件表面质量，铣刀的切入和切出点应选在零件轮廓曲线的延长线上，而不应沿法向直接切入零件，以避免加工表面产生刀痕，保证零件轮廓光滑。

铣削内轮廓表面时，如果切入和切出无法外延，切入与切出应尽量采用圆弧过渡。以铣削一个整内圆轮廓为例，如图4-73所示。选择A点为下刀起始点，C点为切入点，同时C点也为切出点。为保证零件轮廓的光滑，采用圆弧方式切入、切出(BC段和CG段)；在进行轮廓加工之前要建立刀具半径补偿(假使建立刀具左补偿)，则应在BC段之前加上刀补，故AB段为建立刀补段；加工完C→D→E→F→C轮廓后，刀具沿CG圆弧切出，然

186

后在直线段 GA 撤销刀具半径补偿,完成整个轮廓的走刀路线安排。在无法实现圆弧过渡时,铣刀可沿零件轮廓的法线方向切入和切出,但需将切入、切出点选在零件轮廓两几何元素的交点处,如图 4-74 所示,而且进给过程中要避免停顿。

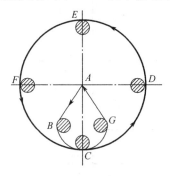 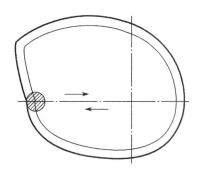

图 4-73　铣削内圆加工路径　　　　图 4-74　从尖点切入铣削内轮

2) 型腔铣削刀具的选择

适合型腔铣削的刀具有平底立铣刀、键槽铣刀,型腔的斜面区域用 R 刀或球头刀加工。

精铣型腔时,其刀具半径一定小于型腔零件最小曲率半径,刀具半径一般取内轮廓最小曲率半径的 0.8~0.9 倍。粗加工时,在不干涉内轮廓的前提下,尽量选取直径较大的刀具,直径大的刀具比直径小的刀具抗弯强度大,加工不容易引起受力弯曲与振动。

在刀具切削刃(螺旋槽长度)满足最大深度的前提下,尽量缩短刀具伸出的长度,立铣刀的长度越长,抗弯强度减小,受力弯曲程度大,会影响加工质量,并容易产生振动,加速切削刃的磨损。

【注意】:

(1) 根据以上特征和要求,对于内轮廓的编程和加工要选择合适的刀具直径,刀具直径太小将影响加工效率,刀具直径太大可能使某些转角处难于切削,或由于岛屿的存在形成不必要的区域。

(2) 由于圆柱形铣刀垂直切削时受力情况不好,因此要选择合适的刀具类型,一般可选择双刃的键槽铣刀,并注意下刀时的方式,可选择斜向下刀或螺旋形下刀,以改善下刀切削时刀具的受力情况。

(3) 当刀具在一个连续的轮廓上切削时使用一次刀具半径补偿,刀具在另一个连续的轮廓上切削时应重新使用一次刀具半径补偿,以避免过切或留下多余的凸台。

3) 内轮廓加工工艺分析举例

下面以图 4-75 所示矩形内轮廓为例进行讨论。

(1) 刀具选择:零件图中矩形内轮廓的四个角都有圆角,圆角的半径限定刀具的半径选择,圆角的半径大于或等于所用精加工刀具的半径。本例中圆角为 R4,使用 φ8 键槽铣刀(中心切削立铣刀)进行粗加工。精加工用刀具半径应略小于圆角半径,选用 φ6 的立铣刀比较合理。

(2) 切入方法及切入点和粗加工路线:由于必须切除封闭区域内的所有材料(包括底部),所以需要考虑刀具切入至所需深度的切入点位置。斜向切入必须在空隙位置进行,而垂直切入可以选择在任何可切入区域。一般而言,切入点选择在型腔中心或型腔拐

187

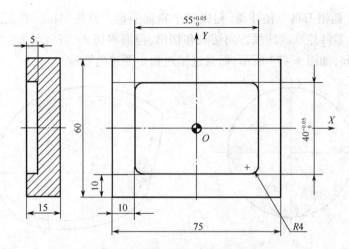

图 4 - 75　矩形型腔零件图

角圆心。本例中选择型腔拐角圆心作为切入点。

粗加工时,刀具运动采用 Z 字形行切路线,在同一层切削加工中,第一次切削使用顺铣模式,而另一次切削则使用逆铣,接着再环绕一周进行半精加工。

(3) 工件零点:工件轮廓 X、Y 向对称,程序中选用型腔中心作为 X、Y 向的工件零点,工件上表面为 Z 向零点。

(4) 加工方法及余量分析:如前所述,在封闭区域内来回运动是一种高效的粗加工方法,所以粗加工使刀具沿 Z 字形路线走刀。

粗加工刀具沿 Z 字形路线来回运动在加工表面上留下扇形残留量,那些凸起的点是随后加工的最大障碍,这种 Z 字形刀具路径加工的表面不适合用作精加工,因为切削余量不均匀,很难保证公差和表面质量。为了避免后面可能出现的加工问题,需要进行半精加工,其目的是消除扇形残留量。如图 4 - 76 所示从粗加工最后的位置接着开始半精加工,刀具路径环绕一周,得到均匀的精加工余量。

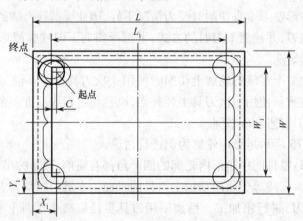

图 4 - 76　半精加工刀路

型腔粗加工留下的加工余量,包括精加工余量和半精加工余量。对于高硬度材料或使用较小直径的刀具时,通常精加工余量设较小值。本例取精加工余量为 0.5(图中的 C

值)。

（5）刀路设计及计算：

① Z 字形刀路间距值：型腔在型腔粗加工后的实际形状与两次切削之间的间距有关，型腔粗加工中的间距也就是刀具切入材料的宽度，与所需切削次数和刀具直径有关，刀路间距通常为刀具直径的 70% ~ 90%，相邻两刀应有一定的重叠部分，最好先对刀路间距值进行估算，选择跟期望的刀具直径百分数相近的值。

切削的次数与型腔的切削宽度（W）有关，间距需选择合理，最好能保证每次切削的间距相等。可以根据估算的刀路间距值和型腔的切削宽度（W），估算切削次数，然后再精确地计算出间距，如果间距计算值过大或过小，还可以调整切削次数 N 重新计算精确的间距值。计算公式如下：

$$Q \times N = (2R_{刀} - 2S - 2C)$$

式中：N 为切削次数；Q 为 Z 字形刀路间距；

其他各字母含义如图 4 - 77 所示。

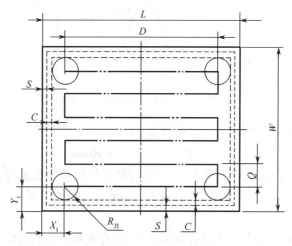

图 4 - 77　拐角处型腔粗加工起点—Z 字形方法

X—刀具起点 X 坐标；L—型腔长度；D—实际切削长度；Y—刀具起点 Y 坐标；W—型腔宽度；
S—精加工余量；$R_{刀}$—刀具半径；Q—两次切削间的距离；C—半精加工余量。

本例假设需要 5 个等间距，型腔宽度 $W = 40$，粗加工刀具直径 $\phi8$，$R_{刀}$ 为 4，精加工余量 $S = 0.5$，半精加工余量 $C = 0.5$，因此间距尺寸为 $Q = (40 - 2 \times 4 - 2 \times 0.5 - 2 \times 0.5)/5 = 6mm$；该尺寸为所选铣刀直径的 75%，适合加工。

② Z 形刀路切削长度：在进行半精加工前，必须计算每次切削的长度，即增量 D。

$$D = 2R_{刀} - 2S - 2D$$

本例中 D 值（不使用刀具半径偏置）为：$D = 55 - 2 \times 4 - 2 \times 0.5 - 2 \times 0.5 = 45$。

③ 半精加工切削的长度和宽度：半精加工运动的唯一目的就是消除不平均的加工余量。由于半精加工与粗加工往往使用同一把刀具，因此通常从粗加工的最后刀具位置开始进行半精加工，本例中即型腔的左上角。图 4 - 77 所示为半精加工起点和终点之间的运动。

半精加工切削的长度 L_1 和宽度 W_1 值（即实际切削距离）可通过下面公式计算：

$$L_1 = L - 2 \times R_{刀} - 2S$$

本例中：$L_1 = 55 - 2 \times 4 - 2 \times 0.5 = 46$

$W_1 = 40 - 2 \times 4 - 2 \times 0.5 = 31$

④ 精加工刀具路径：粗加工和半精加工完成后，可以使用另一把刀具（$\phi6$）进行精加工并得到最终尺寸；编程时必须使用刀具半径补偿保证尺寸公差，并使用适当的主轴转速和进给率保证所需的表面质量。选择轮廓中心点作为加工起点。精加工切削中应添加直线导入和导出建立刀具半径补偿，圆弧切入、切出轮廓。图 4 – 78 所示为矩形型腔典型精加工刀具路线（型腔中心为起刀点）。

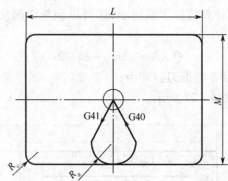

图 4 – 78　矩形型腔典型精加工刀具路线

本例中矩形型腔宽度相对刀具直径较大，采用以下方法计算：

$$R_a = W \div 4 = 40 \div 4 = 10 \text{mm}$$

⑤ 矩形型腔编程：完成以上工艺分析和计算后，便可对型腔进行编程。程序选用 $\phi8$ 的键槽铣刀作为粗加工刀具（能进行垂向切削），$\phi6$ 立铣刀进行精加工。

2. 数控铣床夹具

在数控铣床上常用的夹具类型有通用夹具、组合夹具、专用夹具、成组夹具等，在选择时需要考虑产品的质量保证、生产批量、生产效率及经济性。

1）通用铣削夹具

这类夹具已实现了标准化。其特点是通用性强、结构简单，装夹工件时无需调整或稍加调整即可，主要用于单件小批量生产。通用铣削夹具有平口钳、通用螺钉压板、回转工作台和三爪卡盘等。

（1）机用平口钳（又称虎钳）。平口钳属于通用可调夹具，同时也可以作为组合夹具的一部分，适用于尺寸较小的方形工件的装夹。由于其具有通用性强、夹紧快速、操作简单、定位精度较高等特点，因此被广泛应用。

数控铣削加工中一般使用精密平口钳（定位精度在 0.01 ~ 0.02mm）或工具平口钳（定位精度在 0.001 ~ 0.005mm）。当加工精度要求不高或采用较小夹紧力即可满足要求的零件时，常用机械式平口钳，靠丝杠螺母的相对运动来夹紧工件（图 4 – 79（a））；当加工精度要求较高，需要较大的夹紧力时，可采用较高精度的液压式平口钳（图 4 – 79（b））。

平口钳安装时应根据加工精度要求，控制钳口与 X 或 Y 轴的平行度，零件夹紧时要注意控制工件变形及上翘现象。

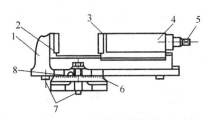
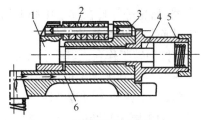

（a）机械式平口钳
1—钳体；2—固定钳口；3—活动钳口；4—活动钳身；
5—丝杠方头；6—底座；7—定位键；8—钳体零线。

（b）液压式平口钳
1—活动钳口；2—心轴；3—钳口；
4—活塞；5—弹簧；6—油路。

图4-79　机用平口钳

（2）螺钉压板。对于较大或四周不规则的工件，无法采用平口钳或其他夹具装夹时，可直接利用T形槽螺栓和压板进行装夹（图4-80），用压板装夹工件时，应使压板、垫铁的高度略高于工件，以保证夹紧效果；压板螺栓应尽量靠近工件，以增大压紧力。

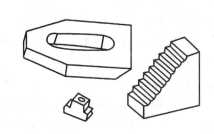

图4-80　压板、垫铁与T形螺母

（3）铣床用卡盘。当需要在数控铣床上加工回转体零件时，可以采用三爪卡盘装夹，对于非回转零件可采用四爪卡盘装夹，如图4-81所示。在使用时，用T形槽螺栓将卡盘固定在机床工作台上即可。

（a）三爪卡盘　　　　　　　　　　　　（b）四爪卡盘

图4-81　铣床用卡盘

（4）回转工作台。数控机床中常用的回转工作台有分度工作台和数控回转工作台。

① 分度工作台。分度工作台只能完成分度运动，不能实现圆周进给，它是按照数控系统的指令，在需要分度时将工作台连同工件回转一定的角度。分度时也可以采用手动分度。分度工作台一般只能回转规定的角度（如90°、60°和45°等）。许多机械零件，如花

键、离合器、齿轮等零件在加工中心上加工时,常采用分度工作台分度的方法来等分每一个齿槽,从而加工出合格的零件。

② 数控回转工作台。其主要作用是根据数控装置发出的指令脉冲信号,完成圆周进给运动,进行各种圆弧加工或曲面加工,也可以进行分度工作。数控回转工作台可以使数控铣床增加一个或两个回转坐标,通过数控系统实现四坐标或五坐标联动,可有效地扩大工艺范围,加工更为复杂的工件。数控卧式铣床一般采用方形回转工作台,实现 A、B 或 C 坐标运动,如图 4 – 82 所示。

图 4 – 82　数控回转工作台

(5) 电永磁夹具。电永磁夹具(图 4 – 83)是以钕铁硼等新型永磁材料为磁力源,运用现代磁路原理而设计出来的一种新型夹具,大量的机械加工实践表明,电永磁夹具可以大幅度提高数控机床、加工中心的综合加工效能。

电永磁夹具的夹紧与松开过程只需 1s 左右,因此大幅度缩短了装夹时间。常规机床夹具的定位元件和夹紧元件占用空间较大,而电永磁夹具没有这些占用空间的元件,因此与常规机床夹具相比,电永磁夹具的装夹范围更大,这有利于充分利用数控机床的工作台和工作行程,有利于提高数控机床的综合加工效能。电永磁夹具的吸力一般为 15 ~ 18kgf/cm²。因此一定要保证吸力(夹紧力)足够抵抗切削力,一般情况下,吸附面积不小于 30cm²,即夹紧力不小于 456kgf。

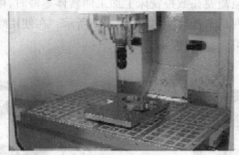

图 4 – 83　电永磁夹具

2) 专用夹具

专用夹具是专为某个零件的某道工序设计的。其特点是结构紧凑、操作迅速方便。但这类夹具的设计和制造的工作量大、周期长、投资大,只有在大批量生产中才能充分发挥其经济效益。

3) 组合夹具

组合夹具是由一套预先制造好的标准元件组装而成的专用夹具。它具有专用夹具的优点,用完后可拆卸存放,从而缩短了生产准备周期,减少了加工成本。因此,组合夹具既适用于单件及中、小批量生产,又适用于大批量生产。图 4 - 84 所示为德国 BIUCO 公司的孔系组合夹具组装示意图。

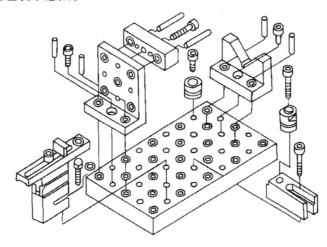

图 4 - 84　孔系组合夹具组装示意图

3. 子程序的应用

1) 子程序的定义

机床的加工程序可以分为主程序和子程序两种。所谓主程序是一个完整的零件加工程序,或是零件加工程序的主体部分,它和被加工零件或加工要求一一对应,不同的零件或不同的加工要求,都只有唯一的主程序。

在编制加工程序时,有时会遇到一组程序段在一个程序中多次出现,或者在几个程序中都要使用它。这个典型的加工程序可以做成固定程序,并单独加以命名,这组程序段就称为子程序。子程序通常不可以作为独立的加工程序使用,它只能通过调用,实现加工中的局部动作。子程序执行结束后,能自动返回到调用的主程序中。

2) 子程序格式

在大部分数控系统中,子程序的格式和主程序并无本质的区别;子程序和主程序在程序号及程序内容方面基本相同,但结束标记不同;主程序用 M02 或 M30 指令表示程序结束,而子程序则用 M99 指令表示程序结束,并实现自动返回主程序功能。如下所示:

O0100;

……

N10 G91 G01 Z - 2.0 F100;

……

N80 G91 G28 Z0;

N90 M99;

对于子程序结束指令 M99,可单独书写一行,也可与其他指令同行书写。上述程序中的 N80 与 N90 程序段可写为"G91 G28 Z0 M99;"。

3) 子程序的调用

在 FANUC 系统中,子程序的调用可通过辅助功能代码 M98 指令进行,且在调用格式中将子程序的程序号地址改为 P,常用的子程序调入格式有两种。

（1）M98 P×××××××；

其中,P 后面的前 3 位为重复调用次数,省略时为调用一次;后 4 位为子程序号。采用这种调用格式时,调用次数前的 0 可以省略不写,但子程序号前的 0 不可省略。例如：M98 P50010 表示调用子程序"O0010"5 次,而 M98 P0510 则表示调用子程序"O510"1 次。

（2）M98 P××××L×××；

其中,P 后面的 4 位为子程序号;L 后面的 3 位为重复调用次数,省略时为调用一次。

子程序的执行过程可表示为：

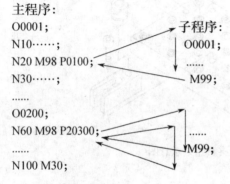

主程序：
O0001;
N10……;
N20 M98 P0100;
N30……;
……
O0200;
N60 M98 P20300;
……
N100 M30;

子程序：
O0001;
……
M99;

……
M99;

4）子程序的嵌套

为了进一步简化程序,可以让子程序调用另一个子程序,这一功能称为子程序的嵌套。

当主程序调用子程序时,该子程序被认为是一级子程序。系统不同,其子程序的嵌套级数也不相同,FANUC 系统可实现子程序 4 级嵌套,如图 4－85 所示。

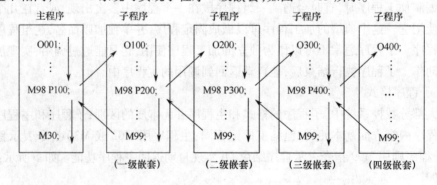

图 4－85　程序嵌套

5）子程序调用的特殊用法

（1）子程序返回到主程序某一程序段:如果在子程序返回程序段中加上 Pn,则子程序在返回主程序时将返回到主程序中顺序号为"n"的那个程序段。其程序格式如下：

M99 Pn;

［例 4.15］M99 P100;　　　返回到 N100 程序段

（2）自动返回到程序头:如果在主程序中执行 M99 指令,则程序将返回到主程序的开头并继续执行程序;也可以在主程序中插入"M99 Pn;"用于返回到指定的程序段;为了能够执行后面的程序,通常在该指令前加上"/",以便在不需要返回执行时,跳过该程序段。

194

（3）强制改变子程序重复执行的次数：用"M99 L××;"指令可强制改变子程序重复执行的次数，其中，L××表示子程序调用的次数。

6）子程序的应用

（1）实现零件的分层切削：当零件在某个方向上的总切削深度比较大时，可通过调用该子程序采用分层切削的方式来编写该轮廓的加工程序，如图4-86所示。

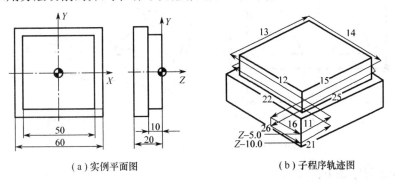

（a）实例平面图　　　　　（b）子程序轨迹图

图4-86　Z向分层切削子程序实例

其加工程序如下：

O0001;	主程序
G90 G94 G40 G21 G17;	
G54 G00 X-40.0 Y-40.0;	XY平面快速点定位
M03 S1000;	
G43 Z100 H01;	建立刀具长度正补偿，刀具抬至工件上表面100的距离
Z20;	
G01 Z0 F50;	刀具下降到子程序Z向起始点
M98 P21000;	调用子程序2次
G00 Z50.0;	
M30;	
O1000;	子程序
G91 G01 Z-5.0;	刀具从Z0或Z-5.0位置增量向下移动5mm
G90 G41 G01 X-25.0 D01 F100;	建立左刀补，并从轮廓切线方向切入，如图3-25（b）所示轨迹11或21
Y25.0;	轨迹12或22
X25.0;	轨迹13或23
Y-25.0;	轨迹14或24
X-40.0;	沿切线切出，轨迹15或25
G40 Y-40.0;	取消刀补，轨迹16或26
M99;	子程序结束，返回主程序

195

（2）同平面内多个相同轮廓工件的加工：在数控编程时，只编写其中一个轮廓的加工程序，然后用主程序调用。

[例4.16]加工如图4-87所示外形轮廓的零件，三角形凸台高为5，试编写该外形轮廓的数控铣削精加工程序。

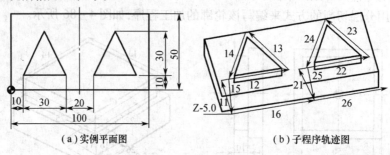

（a）实例平面图　　　　　　　（b）子程序轨迹图

图4-87　同平面多轮廓子程序加工实例

其精加工程序如下：

O0001；	主程序
G90 G94 G40 G21 G17；	程序保护头
G54 G00 X0 Y-10.0；	XY平面快速点定位
Z20.0；	刀具下降到子程序Z向起始点
M03 S1000；	
G43 Z100 H01；	建立刀具长度正补偿，刀具抬至工件上表面100的距离
G01 Z-5.0 F50；	刀具Z向下降至凸台底平面
M98 P21234；	（调用子程序2次）
G90 G00 Z50.0；	抬刀至安全平面
M30；	程序结束

子程序如下：

O1234；	（子程序）
G91 G42 G01 Y20.0 D01 F100；	建立右刀补，并从轮廓切线方向切入，如图3-26所示轨迹11或21
X40.0；	轨迹12或22
X-15.0 Y30.0；	轨迹13或23
X-15.0 Y-30.0；	轨迹14或24
G40 X-10.0 Y-20.0；	取消刀补，轨迹15或25
X50.0；	刀具移动到子程序第二次循环的起始点，如图3-26（b）所示轨迹16或轨迹26
M99；	子程序结束，返回主程序

196

（3）实现程序的优化：加工中心的程序往往包含有许多独立的工序，编程时，把每一个独立的工序编成一个子程序，主程序只有换刀和调用子程序的命令，从而实现优化程序的目的。

7）使用子程序注意事项

（1）注意主程序与子程序之间绝对坐标与增量坐标模式代码的变换。

（2）刀具半径补偿模式中程序不能在主程序和子程序中分支执行。

（3）使用子程序注意事项：

① 注意主程序与子程序间模式代码的变换。子程序采用了 G91 模式，需要注意及时进行 G90 与 G91 模式的变换。

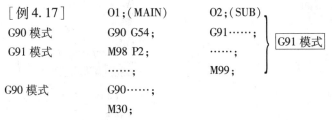

［例 4.17］　　　　O1；(MAIN)　　　O2；(SUB)
G90 模式　　　　G90 G54；　　　　G91……；　　⎱
G91 模式　　　　M98 P2；　　　　……；　　　⎰ G91 模式
　　　　　　　　……；　　　　　　M99；
G90 模式　　　　G90……；
　　　　　　　　M30；

② 在半径补偿模式中的程序不能被分支。在例 4.18 中，刀具半径补偿模式在主程序及子程序中被分支执行，当采用这种形式编程加 i 时，系统将出现程序出错报警。正确的程序书写格式见例 4.19。

［例 4.18］　O1；(主程序)　　　　　　O2；(子程序)
　　　　　　G91……；　　　　　　　　……；
　　　　　　G41……；　　　　　　　　M99；
　　　　　　M98 P2；
　　　　　　G40……；
　　　　　　M30；

［例 4.19］　O1；(主程序)　　　　　　O2；(子程序)
　　　　　　G90……；　　　　　　　　G41……；
　　　　　　……；　　　　　　　　　　……；
　　　　　　M98 P2；　　　　　　　　G40……；
　　　　　　M30；　　　　　　　　　　M99；

4. 量具的选择

1）常用量具的分类

根据量具的种类和特点，量具可分为三种类型。

（1）万能量具。这类量具一般都有刻度，在测量范围内可以测量零件的形状和尺寸的具体数值，如游标卡尺、千分尺、百分表和万能角度尺等。

（2）专用量具。这类量具不能测出实际尺寸，只能测定零件形状和尺寸是否合格，如卡规、塞规、塞尺等。

（3）标准量具。这类量具只能制成某一固定尺寸，通常用来校对和调整其他量具，也可作为标准与被测零件进行比较，如量块。

2）外形轮廓尺寸精度的测量

外形轮廓测量常用量具如图 4－88 所示，游标卡尺和千分尺主要用于尺寸精度的测

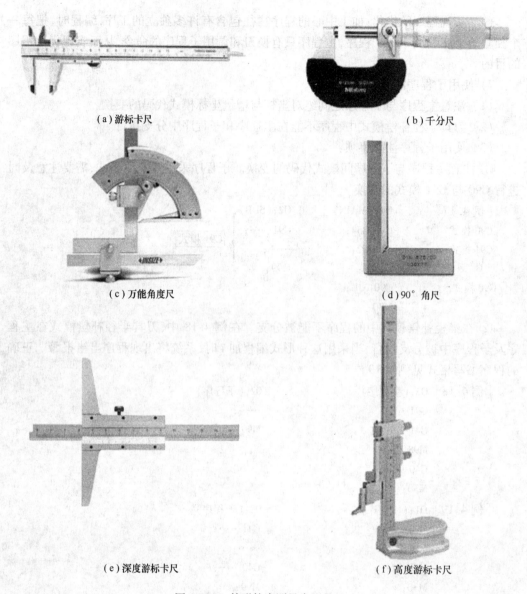

（a）游标卡尺　　　　　　　　　　　　　（b）千分尺

（c）万能角度尺　　　　　　　　　　　　（d）90°角尺

（e）深度游标卡尺　　　　　　　　　　　（f）高度游标卡尺

图4-88　外形轮廓测量常用量具

量,而万能角度尺和90°角尺用于角度的测量。

（1）用游标卡尺测量工件时,对工人的手感要求较高,测量时游标卡尺夹持工件的松紧程度对测量结果影响较大。因此,实际测量时的测量精度不是很高,主要用于总长、总宽、总高等未注公差尺寸的测量。

（2）千分尺的测量精度通常为0.01mm,测量灵敏度要比游标卡尺高,而且测量时也易控制其夹持工件的松紧程度。因此,千分尺主要用于较高精度的轮廓尺寸的测量。

（3）万能角度尺和90°角尺主要用于各种角度和垂直度的测量,测量采用透光检查法进行。

（4）深度游标卡尺用于测量凹槽或孔的深度、梯形工件的梯层高度、长度等尺寸,简称为"深度尺"。

198

5）高度游标卡尺是用于测量物体高度的卡尺,简称高度尺。

3）孔径的测量

（1）孔径的测量:孔径尺寸精度要求较低时,可采用直尺、内卡钳或游标卡尺进行测量。当孔的精度要求较高时,可以用以下几种测量方法。

① 内卡钳测量。当孔口试切削或位置狭小时,使用内卡钳显得方便灵活。当前使用的内卡钳已采用量表或数显方式来显示测量数据,如图4-89所示。采用这种内卡钳可以测出IT7~IT8级精度。

② 塞规测量。塞规如图4-90所示,是一种专用量具,一端为通端,另一端为止端。使用塞规检测孔径时,当通端能进入孔内、而止端不能进入孔内时,说明孔径合格,否则为不合格孔径。

图4-89　数显内卡钳　　　　　　　　　　图4-90　塞规

③ 内径百分表测量。内径百分表如图4-91所示,测量内孔时,图中左端触头在孔内摆动,读出直径方向的最大读数即为内孔尺寸。内径百分表适用于深度较大的内孔测量。

④ 内径千分尺测量。内径千分尺如图4-92所示,其测量方法和千分尺的测量方法相同,但其刻线方向和千分尺相反,测量时的旋转方向也相反。内径千分尺不适合深度较大孔的测量。

图4-91　内径百分表

图4-92　内径千分尺

⑤ 三爪式内径千分尺测量。三爪式内径千分尺如图4-93所示,利用螺旋副原理,通过旋转塔形阿基米德螺旋体或移动锥体使三个测量爪作径向位移,使其与被测

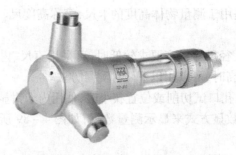

图4-93 三爪式内径千分尺

内孔接触,对内孔尺寸进行读数的内径千分尺。其特点是测量精度高,示值稳定,使用简捷。

（2）孔距测量：测量孔距时,通常采用游标卡尺测量。精度较高的孔距也可采用内径千分尺和千分尺配合圆柱测量芯棒进行测量。

（3）孔的其他精度测量：除了要进行孔径和孔距测量外,有时还要进行圆度、圆柱度等形状精度的测量以及径向圆跳动、端面圆跳动、端面与孔轴线的垂直度等位置精度的测量。

4）螺纹测量

螺纹的主要测量参数有螺距、大径、小径和中径尺寸。

（1）大、小径的测量：外螺纹大径和内螺纹小径的公差一般较大,可用游标卡尺或千分尺测量。

（2）螺距的测量：螺距一般可用钢直尺或螺距规测量。由于普通螺纹的螺距一般较小,所以采用钢直尺测量时,最好测量10个螺距的长度,然后除以10,就得出一个较正确的螺距尺寸。

（3）中径的测量：对精度较高的普通螺纹,可用外螺纹千分尺直接测量,如图4-94所示,所测得的千分尺的读数就是该螺纹中径的实际尺寸；也可用"三针"进行间接测量（三针测量法仅适用于外螺纹的测量）,但需通过计算后,才能得到中径尺寸。

（4）综合测量：是指用螺纹塞规或螺纹环规（图4-95）综合检查内、外普通螺纹是否合格。使用螺纹塞规和螺纹环规时,应按其对应的公差等级进行选择。

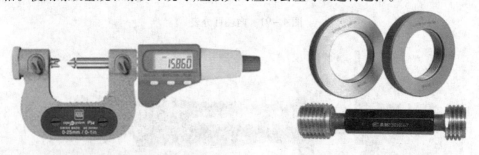

图4-94 外螺纹千分尺   图4-95 螺纹塞规与螺纹环规

5）表面粗糙度测量

表面粗糙度的测量方法主要有比较法、光切法、光波干涉法等,比较法是车间常用的方法,把被测零件的表面与粗糙度样块进行比较,从而确定零件表面粗糙度。比较法多凭肉眼观察,用于评定低的和中等的粗糙度值。比较样块如图4-96所示。

图4-96　比较样块

四、任务实施

1. 工艺分析

1）零件图工艺分析

（1）加工内容及技术要求:该零件属于平面型腔类零件,主要由外轮廓及内轮廓组成,所有表面都需要加工。零件尺寸标注完整、无误,轮廓描述清晰,技术要求清楚明了。

零件毛坯为 $\phi75\times30$,材料45钢,切削加工性能较好,无热处理要求。

圆柱型腔 $\phi30^{+0.021}_{0}$、四方型腔 $\phi42^{+0.062}_{0}$ 有较高的尺寸精度,且表面粗糙度为 $Ra1.6$,加工时需要重点注意;外轮廓尺寸和深度方向尺寸公差为0.1,表面粗糙度为 $Ra3.2$,容易保证。零件下表面相对于上表面平行度公差为0.1,外轮廓两端对称度要求为0.05,加工时需要重点注意加工顺序的合理选择。

（2）加工方法:平面与内外轮廓表面粗糙度要求为 $Ra1.6$ 以下,可在数控铣床上采用粗铣→精铣的加工方法。

2）机床选择

根据零件的结构特点、加工要求以及现有车间的设备条件,选用配备 FANUC-0i 系统的 KV650 数控铣床。KV650 机床参数见表4-10。

3）装夹方案的确定

根据对零件图的分析可知,该零件所有表面都需要加工,显然不能一次装夹完成。经分析可知,至少需要两次装夹。由零件的毛坯和外形可知选用三爪卡盘装夹比较方便。

装夹一:夹工件下半部分高7~8mm,粗精铣上表面、外轮廓、内轮廓,并粗精铣加工分开;装夹示意图如图4-97所示。

装夹二:掉头装夹 $\phi70$ 的外圆,铣削下底面多余材料,保证总高度20,装夹示意图如图4-98所示。

4）工艺过程卡片制定

根据以上分析,制定机械加工工艺过程卡,见表4-15。

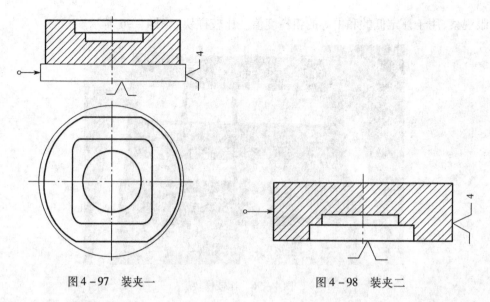

图4-97 装夹一　　　　　图4-98 装夹二

5）加工顺序的确定

在安排加工顺序时遵循"基面先行、先面后孔、先粗后精"的一般工艺原则。

第一次装夹:利用圆柱毛坯表面进行定位,采用铣床三爪自定心卡盘夹紧,按照自上而下、先外圆后内孔的方法首先粗、精铣表面及 $\phi70$ 的腰形轮廓,深度大于20;其次粗铣倒圆角的四方型腔及 $\phi30$ 的内孔型腔,再精铣倒圆角的四方型腔及 $\phi30$ 的内孔型腔,保证切削深度及表面质量要求。

第二次装夹:掉头采用三爪自定心卡盘装夹 $\phi70$ 的外圆,粗、精铣削上表面保证深度20及表面质量要求。

6）刀具与量具的确定

（1）对于粗加工,铣外轮廓时可以尽可能地选择直径大一些的刀具,这样可以提高效率。

（2）对于精加工,铣内轮廓时要注意内轮廓的内圆弧的大小,刀具的半径要小于或等于内圆弧的半径。

在本图中,零件表面尺寸不大,所以表面、外轮廓及内轮廓采用立铣刀加工,粗加工用 $\phi16$ 硬质合金平底立铣刀;精加工时用 $\phi10$ 硬质合金平底立铣刀。

刀具卡片见表4-16。

根据该零件尺寸公差,外轮廓都采用游标卡尺测量,内轮廓都采用内径千分尺测量,量具卡片见表4-17。

7）数控铣削加工工序卡片

根据以上分析,制定工序卡片见表4-18、表4-19。

2. 确定走刀路线及数控加工程序编制

1）确定走刀路线

该零件需要加工平面、内外轮廓而且加工能在一次装夹中完成。由于零件内外轮廓要求均比较高,可以分粗、精加工;为了减少编程工作量,利用子程序加工。零件内外轮廓各部分走刀路线如图4-99所示。

202

表 4 – 15　加工工艺过程卡

（工厂）	机械工艺过程卡		产品型号		零件图号		共 1 页	第 1 页
			产品名称	φ75×30	零件名称	1		
材料牌号	毛坯种类	毛坯外形尺寸	每毛坯可制件数	每台件数	备注			
45 钢	棒料	φ75×30						

工序号	工序名称	工序内容	车间	工段	设备	工艺装备	工时/min 准终	工时/min 单件
1	备料	备 φ75×30 棒料	备料车间		锯床	三爪卡盘		
2	数铣	（1）粗、精铣上表面及内外轮廓达图纸要求 （2）翻面，铣削表面保证深度 20 及表面质量要求	数铣车间		数控铣床（KV650）	三爪卡盘		
3	钳工	去毛刺						
4	检验	按图样检查各尺寸及精度						
5	入库	油封、入库						

			设计（日期）	审核（日期）	标准化（日期）	会签（日期）
标记	处数	更改文件号	签字	日期		
标记	处数	更改文件号	签字	日期		

描图

描校

底图号

装订号

203

产品名称或代号			零件名称			零件图号		
工步号	刀具号	刀具名称	刀　具		刀具材料	备　注		
			直径/mm	长度/mm				
1	T01	平底立铣刀	$\phi16$		硬质合金			
2	T02	平底立铣刀	$\phi10$		硬质合金			
3	T01	平底立铣刀	$\phi16$		硬质合金			
编　制		审　核			批　准		共 1 页　第 1 页	

表 4 –17　量具卡片

产品名称或代号		零件名称		零件图号	
序号	量具名称	量具规格	精度	数量	
1	游标卡尺	0 ~ 150mm	0.02mm	1 把	
2	内径千分尺	25 – 50mm	0.0mm	1 把	
编　制		审　核	批　准	共 页 第 页	

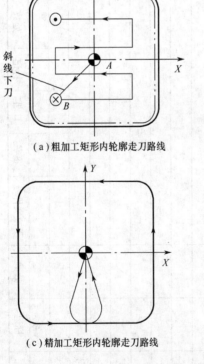

（a）粗加工矩形内轮廓走刀路线

（b）粗加工圆柱内轮廓走刀路线

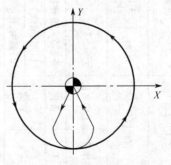

（c）精加工矩形内轮廓走刀路线

（d）精加工圆柱内轮廓走刀路线

图 4 –99　走刀路线

204

表 4－18　工序卡片 1

（工厂）	数控加工工序卡	产品型号		零件图号		共 2 页	第 1 页
		产品名称		零件名称		材料牌号 45 钢	

车间	工序号 2	工序名称 数铣	材料牌号 45 钢	每台件数	
毛坯种类 棒料	毛坯外形尺寸 $\phi75\times30$	每毛坯可制件数 1	设备编号	同时加工件数	
设备名称 数控铣床	设备型号 KV650		夹具名称 三爪卡盘	切削液	
夹具编号		工位器具编号	工位器具名称		工序工时 准终　单件

工步号	工步名称	工艺装备	主轴转速 /(r/min)	切削速度 /(m/min)	进给量 /(mm/min)	背吃刀量 /mm	进给次数	工时 机动　单件
1	铣削上表面达表面质量要求，$\phi70$ 的腰形形轮廓至 $\phi71$，深度 22；42×42 四方型腔至腔至 42.5×42.5；$\phi30$ 的内孔型腔至 $\phi31$	三爪卡盘	1200	60	200	2		
2	精铣 $\phi70$ 的腰形轮廓至尺寸要求，深度 22；精铣四方型腔及 $\phi30$ 的内圆型腔至尺寸要求并保证表面质量	三爪卡盘	1500	70	150	4		

			设计（日期）	审核（日期）	标准化（日期）	会签（日期）
描图						
描校						
底图号						
装订号	标记	处数	更改文件号	签字	日期	标记 处数 更改文件号 签字 日期

205

表 4-19　工序卡片 2

（工厂）	数控加工工序卡	产品型号		零件图号			
		产品名称		零件名称		共 2 页	第 2 页

车间	工序号	工序名称	材料牌号
	2	数铣	45 钢

毛坯种类	毛坯外形尺寸	每毛坯可制件数	每台件数
棒料	φ75×30		

设备名称	设备型号	设备编号	同时加工件数
数控铣床	KV650		1

夹具编号	夹具名称	切削液
	三爪卡盘	

工位器具编号	工位器具名称	工序工时	
		准终	单件

工步号	工步名称	工艺装备	主轴转速 /(r/min)	切削速度 /(m/min)	进给量 /(mm/min)	背吃刀量 /mm	进给次数	工时 机动	工时 单件
3	铣削上表面保证高度 20 及表面质量要求	三爪卡盘	1500	70	150				

			设计（日期）	审核（日期）	标准化（日期）	会签（日期）
描图						
描校						
底图号						
装订号	标记	处数	更改文件号	签字	日期	标记 处数 更改文件号 签字 日期

2）编写加工程序

编程坐标系如图 4 – 100 所示。

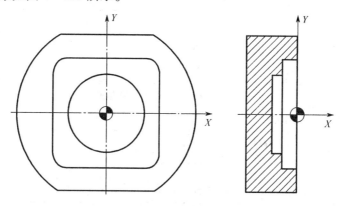

图 4 – 100　零件编程坐标系

其粗加工内轮廓程序如下：

O0001；	主程序
G90 G94 G40 G21 G17；	程序保护头
G54 G00 X0 Y0；	XY 平面快速点定位
M03 S1200；	主轴正转，转速 1200r/min
G43 G00 Z100.0 H01；	建立刀具长度正补偿，刀具抬至工件上表面 100mm 的距离
G00 Z5.0；	刀具下降到工件上表面附近
G01 Z0 F50；	刀具下降到子程序 Z 向起始点
M98 P31234；	调用子程序 O1234 3 次
G01 X – 2.0 F100；	刀具移至起刀点
M98 P21235；	调用子程序 O1235 2 次
G01 Z5.0 F200；	抬刀至工件上表面
G90 G00 Z50.0；	抬刀至安全平面
M05；	主轴停止
M02；	程序结束
O1234；	子程序：粗加工四方型腔
G91 G01 X – 12.5 Y – 12.5 Z – 2 F100；	斜线下刀
X25.0；	
Y8.0；	
X – 25.0；	
Y8.0；	
X25.0；	

	（续）
Y9.0;	
X－25.0;	
G90X0Y0;	返回下刀点
M99;	子程序结束
O1235;	子程序:粗加工内圆型腔
G91 G01 X8.5 Y0 Z－2.0 F100;	斜线下刀
G90 G02 X6.5 Y0 I－6.5 J0 F200;	
G01 X－2.0 Y0;	返回下刀点
M99;	子程序结束

精加工内轮廓程序如下:

O1236;	精加工四方型腔和内圆型腔
G90 G94 G40 G21 G17;	程序保护头
G54 G00 X0 Y0;	*XY* 平面快速点定位
M03 S1500;	主轴正转,转速 1500r/min
G43 G00 Z100.0 H02;	建立刀具长度正补偿,刀具抬至工件上表面100mm的距离
G00 Z5.0;	刀具下降到工件上表面附近
G01 Z－6 F50;	刀具下降到程序 *Z* 向起始点
G41 G01 X－5.0 Y－16.0 D02 F200;	建立刀具左补偿
G03 X0 Y－21.0 R5.0 F200;	圆弧方式切入
G01 X15.0 Y－21.0;	
G03 X21.0 Y－15.0 R6;	
G01 Y15.0;	
G03 X15.0 Y21.0 R6.0;	
G01 X－15.0;	
G03 X－21.0 Y15.0 R6.0;	
G01 Y－15.0;	
G03 X－15.0 Y－21.0 R6.0;	
G01 X0;	
G03 X6.0 Y－15.0 R6.0;	
G40 G01 X0 Y0;	取消刀具半径补偿
G01 Z－10.0 F100;	

G41 G01 X - 6.0 Y - 9.0 D02;	建立刀具左补偿
G03 X0 Y - 15.0 R6.0 F100;	圆弧方式切入
G03 X0 Y - 15.0 I0 J15.0;	
G03 X6.0 Y - 9.0 R6.0;	圆弧方式切出
G40 G01 X0 Y0;	取消刀具半径补偿
G01 Z5.0 F200;	抬刀至工件上表面
G90 G00 Z50.0;	抬刀至安全平面
M30;	程序结束并复位

3. 轮廓形位精度误差分析

在轮廓的加工过程中,造成形位精度误差的原因分析见表4-20。

表4-20 形位精度误差的原因分析

影响因素	产 生 原 因
装夹与校正	工件装夹不牢固,加工过程中产生松动与振动; 夹紧力过大,产生弹性变形,切削完成后变形恢复; 工件校正不正确,造成加工面与基准面不平行或不垂直
刀具	刀具刚性差,刀具加工过程中产生振动; 对刀不正确,产生位置精度误差
加工	切削深度过大,导致刀具发生弹性变形,加工面呈锥形; 切削用量选择不当,导致切削力过大,而产生工件变形
工艺系统	夹具装夹找正不正确(如本任务中钳口找正不正确); 机床几何误差; 工件定位不正确或夹具与定位元件制造误差

思考与练习

1. 数控铣削加工的特点与其加工场合是什么?

2. 刀具尺寸补偿通常有哪几种?

3. 什么是长度补偿?请阐述长度补偿的作用。

4. 刀具半径补偿的目的是什么?怎样应用?请写出刀具半径补偿的指令。

5. 零件图如图4-101所示,要求精铣其外形轮廓。刀具选择:φ10mm立铣刀;安全面高度:50mm;铣削深度为5mm。

6. 零件图如图4-102所示,要求精铣其外形轮廓。刀具选择:φ10mm立铣刀;安全面高度:50mm;铣削深度为5mm。

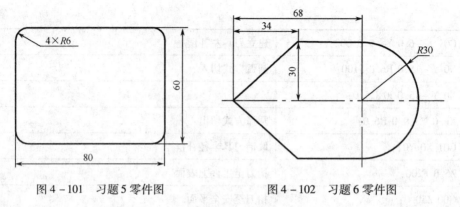

图 4-101　习题 5 零件图　　　　　　　图 4-102　习题 6 零件图

7. 加工如图 4-103 ~ 图 4-107 所示零件的外轮廓,采用刀具半径偏置指令进行编程。

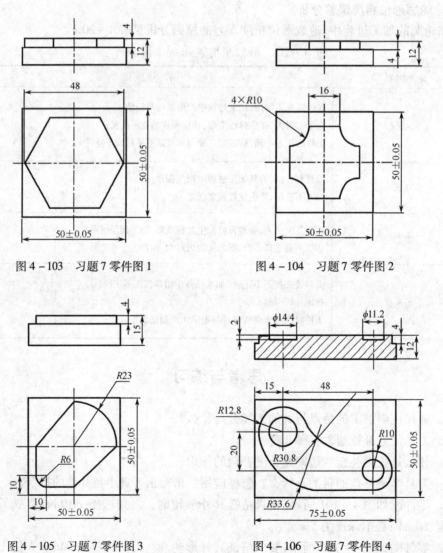

图 4-103　习题 7 零件图 1　　　　　　图 4-104　习题 7 零件图 2

图 4-105　习题 7 零件图 3　　　　　　图 4-106　习题 7 零件图 4

210

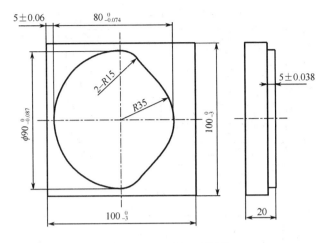

图 4 – 107　习题 7 零件图 5

8. 加工如图 4 – 108 所示的零件,坯料六面是已经加工的 $120\text{mm} \times 120\text{mm} \times 20\text{mm}$ 的方料,零件材料 45 钢,编制该零件的数控加工程序。

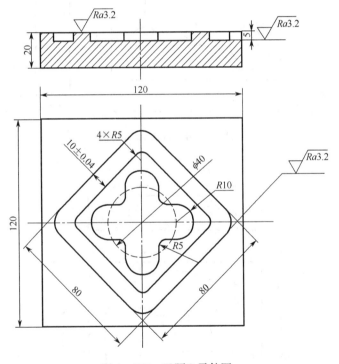

图 4 – 108　习题 8 零件图

9. 加工如图 4 – 109 所示的零件,坯料六面是已经加工的 $60\text{mm} \times 60\text{mm} \times 30\text{mm}$ 的方料,零件材料 45 钢,编制该零件的数控加工程序。

10. 加工如图 4 – 110 所示的零件,坯料六面是已经加工的 $100\text{mm} \times 100\text{mm} \times 20\text{mm}$ 的方料,零件材料 45 钢,编制该零件的数控加工程序。

11. 加工如图 4 – 111 所示的零件,坯料六面是已经加工的 $100\text{mm} \times 100\text{mm} \times 25\text{mm}$ 的方料,零件材料 45 钢,编制该零件的数控加工程序。

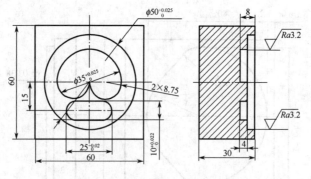

图 4-109　习题 9 零件图

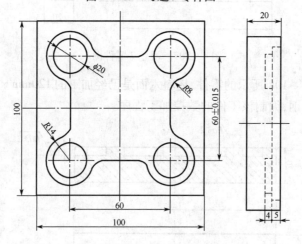

图 4-110　习题 10 零件图

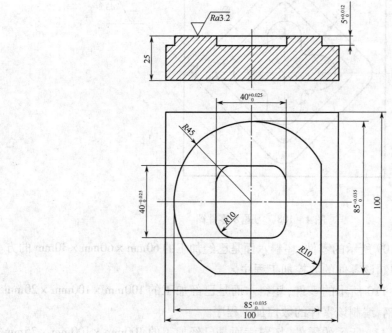

图 4-111　习题 11 零件图

第五章 数控铣削的固定循环与孔加工

任务一 钻、扩、锪、铰孔加工

知识点

- 了解钻、扩、锪、铰孔加工的常用刀具
- 掌握钻、扩、锪、铰孔加工的指令
- 孔加工路线的确定方法
- 孔加工的工艺

技能点

- 钻、扩、锪、铰孔加工方法的选择
- 钻、扩、锪、铰孔加工刀具的选择
- 钻、扩、锪、铰孔加工固定循环程序的编制
- 钻、扩、锪、铰孔加工精度及误差分析

一、任务描述

采用数控铣床完成图 5 - 1 所示零件的加工,试编写加工程序(该零件为单件生产,毛坯尺寸为 $80 \times 80 \times 20$ 的六面已加工的板料,材料为 45 钢)。

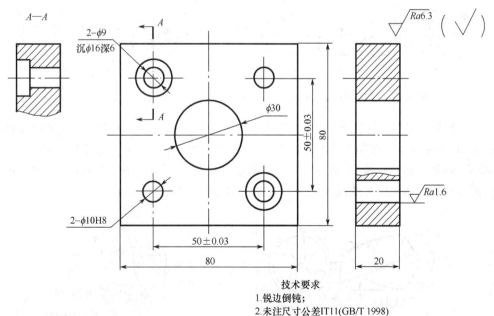

技术要求
1. 锐边倒钝;
2. 未注尺寸公差 IT11(GB/T 1998)

图 5 - 1 孔加工任务图

二、任务分析

该任务涉及钻孔、扩孔、锪孔以及铰孔的加工。编程前需要设计出合理的加工工艺，包括刀具、量具的选择，孔加工路线的安排，切削用量的选择等。编程过程中需掌握孔加工固定循环相关编程方法。

孔加工过程中，因一些常见因素会导致孔加工精度降低。因此，在加工前应了解引起这些加工误差的常见因素，并在加工过程中加以避免，可达到事半功倍的效果。

三、知识链接

1. 孔的钻削

1）麻花钻

常用的孔加工刀具有中心钻、麻花钻、扩孔钻、锪孔钻、铰刀、镗刀、丝锥等。

① 麻花钻的工艺特点：标准麻花钻用于钻孔加工，可加工直径 0.05~125mm 的孔。钻孔加工方式为孔的粗加工方法，尺寸精度在 IT10 以下，孔的表面粗糙度一般只能达到 $Ra12.5$。对于精度要求不高的孔（如螺栓的贯穿孔、油孔以及螺纹底孔），可以直接采用钻孔方式加工。

② 麻花钻的结构：如图 5-2 所示，由柄部、颈部和工作部分组成。

（a）柄部：是钻头的夹持部分，并在钻孔时传递转矩和轴向力，有直柄和锥柄两种形状。直柄麻花钻的直径一般小于 12mm（图 5-3），锥柄麻花钻的直径一般较大（图 5-2）。

（b）颈部：麻花钻的颈部凹槽是磨削钻头柄部时的砂轮越程槽，槽底通常刻有钻头的规格等。直柄钻头多无颈部。

（c）工作部分：是钻头的主要部分，由切削部分和导向部分组成。

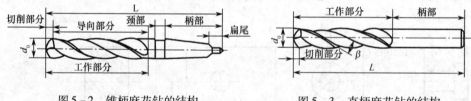

图 5-2　锥柄麻花钻的结构　　　　图 5-3　直柄麻花钻的结构

标准麻花钻的切削部分由两个主切削刃、两个副切削刃、一个横刃和两条螺旋槽组成，如图 5-4 所示。在加工中心上钻孔，因无夹具钻模导向，受两切削刃上切削力不对称的影响，容易引起钻孔偏斜，故要求钻头的两切削刃必须有较高的刃磨精度（两刃长度一致，顶角对称于钻头中心线或先用中心钻确定中心，再用钻头钻孔）。

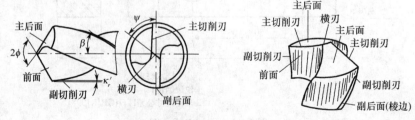

图 5-4　麻花钻切削部分的组成

214

③ 高速钢钻头钻削不同材料的切削用量见表 5-1。

表 5-1　高速钢钻头钻削不同材料的切削用量

加工材料		硬度		切削速度 v/ (m/min)	钻头直径 d_0/mm					钻头螺旋角 /(°)	钻尖角 /(°)	备注
		布氏 HBS	洛氏		<3	3~6	6~13	13~19	19~25			
					进给量 f/ (mm/r)							
铝及铝合金		45~105	~62HRB	105	0.08	0.15	0.25	0.40	0.48	32~42	90~118	
铜及铜合金	高加工性	~124	10~70HRB	60	0.08	0.15	0.25	0.40	0.48	15~40	118	
	低加工性	~124	10~70HRB	20	0.08	0.15	0.25	0.40	0.48	0~25	118	
镁及镁合金		50~90	~52HRB	45~120	0.08	0.15	0.25	0.40	0.48	25~35	118	
锌合金		80~100	41~62HRB	75	0.08	0.15	0.25	0.40	0.48	32~42	118	
碳钢	~0.25C	125~175	71~88HRB	24	0.08	0.13	0.20	0.26	0.32	25~35	118	
	~0.50C	175~225	88~98HRB	20	0.08	0.13	0.20	0.26	0.32	25~35	118	
	~0.90C	175~225	88~98HRB	17	0.08	0.13	0.20	0.26	0.32	25~35	118	
合金钢	0.12~0.25C	175~225	88~98HRB	21	0.08	0.15	0.25	0.40	0.48	25~35	118	
	0.30~0.65C	175~225	88~98HRB	15~18	0.05	0.09	0.15	0.21	0.26	25~35	118	
马氏体时效钢		275~325	28~35HRC	17	0.08	0.13	0.20	0.26	0.32	25~32	118~135	
不锈钢	奥氏体	135~185	75~90HRB	17	0.05	0.09	0.15	0.21	0.26	25~35	118~135	用含钴高速钢
	铁素体	135~185	75~90HRB	20	0.05	0.09	0.15	0.21	0.26	25~35	118~135	
	马氏体	135~185	75~90HRB	20	0.08	0.15	0.25	0.40	0.48	25~35	118~135	用含钴高速钢
	沉淀硬化	150~200	82~94HRB	15	0.05	0.09	0.15	0.21	0.26	25~35	118~135	用含钴高速钢
工具钢		196	94HRB	18	0.08	0.13	0.20	0.26	0.32	25~35	118	
		241	24HRC	15	0.08	0.13	0.20	0.26	0.32	25~35	118	
灰铸铁	软	120~150	~80HRB	43~46	0.08	0.15	0.25	0.40	0.48	20~30	90~118	
	中硬	160~220	80~97HRB	24~34	0.08	0.13	0.20	0.26	0.32	14~25	90~118	
可锻铸铁		112~126	~71HRB	27~37	0.08	0.13	0.20	0.26	0.32	20~30	90~118	
球墨铸铁		190~225	~98HRB	18	0.08	0.13	0.20	0.26	0.32	14~25	90~118	
高温合金	镍基	150~300	~32HRB	6	0.04	0.08	0.09	0.11	0.13	28~35	118~135	用含钴高速钢
	铁基	180~230	89~99HRB	7.5	0.05	0.09	0.15	0.21	0.26	28~35	118~135	
	钴基	180~230	89~99HRB	6	0.04	0.08	0.09	0.11	0.13	28~35	118~135	
钛及钛合金	纯钛	110~200	~94HRB	30	0.05	0.09	0.15	0.21	0.26	30~38	135	
	α 及 $\alpha+\beta$	300~360	31~39HRC	12	0.08	0.13	0.20	0.26	0.32	30~38	135	用含钴高速钢
	β	275~350	29~38HRC	7.5	0.04	0.08	0.09	0.11	0.13	30~38	135	
碳		—	—	18~21	0.04	0.08	0.09	0.11	0.13	25~35	90~118	
塑料		—	—	30	0.08	0.13	0.20	0.26	0.32	15~25	118	
硬橡胶		—	—	30~90	0.05	0.09	0.15	0.21	0.26	10~20	90~118	

④ 钻孔时的注意事项：

（a）钻削孔径大于 30mm 的大孔时，一般应分两次钻削。第一次用 0.6～0.8 倍孔径的钻头，第二次用所需直径的钻头扩孔。应使用两条主切削刃长度相等、对称的扩孔钻头，否则会使孔径扩大。

（b）钻直径 1mm 以下的小孔时，开始进给力要轻，防止钻头弯曲和滑移，以保证钻孔试切的正确位置。钻削过程要经常退出钻头排屑和加注切削液。切削速度可选在 2000～3000r/min 以上，进给力应小而平稳，不宜过大过快。

2）钻孔加工指令介绍

（1）数控铣床、加工中心的固定循环概述

在数控铣床与加工中心上进行孔加工时，通常采用系统配备的固定循环功能进行编程。

通过对这些固定循环指令的使用，可以在一个程序段内完成某个孔加工的全部动作（孔加工进给、退刀、孔底暂停等），从而大大减少编程的工作量。FANUC 0i 系统数控铣床（加工中心）的固定循环指令见表 5-2。

表 5-2　孔加工固定循环及其动作一览表

G 代码	加工动作	孔底部动作	退刀动作	用　途
G73	间隙进给	—	快速进给	钻深孔
G74	切削进给	暂停、主轴正转	切削进给	攻左螺纹
G76	切削进给	主轴准停	快速进给	精镗孔
G80	—	—	—	取消固定循环
G81	切削进给	—	快速进给	钻孔
G82	切削进给	暂停	快速进给	钻孔与锪孔
G83	间隙进给	—	快速进给	钻深孔
G84	切削进给	暂停、主轴正转	切削进给	攻右螺纹
G85	切削进给	—	切削进给	铰孔
G86	切削进给	主轴停	快速进给	镗孔
G87	切削进给	主轴正转	快速进给	反镗孔
G88	切削进给	暂停、主轴正转	手动	镗孔
G89	切削进给	暂停	切削进给	镗孔

① 孔加工固定循环

（a）孔加工固定循环动作如图 5-5 所示。

● 动作 1（图 5-5 中 AB 段）XY（G17）平面快速定位。

● 动作 2（BR 段）Z 向快速进给到 R 点。

● 动作 3（RZ 段）Z 轴切削进给，进行孔加工。

● 动作 4（Z 点）孔底部的动作。

● 动作 5（ZR 段）Z 轴退刀。

● 动作 6（RB 段）Z 轴快速回到起始位置。

（b）循环编程格式：孔加工固定循环的通用编程格式如下。

编程格式:G99/G98 G73 ~ G89 X_ Y_ Z_ R_ Q_ P_ F_ K_;

其中:

G99/G98——孔加工完成后的刀具返回方式;

G73 ~ G89——孔加工固定循环指令;

X、Y:指定孔在 XY 平面内的位置;

Z:孔底平面的位置;

R:R 点平面的位置;

Q:在 G73、G83 深孔加工指令中,表示刀具每次加工深度;在 G76、G87 精镗孔指令中,表示主轴准停后刀具沿准停反方向的让刀量;

P:指定刀具在孔底的暂停时间,数字不加小数点,以毫秒(ms)作为时间单位;

F:孔加工切削进给时的进给速度;

K:指定孔加工循环的次数,该参数仅在增量编程中使用。

在实际编程时,并不是每一种孔加工循环的编程都必须要用到以上格式的所有代码。如例 5.1 中的钻孔固定循环指令格式:

[例 5.1] G81 X50.0 Y50.0 Z−30.0 R5.0 F80;

以上格式中,除 K 代码外,其他所有代码都是模态代码,只有在循环取消时才被清除,因此这些指令一经指定,在后面的重复加工中不必重新指定。

[例 5.2] G82 X50.0 Y50.0 Z−30.0 R5.0 P1000 F80;

       X100.0;

    G80;

执行以上指令时,将在两个不同位置加工出两个相同深度的孔。

取消孔加工固定循环用 G80 指令表示。

另外,如在孔加工循环中出现 01 组的 G 代码,则孔加工方式也会被取消。

(c) 循环平面:

● 初始平面:如图 5−6 所示,初始平面是为安全下刀而规定的一个平面。初始平面可以设定在任意一个安全高度上。当使用同一把刀具加工多个孔时,刀具在初始平面内的任意移动将不会与夹具、工件凸台等发生干涉。

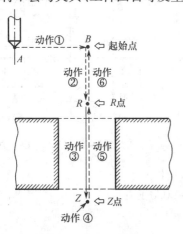

图 5−5　固定循环动作

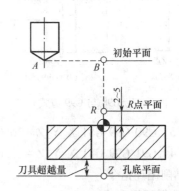

图 5−6　固定循环平面

217

• R 点平面:又叫参考平面。这个平面是刀具下刀时,由快速进给(简称快进)转为切削进给(简称工进)的高度平面,该平面与工件表面的距离主要考虑工件表面的尺寸变化,一般情况下取 2～5 mm,如图 5-6 所示。

• 孔底平面:加工不通孔时,孔底平面就是孔底的 Z 轴高度。而加工通孔时,除要考虑孔底平面的位置外,还要考虑刀具的超越量(如图 5-6 中的 Z 点),以保证孔的成型。

② G98 与 G99 指令方式 当刀具加工到孔底平面后,刀具从孔底平面以两种方式返回,如图 5-5 所示动作 5,即返回到初始平面和返回到 R 点平面,分别用 C98 与 G99 来指定。

(a) G98 指令方式:G98 指令为系统默认返回方式,表示返回初始平面,如图 5-7(a)所示。当采用固定循环进行孔系加工时,通常不必返回到初始平面;但是当完成所有孔加工后或者各孔位之间存在凸台或夹具等干涉时,则需返回初始平面,以保证加工安全。G98 指令格式如下:

G98 G81 X_ Y_ Z_ R_ F_;

(b) G99 指令方式:G99 指令表示返回 R 点平面,如图 5-7(b)所示。在没有凸台等干涉情况下,为了节省加工时间,刀具一般返回到 R 点平面。G99 指令格式如下:

G99 G81 X_ Y_ Z_ R_ F_;

③ G90 与 G91 指令方式 固定循环中 R 值与 Z 值数据的指定与 G90 与 G91 指令的方式选择有关,而 Q 值与 G90 与 G91 指令方式无关。

(a) G90 指令方式:G90 指令方式中,X、Y、Z 和 R 均采用绝对坐标值指定,如图 5-8(a)所示。此时,R 一般为正值,而 Z 一般为负值。

(b) G91 指令方式:G91 指令方式中,R 值是指从初始平面到 R 点平面的增量值,而 Z 值是指从 R 点平面到孔底平面的增量值。如图 5-8(b)所示,R 值与 Z 值(G87 除外)均为负值。

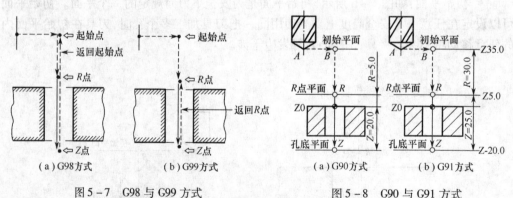

图 5-7 G98 与 G99 方式   图 5-8 G90 与 G91 方式

[例 5.3] G90 G99 G81 X_Y_Z-20.0 R5.0 F_;

[例 5.4] G91 G99 G81 X_Y_Z-25.0 R-30.0 F_;

(2)钻削循环指令

① 钻孔循环指令 G81

(a)编程格式:G99/G98 G81 X_ Y_ Z_ R_ F_;

218

（b）功能：G81 指令常用于普通钻孔；

（c）指令动作：其加工动作如图 5-9 所示，刀具在初始平面快速（G00 方式）定位到指令中指定的 X、Y 坐标位置，再 Z 向快速定位到 R 点平面，然后执行切削进给到孔底平面（Z 坐标位置），刀具从孔底平面快速 Z 向退回到 R 点平面或初始平面。

［例5.5］用 G81 指令编写如图 5-10 所示孔的加工程序。

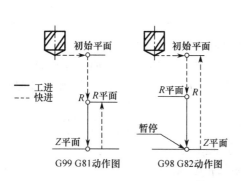

图 5-9 G81 与 G82 指令动作图

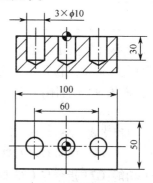

图 5-10 G81 指令编程实例

程序如下：

O0001；	
N10 G90 G49 G40 G80 G21 G94；	
N20 G54 G00 X0.0 Y0.0；	
N30 G43 Z100.0 H01；	Z100.0 即为初始平面
N40 M03 S600 M08；	
N50 G99 G81 X-30.0 Y0.0 Z-32.887 R5.0 F80；	Z 向超越量为钻尖高度 2.887
N60 X0.0；	加工第二个孔
N70 G98 X30.0；	加工第三个孔，返回初始平面
N80 G80 M09；	取消固定循环
N90 G91 G28 Z0.0；	
N100 M30；	

以上孔加工程序若采用 G91 方式编程，则其程序修改如下：

O0001；	
N10 G90 G49 G40 G80 G21 G94；	
N20 G54 G00 X0.0 Y0.0；	
N30 G43 Z100.0 H01；	Z100.0 即为初始平面
N40 M03 S600；	
N50 G91 X60.0 Y0.0 M08；	XY 平面定位到增量编程的起点

N60 G99 G81 X −30. 0 Z −32. 887 R −95. 0 F80 K3；	参数 K 在增量编程中使用时，该动作循环 3 次，即 钻出相隔 30.0 的 3 个孔
N70 G80 M09；	取消固定循环
……	

② 高速深孔钻削循环指令 G73 与深孔排屑钻削循环指令 G83

所谓深孔，通常是指孔深与孔直径之比大于 5 而小于 10 的孔。加工深孔时，加工中散热差，排屑困难，钻杆刚性差，易使刀具损坏和引起孔的轴线偏斜，从而影响加工精度和生产率。

（a）编程格式：G99/G98 G73 X_ Y_ Z_ R_ Q_ F_；

　　　　　　　　G99/G98 G83 X_ Y_ Z_ R_ Q_ F_；

（b）功能：G73 指令与 G83 指令多用于深孔加工。

（c）指令动作：如图 5−11 所示，G73 指令通过刀具 Z 轴方向的间歇进给实现断屑动作。指令中的 Q 值是指每一次的加工深度（均为正值且为带小数点的值）。图中的 d 值由系统指定，无需用户指定。

G83 指令通过 Z 轴方向的间歇进给实现断屑与排屑动作。该指令与 G73 指令的不同之处在于：刀具间歇进给后快速回退到 R 点，再快速进给到 Z 向距上次切削孔底平面 d 处，从该点处，快进变成工进，工进距离为 Q + d。

［例5.6］试用 G73 或 G83 指令编写如图 5−12 所示的孔加工程序。

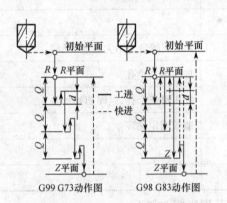

图 5−11　G73 与 G83 动作图

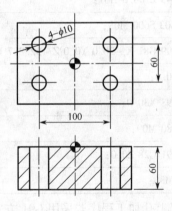

图 5−12　G73 与 G83 编程实例

O0002；	
N10 G90 G49 G80 G40 G21 G94；	
N20 G54 G00 X0.0 Y0.0；	
N30 G43 Z100.0 H01；	
N40 M03 S600 M08；	

N50 G99 G73 X – 50. 0 Y – 30. 0 Z – 65. 0 R5. 0 Q10. 0 F80;	每次切深10mm
N60 X50. 0;	
N70 Y30. 0;	
N80 G98 X – 50. 0;	
N90 G80 M09;	
N100 G91 G28 Z0;	
N110 M30;	

2. 扩孔加工

1）扩孔加工刀具的介绍

（1）麻花钻 在实际生产中常用经修磨的麻花钻当扩孔钻使用。在实心材料上钻孔，如果孔径较大，不能用麻花钻一次钻出，常用直径较小的麻花钻预钻一孔，再用大直径的麻花钻扩孔。用麻花钻扩孔时，扩孔前的钻孔直径为孔径的 0. 5 ~ 0. 7 倍，扩孔时的切削速度为钻孔的 1/2，进给量为钻孔的 1. 5 ~ 2 倍。

（2）扩孔钻

① 扩孔钻的工艺特点：扩孔是孔的半精加工方法，尺寸精度为 IT10 ~ IT9，孔的表面粗糙度可控制在 $Ra6. 3 ~ Ra3. 2$。当钻削孔径大于 30 的孔时，为了减小钻削力，提高孔的质量，一般先用（0. 5 ~ 0. 7）倍孔径大小的钻头钻出底孔，再用扩孔钻进行扩孔，也可采用镗刀扩孔。这样可较好地保证孔的精度，控制表面粗糙度，且生产率比直接用大钻头一次钻出时高。

② 扩孔钻的结构：标准扩孔钻一般有 3 ~ 4 条主切削刃，结构形式有直柄式、锥柄式、套式等。图 5 - 13 所示为锥柄扩孔钻。扩孔直径较小时，可选用直柄式扩孔钻；扩孔直径中等时，可选用锥柄式扩孔钻；扩孔直径较大时，可选用套式扩孔钻。

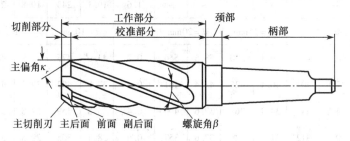

图 5 - 13　锥柄扩孔钻

（3）锪孔钻 锪孔钻有较多的刀齿，以成型法将孔端加工成所需的形状。如图5 - 14 所示，锪孔钻主要用于加工各种沉头螺钉的沉头孔（平底沉孔、锥孔或球面孔）或削平孔的外端面。

（4）扩孔钻的切削用量见表 5 - 3。

（5）高速钢及硬质合金锪钻加工的切削用量见表 5 - 4。

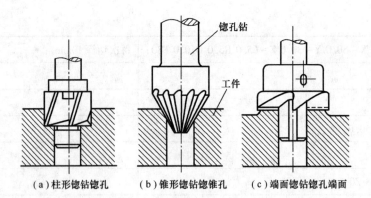

（a）柱形锪钻锪孔　　　　（b）锥形锪钻锪锥孔　　　　（c）端面锪钻锪孔端面

图 5 - 14　锪钻加工

表 5 - 3　扩孔钻的切削用量

D_0	碳素结构钢 $\sigma_b=650MPa$　（加切削液）						灰铸铁(195 HBS)					
	f	v	n	v	n	v	n	f	v	n	v	n	v	n
		$d=10mm$		$d=15mm$		$d=20mm$			$d=10mm$		$d=15mm$		$d=20mm$	
25	≤0.2	45.7	581	48.8	621	~	~	0.2	43.9	559	45.7	581	~	~
	0.3	37.3	474	39.9	507	~	~	0.3	37.3	475	38.8	495	~	~
	0.4	32.3	411	34.5	439	~	~	0.4	33.2	423	34.6	441	~	~
	0.5	28.8	368	30.9	392	~	~	0.6	28.3	360	29.5	375	~	~
	0.6	26.3	336	28.1	359	~	~	0.8	25.2	320	26.3	334	~	~
	0.8	22.8	290	24.4	310	~	~	1.0	23.1	294	24	305	~	~
	1.0	20.4	260	21.8	287	~	~	1.2	21.4	272	22.3	284	~	~
	1.2	18.6	237	19.9	254	~	~	1.4	20.1	256	21	267	~	~
	~	~	~	~	~			1.6	19.1	243	19.8	253	~	~
	f	$d=10mm$		$d=15mm$		$d=20mm$		f	$d=10mm$		$d=15mm$		$d=20mm$	
30	≤0.2	46.4	491	49.1	520	53.5	566	0.2	44.6	473	15.9	487	47.8	507
	0.3	37.8	401	40.1	425	43.4	461	0.3	37.9	402	39.1	414	40.7	437
	0.4	33.8	348	34.7	368	37.6	400	0.4	33.8	359	34.8	369	36.2	384
	0.5	29.3	312	31.1	329	33.6	357	0.6	28.7	305	29.5	314	30.8	327
	0.6	26.8	284	28.3	301	30.7	326	0.8	25.6	271	26.3	279	27.5	291
	0.8	23.1	246	24.6	261	26.6	282	1.0	23.4	248	24.1	256	25.1	266
	1.0	20.7	219	22	233	23.9	252	1.2	21.8	231	22.4	238	23.3	247
	1.2	19	200	20	213	21.7	231	1.4	20.5	217	21.2	223	22	233
	~	~	~	~	~	~	~	1.6	19.4	206	20	212	20.8	221

D0	碳素结构钢 $\sigma_b=650$MPa （加切削液）						灰铸铁（195 HBS）						
	f	v	n	v	n	v	n	f	v	n	v	n	v	n
		d=10mm		d=15mm		d=20mm			d=10mm		d=15mm		d=20mm	
40	f	d=15mm		d=20mm		d=30mm		f	d=15mm		d=20mm		d=30mm	
	≤0.2	43.4	346	48.6	387	55.8	444	0.3	38.2	304	39.1	311	41.9	334
	0.3	35.5	282	39.7	316	45.6	363	0.4	34.1	271	34.8	277	37.4	297
	0.4	30.7	245	34.4	273	39.5	314	0.6	28.9	231	29.6	236	31.8	253
	0.5	27.5	219	30.7	245	35.3	281	0.8	25.8	206	26.4	210	28.3	225
	0.6	25.1	199	28	223	32.2	256	1.0	23.6	188	24.1	192	25.9	206
	0.8	21.7	173	24.3	193	27.9	223	1.2	22	174	22.4	179	24	191
	1.0	19.4	155	21.7	173	25	198	1.4	20.6	165	21.1	168	22.6	180
	1.2	17.7	142	19.8	158	22.8	182	1.6	19.6	156	20	159	21.4	171
	~	~	~	~	~	~	~	1.8	18.7	149	19	152	20.5	163
50	f	d=20mm		d=30mm		d=40mm		f	d=20mm		d=30mm		d=40mm	
	0.2	46.6	296	50.6	321	58	369	0.3	38.4	245	40.1	255	12.9	273
	0.3	38.1	242	11.3	263	47.4	302	0.4	34.3	218	35.7	227	38.3	244
	0.4	32.9	210	35.8	228	41	262	0.6	29.1	185	30.3	193	32.5	207
	0.5	29.5	188	32	204	36.8	234	0.8	26	166	27.1	172	29	184
	0.6	26.9	171	29.2	186	33.6	214	1.0	23.8	151	24.7	158	26.5	169
	0.8	23.3	149	25.3	161	29	185	1.2	22.1	141	23	147	24.7	157
	1.0	20.8	133	22.6	144	26	166	1.4	20.7	133	21.6	138	23.1	148
	1.2	19	123	20.6	132	23.7	151	1.6	19.7	125	20.5	131	22	140
	1.4	17.6	112	19.5	122	22	140	1.8	18.8	119	19.6	125	20.9	134
60	f	d=30mm		d=40mm		d=50mm		f	d=30mm		d=40mm		d=50mm	
	0.3	39.3	208	12.6	220	19.1	261	0.4	35	186	36.4	193	39.1	207
	0.4	34.1	180	36.9	196	42.5	225	0.6	29.7	158	31	165	33.2	176
	0.5	30.4	162	33	175	38	202	0.8	26.5	141	27.6	147	29.6	157
	0.6	27.8	148	30.2	160	34.7	184	1.0	24.2	129	25.3	134	27.1	143
	0.8	24.1	128	26.1	139	30.1	159	1.2	22.5	119	23.5	125	25.2	134
	1.0	21.5	114	23.3	124	26.9	142	1.4	21.2	112	22.1	117	23.7	125
	1.2	19.7	104	21.4	113	24.6	130	1.6	20.1	107	20.9	111	22.4	119
	1.4	18.2	96	19.8	105	22.7	120	1.8	19.1	101	19.9	106	21.4	113
	1.6	17.1	90	18.4	98	21.3	113	2	18.4	98	19.1	101	20.5	109

注：f 为进给量（mm/r）;v 为切削速度（m/min）;n 为转速（r/min）;D_0=扩孔钻直径（mm）;d=工件底孔直径（mm）

表 5 - 4　高速钢及硬质合金锪钻加工的切削用量

加工材料	高速钢锪钻		硬质合金锪钻	
	进给量 $f/(\text{mm/r})$	切削速度 $v/(\text{m/min})$	进给量 $f/(\text{mm/r})$	切削速度 $v/(\text{m/min})$
铝	0.13 ~ 0.38	120 ~ 245	0.15 ~ 0.30	15 ~ 245
黄铜	0.13 ~ 0.25	45 ~ 90	0.15 ~ 0.30	120 ~ 210
软铸铁	0.13 ~ 0.18	37 ~ 43	0.15 ~ 0.30	90 ~ 107
软钢	0.08 ~ 0.13	23 ~ 26	0.10 ~ 0.20	75 ~ 90
合金钢及工具钢	0.08 ~ 0.13	12 ~ 24	0.10 ~ 0.20	55 ~ 60

2）扩孔加工指令介绍

扩/锪孔循环指令 G82：

（1）编程格式：G99/G98 G82 X_ Y_ Z_ R_ P_ F_;

（2）功能：常用于扩/锪孔或台阶孔的加工。

（3）指令动作：G82 与 G81 指令动作相同，但 G82 指令在孔底增加了进给后的暂停，以提高孔底表面质量，G82 指令中不指定暂停参数 P，则与 G81 指令完全相同。

[例 5.7] 试用 G82 指令编写如图 5 - 10 所示孔的加工程序。

O0001;	
N10 G90 G94 G40 G80 G21 G49;	
N20 G54 G00 X0.0 Y0.0;	
N30 G43 Z100.0 H01;	Z100.0 即为初始平面
N40 M03 S600 M08;	
N50 G99 G82 X - 30.0 Y0.0 Z - 32.887 R5.0 F80;	Z 向超越量为钻尖高度 2.887mm
N60 X0.0;	加工第二个孔
N70 G98 X30.0;	加工第三个孔，返回初始平面
N80 G80 M09;	取消固定循环
N90 G91 G28 Z0.0;	
N100 M30;	

以上指令如果要以 G91 方式编程，则其程序修改如下：

O0001;	
……	
N40 M03 S600;	Z100.0 即为初始平面
N50 G91 X60.0 Y0.0 M08;	XY 平面定位到增量编程的起点
N60 G99 G82 X - 30.0 Z - 32.887 R - 95.0 F80 K3;	参数 K 在增量编程中使用时，该动作循环 3 次，即钻出相隔 30.0mm 的 3 个孔
N70 G80 M09;	
……	

224

【注意】:前面介绍的钻孔指令也可以用作扩孔、锪孔等。

3. 铰孔加工

1) 铰孔加工刀具的介绍——铰刀

(1) 铰孔的工艺特点:铰孔是对中小直径的孔进行半精加工和精加工的方法,也可用于磨孔或研孔前的预加工。孔的精度可达 IT6 ~ IT9,孔的表面粗糙度可控制在 $Ra3.2 ~ Ra0.4$。

铰孔的刀具为铰刀,为定尺寸刀具。可以加工圆柱孔、圆锥孔、通孔和盲孔。粗铰时余量一般为 0.10 ~ 0.35mm,精铰时余量一般为 0.04 ~ 0.06mm。

(2) 铰刀的种类:铰刀的种类较多,按材质可分为高速钢铰刀、硬质合金铰刀等;按柄部形状可分为直柄铰刀、锥柄铰刀、套式铰刀等;按适用方式可分为机用铰刀和手用铰刀。如图 5 - 15 所示。

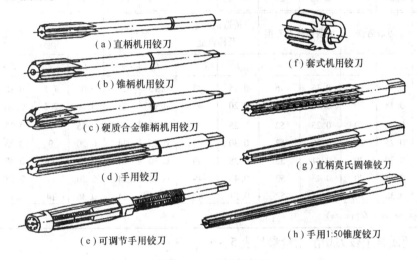

(a) 直柄机用铰刀
(b) 锥柄机用铰刀
(c) 硬质合金锥柄机用铰刀
(d) 手用铰刀
(e) 可调节手用铰刀
(f) 套式机用铰刀
(g) 直柄莫氏圆锥铰刀
(h) 手用1:50锥度铰刀

图 5 - 15　铰刀的种类

(3) 铰刀的结构:标准机用铰刀如图 5 - 16 所示,有 4 ~ 12 齿,由工作部分、颈部和柄部组成。铰刀工作部分包括切削部分与校准部分。切削部分为锥形,担负主要切削工作;校准部分的作用是校正孔径、修光孔壁和导向。校准部分包括圆柱部分和倒锥部分。圆柱部分保证铰刀直径和便于测量,倒锥部分可减少铰刀与孔壁的摩擦和减小孔径扩大量。

整体式铰刀的柄部有直柄和锥柄之分,直径较小的铰刀,一般做成直柄形式,而大直径铰刀则常做成锥柄形式。

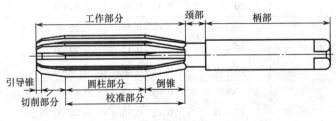

工作部分　　颈部　　柄部

引导锥　　圆柱部分　倒锥
切削部分　　校准部分

图 5 - 16　铰刀的结构

（4）高速钢铰刀切削用量参见表5-5。

表5-5　高速钢铰刀加工不同材料的切削用量

铰刀直径 d_0/mm	低碳钢 120~200HBS		低合金钢 200~300HBS		高合金钢 300~400HBS		软铸铁 130HBS		中硬铸铁 175HBS		硬铸铁 230HBS	
	f	v	f	v	f	v	f	v	f	v	f	v
6	0.13	23	0.10	18	0.10	7.5	0.15	30.5	0.15	26	0.15	21
9	0.18	23	0.18	18	0.15	7.5	0.20	30.5	0.20	26	0.20	21
12	0.20	27	0.20	21	0.18	9	0.25	36.5	0.25	29	0.25	24
15	0.25	27	0.25	21	0.20	9	0.30	36.5	0.30	29	0.30	24
19	0.30	27	0.30	21	0.25	9	0.38	36.5	0.38	29	0.36	24
22	0.33	27	0.33	21	0.25	9	0.43	36.5	0.43	29	0.41	24
25	0.51	27	0.38	21	0.30	9	0.51	36.5	0.51	29	0.41	24

铰刀直径 d_0/mm	可锻铸铁		铸造黄铜及青铜		铸造铝合金及锌合金		塑料		不锈钢		钛合金	
	f	v	f	v	f	v	f	v	f	v	f	v
6	0.10	17	0.13	46	0.15	43	0.13	21	0.05	7.5	0.15	9
9	0.18	20	0.18	46	0.20	43	0.18	21	0.10	7.5	0.20	9
12	0.20	20	0.23	52	0.25	49	0.20	24	0.15	9	0.25	12
15	0.25	20	0.30	52	0.30	49	0.25	24	0.20	9	0.25	12
19	0.30	20	0.41	52	0.38	49	0.30	24	0.25	11	0.30	12
22	0.33	20	0.43	52	0.43	49	0.33	24	0.30	12	0.38	18
25	0.38	20	0.51	52	0.51	49	0.51	24	0.36	14	0.51	18

注：单位：v/(m/mm)；f/(mm/r)

（5）硬质合金铰刀切削用量参见表5-6。

表5-6　硬质合金铰刀铰孔的切削用量

加工材料		铰刀直径 d_0/mm	切削深度 a_p/mm	进给量 f/(mm/r)	切削速度 v/(m/min)
钢	σ_b/MPa ≤1000	<10	0.08~0.12	0.15~0.25	6~12
		10~20	0.12~0.15	0.20~0.35	
		20~40	0.15~0.20	0.30~0.50	
	σ_b/MPa >1000	<10	0.08~0.12	0.15~0.25	4~10
		10~20	0.12~0.15	0.20~0.35	
		20~40	0.15~0.20	0.30~0.50	
铸钢（σ_b≤700MPa）		<10	0.08~0.12	0.15~0.25	6~10
		10~20	0.12~0.15	0.20~0.35	
		20~40	0.15~0.20	0.30~0.50	
灰铸铁 HBS	≤200	<10	0.08~0.12	0.15~0.25	8~15
		10~20	0.12~0.15	0.20~0.35	
		20~40	0.15~0.20	0.30~0.50	

加工材料		铰刀直径 d_0/mm	切削深度 a_p/mm	进给量 $f/(mm/r)$	切削速度 $v/(m/min)$
灰铸铁 HBS	>200	<10	0.08~0.12	0.15~0.25	5~10
		10~20	0.12~0.15	0.20~0.35	
		20~40	0.15~0.20	0.30~0.50	
冷硬铸铁(65~80HS)		<10	0.08~0.12	0.15~0.25	3~5
		10~20	0.12~0.15	0.20~0.35	
		20~40	0.15~0.20	0.30~0.50	
黄铜		<10	0.08~0.12	0.15~0.25	10~20
		10~20	0.12~0.15	0.20~0.35	
		20~40	0.15~0.20	0.30~0.50	
铸青铜		<10	0.08~0.12	0.15~0.25	15~30
		10~20	0.12~0.15	0.20~0.35	
		20~40	0.15~0.20	0.30~0.50	
铜		<10	0.08~0.12	0.15~0.25	6~12
		10~20	0.12~0.15	0.20~0.35	
		20~40	0.15~0.20	0.30~0.50	
铝	$w_{si} \leqslant 7\%$	<10	0.09~0.12	0.15~0.25	15~30
		10~20	0.14~0.15	0.20~0.35	
		20~40	0.18~0.20	0.30~0.50	
	$w_{si} > 14\%$	<10	0.08~0.12	0.15~0.25	10~20
		10~20	0.12~0.15	0.20~0.35	
		20~40	0.15~0.20	0.30~0.50	
热塑性树脂		<10	0.09~0.12	0.15~0.25	15~30
		10~20	0.14~0.15	0.20~0.35	
		20~40	0.18~0.20	0.30~0.50	
热固性树脂		<10	0.08~0.12	0.15~0.25	10~20
		10~20	0.12~0.15	0.20~0.35	
		20~40	0.15~0.27	0.30~0.50	

注:粗铰($Ra3.2~1.6\mu m$)钢和灰铸铁时,切削速度也可增至60~80m/min

2）铰孔加工指令介绍

铰孔循环指令 G85：

（1）编程格式:G99/G98 G85 X_ Y_ Z_ R_ F_;

（2）功能:该指令常用于铰孔和扩孔加工,也可用于粗镗孔加工。

（3）指令动作：如图 5 - 17 所示，执行 G85 固定循环指令时，刀具以切削进给方式加工到孔底，然后以切削进给方式返回到 R 平面，当采用 G98 方式时，继续从 R 平面快速返回到初始平面。

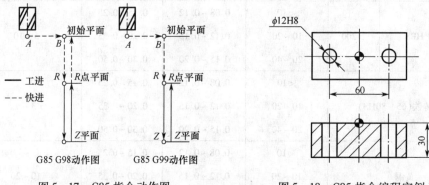

图 5 - 17　G85 指令动作图　　　　　图 5 - 18　G85 指令编程实例

［例 5.8］试用 G85 指令编写如图 5 - 18 所示孔的加工程序。

00003；	
……	
M03 S180 M08；	
G99 G85 X - 30. 0　Y0 Z - 35. 0　R3. 0 F90；	注意铰孔时切削用量的选择
X30. 0；	
G80；	
……	

3）孔加工路线确定

（1）孔加工导入量：如图 5 - 19 所示，ΔZ 即为孔加工导入量，是指在孔加工过程中，刀具从快进转为工进时，刀尖点位置与孔上表面之间的距离。

孔加工导入量的具体值由工件表面的尺寸变化量确定，一般情况下取 2 ~ 10mm。当孔上表面为已加工表面时，导入量取较小值（2 ~ 5mm）。

（2）孔加工超越量：如图 5 - 19 所示，$\Delta z'$ 即为孔加工超越量。该值一般大于或等于钻尖高度 $Z_p = D/2\cos\alpha \approx 0.3D$。

通孔镗孔时，刀具超越量取 1 ~ 3mm；

通孔铰孔时，刀具超越量取 3 ~ 5mm；

通孔钻孔时，刀具超越量等于 $Z_p + (1 ~ 3)$ mm。

（3）相互位置精度高的孔系加工路线的选择：对于位置精度要求较高的孔系加工，特别要注意孔的加工顺序的安排，避免将坐标轴的反向间隙带入，影响位置精度。

如图 5 - 20 所示孔系加工，如按 A—1—2—3—6—5—4—B 安排加工走刀路线时，在加工 5、4 孔时，X 方向的反向间隙会使定位误差增加，而影响 5、4 孔与其他孔的位置精度。

而采用 A—1—2—3—B—4—5—6 的走刀路线时，可避免反向间隙的引入，提高 5、4 孔与其他孔的位置精度。

228

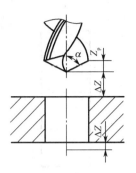

图 5-19 孔加工导入量与超越量

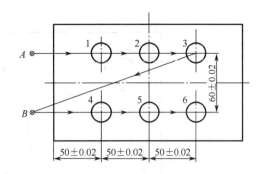

图 5-20 孔系加工路线

四、任务实施

1. 工艺分析

1）零件图工艺分析

（1）加工内容及技术要求：该零件主要加工内容为 $2-\phi9$ 的过孔、$2-\phi16$ 深 6 的沉头孔、$2-\phi10H8$ 的销孔与 $\phi30$ 的通孔。

零件尺寸标注完整、无误，轮廓描述清晰，技术要求清楚明了。

零件毛坯为 80mm×80mm×20mm 的六面已加工的板料，材料为 45 钢，切削加工性能较好，无热处理要求。

销孔 $2-\phi10H8$（$\phi10^{+0.022}_{0}$）有较高的尺寸精度，且表面粗糙度为 $Ra1.6$，加工时需要重点注意；$2-\phi9$ 的过孔、$2-\phi16$ 深 6 的沉头孔与 $\phi30$ 的通孔尺寸要求不高，表面粗糙度为 $Ra6.3$，容易保证。

（2）加工方法：该零件通孔 $2-\phi10H8$ 的加工要求较高，且有较高的位置精度要求，拟选择：中心钻定位→钻孔→铰孔的方法加工；$2-\phi9$ 的过孔、$2-\phi16$ 深 6 的沉头孔精度要求不高，拟选择：中心钻定位→钻孔→锪孔的方法加工；$\phi30$ 的通孔加工要求不高，拟选择：钻孔→扩孔的方法加工。

2）机床选择

根据零件的结构特点、加工要求以及现有车间的设备条件，选用配备 FANUC-0i 系统的 KV650 数控铣床上加工。KV650 机床参数见第四章表 4-10。

3）装夹方案的确定

在实际加工中接触的通用夹具为平口钳、三爪卡盘和压板，根据对零件图的分析可知，该零件在加工时，用平口钳进行装夹。其装夹示意图如 5-21 所示。

4）工艺过程卡片的制定

根据以上分析，制定零件加工工艺过程卡如表 5-9 所列。

5）加工顺序的确定

加工时，先钻、铰 $2-\phi10H8$ 深 20 的孔，再钻 $2-\phi9$ 的过孔、锪 $2-\phi16$ 深 6 的孔，最后钻、扩 $\phi30$ 的通孔。具体安排如下：

打 $2-\phi10H8$、$2-\phi9$ 和 $\phi30$ 的中心孔；

229

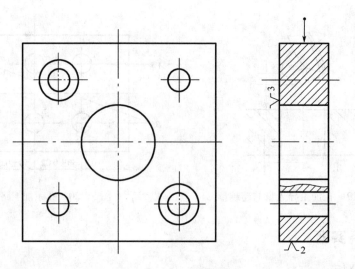

图 5 – 21　端盖装夹示意图

钻 2 – φ10H8 深 20 的底孔；

铰 2 – φ10H8 深 20 的孔；

钻 2 – φ9 的过孔；

锪 2 – φ16 深 6 的沉孔；

钻 φ30 的底孔；

扩 φ30 的孔。

6）刀具、量具的确定

打 2 – φ10H8、2 – φ9 和 φ30 的中心孔选用 A3 的中心钻；

钻 2 – φ10H8 深 20 的底孔选用 φ9.7 的直柄麻花钻；

铰 2 – φ10H8 深 20 的孔选用 φ10H8 的机用铰刀；

钻 2 – φ9 的过孔选用 φ9 的直柄麻花钻；

锪 2 – φ16 深 6 的沉孔选用 φ16 的锪钻；

钻 φ30 的底孔选用 φ28 的锥柄麻花钻；

扩 φ30 的孔选用 φ30 的扩孔钻。

具体刀具型号见刀具卡片表 5 – 7。

孔径测量可以采用内径千分表测量。具体量具型号见量具卡片表 5 – 8。

表 5 – 7　数控加工刀具卡片

产品名称或代号			零件名称		零件图号		
工步号	刀具号	刀具名称	刀具		刀具材料	备 注
			直径/mm	长度/mm		
1	T01	中心钻	A3		高速钢	
2	T02	直柄麻花钻	φ9.7		高速钢	
3	T03	机用铰刀	φ10H8		高速钢	
4	T04	直柄麻花钻	φ9		高速钢	

230

产品名称或代号			零件名称		零件图号		备注
工步号	刀具号	刀具名称	刀具			刀具材料	
			直径/mm	长度/mm			
5	T05	锪钻	φ16			高速钢	
6	T06	锥柄麻花钻	φ28			高速钢	
7	T07	扩钻	φ30			高速钢	
编制		审核			批准		共1页　第1页

表5-8　量具卡片

产品名称或代号		零件名称		零件图号	
序号	量具名称	量具规格	精度		数量
1	内径千分表	1~25mm	0.01mm		1把
2	内径千分表	25~50mm	0.01mm		1把
编制		审核	批准		共1页　第1页

7）工艺卡片的制定

根据前面的分析,制定该零件数铣加工部分的工序卡片见表5-10、表5-11。

2. 确定走刀路线及数控加工程序编制

1）确定走刀路线

盖板零件中,因为孔距的要求为±0.03,为避免反向间隙,打2-φ10H8、2-φ9和φ30的中心孔时走刀路线如图5-22所示。若孔距要求不要,可以采用最短路径的加工孔。

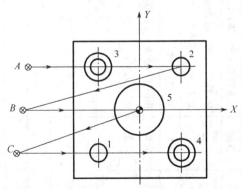

图5-22　打中心孔的走刀路线图

盖板零件孔加工中钻、铰2-φ10H8的加工顺序如图5-23(a)所示。钻2-φ9与锪2-φ16的沉孔时加工顺序如图5-23(b)所示。

表 5-9 机械加工工艺过程卡

（工厂）		机械工艺过程卡		产品型号		零件图号	1		共 1 页	第 1 页
				产品名称	80×80×20	零件名称	盖板			
材料牌号	45 钢	毛坯种类	方料	毛坯外形尺寸	80×80×20	每毛坯可制件数		每台件数	备注	

工序号	工序名称	工序内容	车间	工段	设备	工艺装备	工时/min	
							准终	单件
1	备料	方料 80×80×20,六面已加工	备料车间					
2	数铣	钻、铰 2-φ10H8 深 20 的孔,钻 2-φ9 的过孔,锪 2-*φ16 深 6 的沉孔;钻、扩 φ30 的通孔	数铣车间		铣床 KV650	平口钳		
3	钳	去毛刺,倒钝						
4	检验	按图样检查各尺寸及精度						
5	入库	油封,入库						

						设计（日期）	审核（日期）	标准化（日期）	会签（日期）
描图									
描校									
底图号									
装订号									
标记	处数	更改文件号	签字	日期	标记	处数	更改文件号	签字	日期

232

表 5-10 数控加工工序卡 1

（工厂）	数控加工工序卡	产品型号		零件图号			共 2 页	第 1 页
		产品名称		零件名称		材料牌号 45钢		
		车间 数控车间	工序号 2	工序名称 数铣				每台件数
		毛坯种类 棒料	毛坯外形尺寸 80×80×20	每毛坯可制件数 1				同时加工件数
		设备名称 数控铣床	设备型号 KV650	设备编号				切削液 水溶液
		夹具编号		夹具名称 平口钳				
		工位器具编号		工位器具名称			工序工时 准终	单件

工步号	工步名称	工艺装备	主轴转速 /(r/min)	切削速度 /(m/min)	进给量 /(mm/min)	背吃刀量 /mm	进给次数	工时 机动	工时 单件
1	打2-φ10H8,2-φ9和φ30的中心孔	A3	2100	20	100				
2	钻2-φ10H8深20的底孔至φ9.7	φ9.7的直柄麻花钻	650	20	120				
3	铰2-φ10H8深20的孔至要求	φ10H8的机用铰刀	200	6	60				
4	钻2-φ9的过孔至要求	φ9的直柄麻花钻	700	20	130				
5	锪2-φ16深6的沉孔	φ16的锪钻	240	12	24				
						设计 （日期）	审核 （日期）	标准化 （日期）	会签 （日期）
标记	处数	更改文件号	签字	日期	标记	处数	更改文件号	签字	日期

描图

描校

底图号

装订号

表 5-11 数控加工工序卡 2

（工厂）	数控加工工序卡	产品型号		零件图号			
		产品名称		零件名称	盖板	共 2 页	第 2 页
车间	数控车间	工序号	2	工序名称	数控铣削	材料牌号	45 钢
毛坯种类	棒料	毛坯外形尺寸	80×80×20	每毛坯可制件数	1	每台件数	
设备名称	数控铣床	设备型号	KV650	设备编号		同时加工件数	
夹具编号		夹具名称	平口钳			切削液	
工位器具编号		工位器具名称				水溶液	
						工序工时	准终 / 单件

工步号	工步名称	工艺装备	主轴转速 /(r/min)	切削速度 /(m/min)	进给量 /(mm/min)	背吃刀量 /mm	进给次数	工时（机动/单件）
6	钻 φ30 的底孔至 φ28	φ28 的锥柄麻花钻	260	20	50			
7	扩 φ30 的孔	φ30 的扩孔钻	560	53	110			

			设计（日期）	审核（日期）	标准化（日期）	会签（日期）
描图						
描校						
底图号						
装订号	标记	处数	更改文件号	签字	日期	标记 处数 更改文件号 签字 日期

234

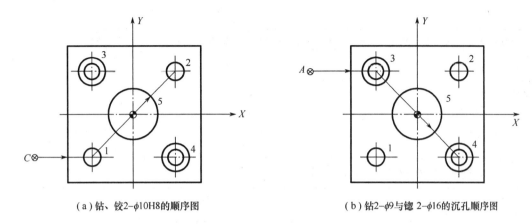

（a）钻、铰2-φ10H8的顺序图　　　　　　　　　（b）钻2-φ9与锪 2-φ16的沉孔顺序图

图 5-23　孔加工顺序图

2）数控加工程序编制

（1）打 2-φ10H8、2-φ9 和 φ30 的中心孔程序：

O0001；	程序名
G90 G17 G80 G21 G49 G69 G40；	程序保护头
G54 G00 X-50.0 Y25.0；	
G43 Z100.0 H01；	
M03 S2100 M08；	
G99 G81 X-25.0 Y25.0 Z-2.0 R5.0 F100；	钻孔 3 的中心孔
X25.0 Y25.0；	钻削孔 2 的中心孔
G00 X-50.0 Y0；	
G99 G81 X0 Y0 Z-2.0 R5.0 F100；	钻削孔 5 的中心孔
G00 X-50.0 Y-25.0；	
G99 G81 X-25.0 Y-25.0 Z-2.0 R5.0 F100；	钻削孔 1 的中心孔
X25.0 Y-25.0；	钻削孔 4 的中心孔
G80 M09；	
G91 G28 Z0；	
M30；	

（2）钻 2-φ10H8 深 20 的底孔至 φ9.7：

O0002；	程序名
G90 G17 G80 G21 G49 G69 G40；	程序保护头
G54 G00 X-50.0 Y-25.0；	
G43 Z100.0 H02；	
M03 S650 M08；	

G99 G83 X－25.0 Y－25.0 Z－25.0 R5.0 Q5.0 F120；	钻孔1的底孔
X25.0 Y25.0；	钻孔2的底孔
G80 M09；	
G91 G28 Z0；	
M30；	

（3）铰2－ϕ10H8深20孔的程序：

O0003；	程序名
G90 G17 G80 G21 G49 G69 G40；	程序保护头
G54 G00 X－50.0 Y－25.0；	
G43 Z100.0 H03；	
M03 S200 M08；	
G99 G85 X－25.0 Y－25.0 Z－25.0 R5.0 F60；	铰孔1
X25.0 Y25.0；	铰孔2
G80 M09；	
G91 G28 Z0；	
M30；	

（4）钻2－ϕ9的过孔程序：

O0004；	程序名
G90 G17 G80 G21 G49 G69 G40；	程序保护头
G54 G00 X－50.0 Y25.0；	
G43 Z100.0 H04；	
M03 S700 M08；	
G99 G83 X－25.0 Y25.0 Z－25.0 R5.0 Q5.0 F130；	钻孔3
X25.0 Y－25.0；	钻孔4
G80 M09；	
G91 G28 Z0；	
M30；	

（5）锪2－ϕ16深6的程序：

O0005；	程序名
G90 G17 G80 G21 G49 G69 G40；	程序保护头
G54 G00 X－50.0 Y25.0；	

G43 Z100.0 H05；	
M03 S240 M08；	
G99 G82 X－25.0 Y25.0 Z－6.0 R5.0 P2.0 F24；	锪孔3
X25.0 Y－25.0；	锪孔4
G80 M09；	
G91 G28 Z0；	
M30；	

（6）钻 ϕ30 的底孔至 ϕ28 的程序：

O0006；	程序名
G90 G17 G80 G21 G49 G69 G40；	程序保护头
G54 G00 X0 Y0；	
G43 Z100.0 H06；	
M03 S260 M08；	
G99 G83 X0Y0 Z－30.0 R5.0 Q5.0 F50；	钻孔5的底孔
G80 M09；	
G91 G28 Z0；	
M30；	

（7）扩 ϕ30 孔的程序：

O0002；	程序名
G90 G17 G80 G21 G49 G69 G40；	程序保护头
G54 G00 X0 Y0；	
G43 Z100.0 H07；	
M03 S560 M08；	
G99 G82 X0 Y0 Z－30.0 R5.0 P2.0 F110；	扩孔5
G80 M09；	
G91 G28 Z0；	
M30；	

3. 钻孔精度及误差分析

钻孔的精度及误差分析见表 5－12。

表 5-12 麻花钻钻孔中常见问题产生原因和解决方法

问题内容	产生原因	解决方法
孔径增大、误差大	1. 钻头左、右切削刃不对称,摆差大; 2. 钻头横刃太长; 3. 钻头刃口崩刃; 4. 钻头刃带上有积屑瘤; 5. 钻头弯曲; 6. 进给量太大; 7. 钻床主轴摆差大或松动	1. 刃磨时保证钻头左、右切削刃对称,将摆差控制在允许范围内; 2. 修磨横刃,减小横刃长度; 3. 及时发现崩刃情况,并更换钻头; 4. 将刃带上的积屑瘤用油石修整到合格; 5. 校直或更换; 6. 降低进给量; 7. 及时调整和维修钻床
孔径小	1. 钻头刃带已严重磨损; 2. 钻出的孔不圆	1. 更换合格钻头; 2. 见"钻孔时产生振动或孔不圆"的解决办法
钻孔时产生振动或孔不圆	1. 钻头后角太大; 2. 无导向套或导向套与钻头配合间隙过大; 3. 钻头左、右切削刃不对称,摆差大; 4. 主轴轴承松动; 5. 工件夹紧不牢; 6. 工件表面不平整,有气孔砂眼; 7. 工件内部有缺口、交叉孔	1. 减小钻头的后角; 2. 钻杆伸出过长时必须有导向套,采用合适间隙的导向套或先打中心孔再钻孔; 3. 刃磨时保证钻头左、右切削刃对称,将摆差控制在允许范围内; 4. 调整或更换轴承; 5. 改进夹具与定位装置; 6. 更换合格毛坯; 7. 改变工序顺序或改变工件结构
孔位超差,孔歪斜	1. 钻头的钻尖已磨钝; 2. 钻头左、右切削刃不对称,摆差大; 3. 钻头横刃太长; 4. 钻头与导向套配合间隙过大; 5. 主轴与导向套轴线不同轴,主轴与工作台面不垂直; 6. 钻头在切削时振动; 7. 工件表面不平整,有气孔砂眼; 8. 工件内部有缺口、交叉孔; 9. 导向套底端面与工件表面间的距离远,导向套长度短; 10. 工件夹紧不牢; 11. 工件表面倾斜; 12. 进给量不均匀	1. 重磨钻头; 2. 刃磨时保证钻头左、右切削刃对称,将摆差控制在允许范围内; 3. 修磨横刃,减小横刃长度; 4. 采用合适间隙的导向套; 5. 校正机床夹具位置,检查钻床主轴的垂直度; 6. 先打中心孔再钻孔,采用导向套或改为工件回转的方式; 7. 更换毛坯; 8. 改变工序顺序或改变工件结构; 9. 加长导向套长度; 10. 改进夹具与定位装置; 11. 正确定位安装; 12. 使进给量均匀

问题内容	产 生 原 因	解 决 方 法
钻头折断	1. 切削用量选择不当； 2. 钻头崩刃； 3. 钻头横刃太长； 4. 钻头已钝，刃带严重磨损呈正锥形； 5. 导向套底端面与工件表面间的距离太近，排屑困难； 6. 切削液供应不足； 7. 切屑堵塞钻头的螺旋槽，或切屑卷在钻头上，使切屑液不能进入孔内； 8. 导向套磨损成倒锥形，退刀时，钻屑夹在钻头与导向套之间； 9. 快速行程终了位置距工件太近，快速行程转向工件进给时误差大； 10. 孔钻通时，由于进给阻力迅速下降而进给量突然增加； 11. 工件或夹具刚性不足，钻通时弹性恢复，使进给量突然增加； 12. 进给丝杠磨损，动力头重锤重量不足。动力液压缸反压力不足，当孔钻通时，动力头自动下落，使进给量增大； 13. 钻铸件时遇到缩孔； 14. 锥柄扁尾折断	1. 减小进给量和切削速度； 2. 及时发现崩刃情况，当加工较硬的钢件时，后角要适当减小； 3. 修磨横刃，减小横刃长度； 4. 及时更换钻头，刃磨时将磨损部分全部磨掉； 5. 加大导向套与工件间的距离； 6. 切削液喷嘴对准加工孔口，加大切削液流量； 7. 减小切削速度、进给量；采用断屑措施；或采用分级进给方式，使钻头退出数次； 8. 及时更换导向套； 9. 增加工作行程距离； 10. 修磨钻头顶角，尽可能降低钻孔轴向力；孔将要钻通时，改为手动进给，并控制进给量； 11. 减少机床、工件、夹具的弹性变形；改进夹具定位，增加工件、夹具刚性；增加二次进给； 12. 及时维修机床，增加动力头重锤重量；增加二次进给； 13. 对估计有缩孔的铸件要减少进给量； 14. 更换钻头，并注意擦净锥柄油污
钻头寿命低	同"钻头折断一项中"1、3、4、5、6、7； 钻头切削部分几何形状与所加工的材料不适应； 其他	同"钻头折断一项中"1、3、4、5、6、7； 加工铜件时，钻头应选用较小后角，避免钻头自动钻入工件，使进给量突然增加；加工低碳钢时，可适当增大后角，以增加钻头寿命；加工较硬的钢材时，可采用双重钻头顶角，开分屑槽或修磨横刃等，以增加钻头寿命； 改用新型适用高速钢（铝高速钢、钴高速钢）钻头或采用涂层刀具；消除加工件的夹砂、硬点等不正常情况
孔壁表面粗糙	1. 钻头不锋利； 2. 后角太大； 3. 进给量太大； 4. 切屑液供给不足，切削液性能差； 5. 切屑堵塞钻头的螺旋槽； 6. 夹具刚性不够； 7. 工件材料硬度过低	1. 将钻头磨锋利； 2. 采用适当后角； 3. 减小进给量； 4. 加大切削液流量，选择性能好的切屑液； 5. 见"钻头折断一项中"7； 6. 改进夹具； 7. 增加热处理工序，适当提高工件硬度

4. 锪孔的误差分析

钻孔的精度及误差分析见表 5 – 13。

表 5 – 13　锪孔中常见问题产生原因和解决方法

问题内容	产 生 原 因	解 决 方 法
锥面、平面呈多角形	1. 前角太大,有扎刀现象; 2. 锪削速度太高; 3. 切削液选择不当; 4. 工件或刀具装夹不牢固; 5. 锪钻切削刃不对称	1. 减小前角; 2. 降低锪削速度; 3. 合理选择切削液; 4. 重新装夹工件和刀具; 5. 正确刃磨
平面呈凹凸形	锪钻切削刃与刀杆旋转轴线不垂直	正确刃磨和安装锪钻
表面粗糙度差	1. 锪钻几何参数不合理; 2. 切削液选用不当; 3. 刀具磨损	1. 正确刃磨; 2. 合理选择切削液; 3. 重新刃磨

5. 铰孔精度及误差分析

铰孔的精度及误差分析见表 5 – 14。

表 5 – 14　铰孔的精度及误差分析表

出现问题	产 生 原 因
孔径扩大	铰孔中心与底孔中心不一致
	进给量或铰削余量过大
	切削速度太高,铰刀热膨胀
	切削液选用不当或没加切削液
孔径缩小	铰刀磨损或铰刀已钝
	铰铸铁时
孔呈多边形	铰削余量太大,铰刀振动
	铰孔前钻孔不圆
表面粗糙度不符合要求	铰孔余量太大或太小
	铰刀切削刃不锋利
	切削液选用不当或未加切削液
	切削速度过大,产生积屑瘤
	孔加工固定循环选择不合理,进、退刀方式不合理
	容屑槽内切屑堵塞

任务二　镗孔与攻螺纹加工

知识点

- 了解镗孔与螺纹加工的常用刀具
- 掌握镗孔与螺纹加工的指令

- 镗孔与螺纹加工的加工工艺

技能点

- 镗孔与螺纹加工刀具的选择
- 镗孔与螺纹加工固定循环程序的编制
- 镗孔与螺纹加工精度及误差分析

一、任务描述

采用数控车床完成图 5 - 24 所示零件的加工,试编写加工程序(该零件为单件生产,毛坯尺寸为 $\phi105 \times 35$ 的棒料,材料为 45 钢)。

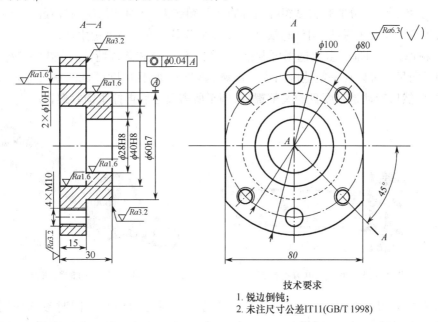

技术要求
1. 锐边倒钝;
2. 未注尺寸公差IT11(GB/T 1998)

图 5 - 24 孔加工任务图

二、任务分析

该任务涉及外形铣削、钻孔、扩孔、铰孔、镗孔以及攻螺纹孔的加工,重点为使用镗孔指令和攻螺纹指令进行编程。编程前需要设计出合理的加工工艺,包括刀具、量具的选择,孔加工路线的安排,切削用量的选择等。

在镗孔加工过程中,孔径尺寸的保证是通过对镗刀刀头的调整来实现的,所以在实习中要注意镗刀刀头的调节。

三、知识链接

1. 镗孔加工

1)镗孔加工刀具的介绍

(1)镗孔的工艺特点:镗孔加工可对不同孔径的孔进行粗加工、半精加工和精加工。

粗镗的尺寸公差等级为 IT13 ~ IT12,表面粗糙度值为 Ra12.5 ~ 6.3;半精镗的尺寸公差等级为 IT10 ~ IT9,表面粗糙度值为 Ra6.3 ~ 3.2;精镗的尺寸公差等级为 IT8 ~ IT7,表面粗糙度值为 Ra1.6 ~ 0.8。

镗孔可修正前工序造成的孔轴线的弯曲、偏斜等形状位置误差。镗孔切削用量见表 5 - 15。

(2)镗刀的分类:镗刀种类很多,按加工精度可分为粗镗刀和精镗刀。此外,镗刀按切削刃数量可分为单刃镗刀和双刃镗刀。

① 粗镗刀　如图 5 - 25 所示,其结构简单,用螺钉将镗刀刀头装夹在镗杆上。刀杆顶部和侧部有两个锁紧螺钉,分别起调整尺寸和锁紧作用。根据粗镗刀刀头在刀杆上的安装形式,粗镗刀又分成倾斜型粗镗刀和直角型粗镗刀。镗孔时,所镗孔径的大小要靠调整刀头的悬伸长度来保证,调整麻烦,效率低,大多用于单件小批量生产。

② 精镗刀　目前较多地选用可调精镗刀(图 5 - 26)和微调精镗刀(图 5 - 27)。这种镗刀的径向尺寸可以在一定范围内进行微调,调节方便,且精度高。调整尺寸时,先松开锁紧螺钉,然后转动带刻度盘的调整螺母,调至所需尺寸后再拧紧锁紧螺钉。

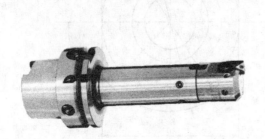

图 5 - 25　倾斜型单刃粗镗刀

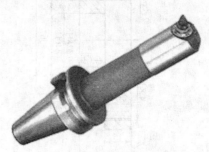

图 5 - 26　可调精镗刀

③ 双刃镗刀　如图 5 - 28 所示,其两端有一对对称的切削刃同时参加切削,与单刃镗刀相比,每转进给量可提高 1 倍,生产效率高。同时,可以消除切削力对镗杆的影响。

图 5 - 27　微调精镗刀

图 5 - 28　双刃镗刀

④ 镗孔刀刀头　有粗镗刀刀头和精镗刀刀头之分,如图 5 - 29、图 5 - 30 所示。粗镗刀刀头与普通焊接车刀相类似;微调精镗刀刀头上带刻度盘,可根据要求进行精确调整,从而保证加工精度。

⑤ 镗削用量见表 5 - 15。

图 5 - 29　可调粗镗刀刀头　　　　　图 5 - 30　微调精镗刀刀头

表 5 - 15　镗削用量

| 加工方式 | 刀具材料 | v/(m/min) | | | | | f/(mm/r) | a_p/mm（直径上） |
		软钢	中硬钢	铸铁	铝镁合金	铜合金		
半精镗	高速钢	18 ~ 25	15 ~ 18	18 ~ 22	50 ~ 75	30 ~ 60	0.1 ~ 0.3	0.1 ~ 0.8
	硬质合金	50 ~ 70	40 ~ 50	50 ~ 70	150 ~ 200	150 ~ 200	0.08 ~ 0.25	
精镗	高速钢	25 ~ 28	18 ~ 20	22 ~ 25	50 ~ 75	30 ~ 60	0.02 ~ 0.08	0.05 ~ 0.2
	硬质合金	70 ~ 80	60 ~ 65	70 ~ 80	150 ~ 200	150 ~ 200	0.02 ~ 0.06	
钻孔	高速钢	20 ~ 25	12 ~ 18	14 ~ 20	30 ~ 40	60 ~ 80	0.08 ~ 0.15	—
扩孔		22 ~ 28	15 ~ 18	20 ~ 24	30 ~ 50	60 ~ 90	0.1 ~ 0.2	2 ~ 5
精钻精铰		6 ~ 8	5 ~ 7	6 ~ 8	8 ~ 10	8 ~ 10	0.08 ~ 0.2	0.05 ~ 0.1

注：①加工精度高,工件材料硬度高时,切削用量选低值;
　　②刀架不平衡或切屑飞溅大时,切削速度选低值.

2）镗孔加工指令介绍

（1）粗镗孔循环指令 G86、G88 和 G89。除前面介绍的 G85 指令可用于粗镗孔外,还有 G86、G88、G89 等指令,其指令格式与铰孔固定循环指令 G85 的格式相类似。

① 编程格式：

G99/G98 G86 X_ Y_ Z_ R_ P_ F_;

G99/G98 G88 X_ Y_ Z_ R_ P_ F_;

G99/G98 G89 X_ Y_ Z_ R_ P_ F_;

② 指令动作：如图 5 - 31 所示,执行 G86 循环指令时,刀具以切削进给方式加工到孔底,然后主轴停转,刀具快速退到 R 点平面后,主轴正转。采用这种方式退刀时,刀具在退回过程中容易在工件表面划出条痕。因此,该指令常用于精度及表面粗糙度要求不高的镗孔加工。

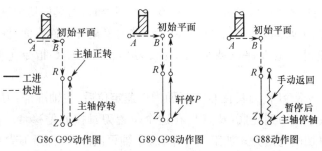

图 5 - 31　粗镗孔指令动作图

243

G89 指令动作与前节介绍的 G85 指令动作类似，不同的是 G89 指令动作在孔底增加了暂停，因此该指令常用于阶梯孔的加工。

G88 循环指令较为特殊，刀具以切削进给方式加工到孔底，然后刀具在孔底暂停后主轴停转，这时可通过手动方式从孔中安全退出刀具。这种加工方式虽能提高孔的加工精度，但加工效率较底。因此，该指令常在单件加工中采用。

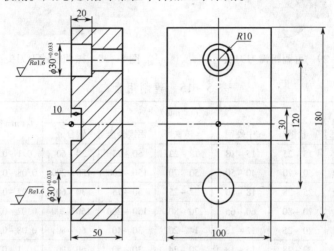

图 5-32　粗镗孔指令编程实例

[例 5.9] 试用粗镗孔指令编写图 5-32 所示 2 个 $\phi30mm$ 孔的数控铣床加工程序。

O0001；	
……	
M03 S700 M08；	
G99 G89 X0 Y-60.0 Z-55.0 R5.0 F150；	通孔，超越量为 5mm
G98 G89 X0 Y60.0 Z-20.0 R5.0 P1 000 F150；	台阶孔增加孔底暂停动作
G80 M09；	
……	

（2）精镗孔循环指令 G76 与反镗孔循环指令 G87。

① 编程格式：G99/G98 G76 X_ Y_ Z_ R_ Q_ P_ F_；

　　　　　　　 G99/G98 G87 X_ Y_ Z_ R_ Q_ F_；

② 指令动作：如图 5-33 所示，执行 G76 循环指令时，刀具以切削进给方式加工到孔底，实现主轴准停，刀具向刀尖相反方向移动 Q，使刀具离开工件表面，保证刀具不划伤工件表面，然后快速退刀至 R 平面或初始平面，刀具正转。G76 指令主要用于精密镗孔加工。

执行 G87 循环指令时，刀具在 G17 平面内快速定位后，主轴准停，刀具向刀尖相反方向偏移 Q，然后快速移动到孔底（R 点），在这个位置刀具按原偏移量反向移动相同的 Q 值，主轴正转并以切削进给方式加工到 Z 平面，主轴再次准停，并沿刀尖相反方向偏移 Q，快速提刀至初始平面并按原偏移量返回到 G17 平面的定位点，主轴开始正转，循环结束。

244

由于在执行 G87 循环指令的过程中,退刀时刀尖未接触工件表面,故加工表面质量较好,所以该循环指令常用于精密孔的镗削加工。

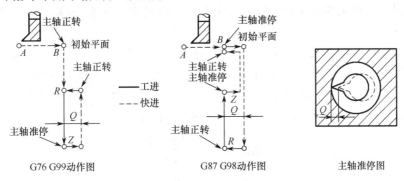

图 5-33　精镗孔指令动作图

注意:G87 循环指令不能用 G99 指令进行编程。

[例 5.10] 试用精镗孔循环指令编写图 5-32 中 2 个 $\phi30mm$ 孔的数控铣削加工程序。

O0002;	
……	
M03 S1200 M08;	
G98 G87 X0 Y-60.0 Z5.0 R-55.0 Q0.2 F60;	通孔用 G87 指令
G98 G76 X0 Y60.0 Z-20.0 R5.0 Q0.2 P1 000 F60;	台阶孔用 G76 指令
G80 M09;	
M30;	

3) 镗孔加工的关键技术

镗孔加工的关键技术是解决镗刀杆的刚性问题和排屑问题。

(1) 刚性问题的解决方案:

① 选择截面积大的刀杆。镗刀刀杆的截面积通常为内孔截面积的 1/4。因此,为了增加刀杆的刚性,应根据所加工孔的直径和预孔的直径,尽可能选择截面积大的刀杆。

通常情况下,孔径在 $\phi30 \sim \phi120$ 范围内,镗刀杆直径一般为孔径的 0.7 倍 ~ 0.8 倍。孔径小于 $\phi30mm$ 时,镗刀杆直径取孔径的 0.8 倍 ~ 0.9 倍。

② 刀杆的伸出长度尽可能短。镗刀刀杆伸得太长,会降低刀杆刚性,容易引起振动。因此,为了增加刀杆的刚性,选择刀杆长度时,只需选择刀杆伸出长度略大于孔深即可。

③ 选择合适的切削角度。为了减小切削过程中由于受径向力作用而产生的振动,镗刀的主偏角一般应选得较大。镗铸铁孔或精镗时,一般取 $K_r = 90°$;粗镗钢件孔时,取 $K_r = 60° \sim 75°$,以提高刀具的使用寿命。

(2) 排屑问题的解决方案:排屑问题主要通过控制切屑流出方向来解决。精镗孔时,要求切屑流向待加工表面(即前排屑),此时,选择正刃倾角的镗刀。加工盲孔时,通常向刀杆方向排屑,此时,选择负刃倾角的镗刀。

2. 螺纹加工

1) 螺纹加工刀具的介绍

螺纹孔加工时大多采用攻螺纹的方法来加工内螺纹。此外,还采用螺纹铣削刀具来铣削加工螺纹。

（1）丝锥　如图5-34所示,由工作部分和柄部组成。工作部分包括切削部分和校准部分。切削部分的前角为8°~10°,后角铲磨成6°~8°。前端磨出切削锥角,使切削负荷分布在几个刀齿上,使切削省力。校正部分的大径、中径、小径均有(0.05~0.12)/100的倒锥,以减小与螺孔的摩擦,减小所攻螺纹的扩张量。

图5-34　机用丝锥

丝锥螺纹公差有:机用丝锥为H1、H2和H3三种;手用丝锥为H4一种。不同公差带丝锥加工内螺纹的相应公差等级见表5-16。

表5-16　不同公差带丝锥加工内螺纹的相应公差等级

GB/T967-1944 丝锥公差带代号	旧标准丝锥公差带代号	适用于内螺纹的公差带等级
H1	2级	4H、5H
H2	2a级	5G、6H
H3	—	6G、7H、7G
H4	3级	6H、7H

注:① 由于影响攻螺纹尺寸的因素很多,如材料性质、机床刚性、丝锥装夹方法、切削速度、冷却润滑条件等,因此,此表只能作为选择丝锥时参考;
　　② 一般较小的螺纹孔适合采用手动攻丝的方式加工

（2）螺纹铣刀　螺纹铣刀如图5-35所示。螺纹铣削加工与传统螺纹加工方式相比,在加工精度、加工效率方面具有极大优势,加工时不受螺纹结构和螺纹旋向的限制,如一把螺纹铣刀可加工多种不同旋向的内、外螺纹。对于不允许有过渡扣或退刀槽结构的螺纹,采用螺纹铣削加工十分容易实现。此外,螺纹铣刀的耐用度是丝锥的几倍甚至数十倍,而且在数控铣削螺纹过程中,对螺纹直径尺寸的调整极为方便。

图5-35　螺纹铣刀

2) 螺纹加工指令介绍

（1）刚性攻右旋螺纹指令G84与攻左旋螺纹指令G74。

① 编程格式:G99/G98 G84 X_ Y_ Z_ R_ P_ F_;

　　　　　　　G99/G98 G74 X_ Y_ Z_ R_ P_ F_;

注意:指令中的 F 是指螺纹的导程,单线螺纹则为螺纹的螺距。

② 指令动作:如图 5-36 所示,G74 循环指令为左旋螺纹攻螺纹指令,用于加工左旋螺纹。执行该循环指令时,首先主轴反转,在 G17 平面快速定位后快速移动到 R 点,然后执行攻螺纹到达孔底后,主轴正转退回到 R 点,最后主轴恢复反转,完成攻螺纹动作。

G84 指令动作与 G74 指令基本类似,只是 G84 指令用于加工右旋螺纹。执行该循环指令时,首先主轴正转,在 G17 平面快速定位后快速移动到 R 点,然后执行攻螺纹到达孔底后,主轴反转退回到 R 点,最后主轴恢复正转,完成攻螺纹动作。

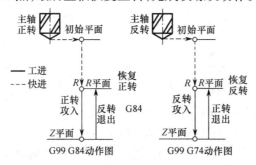

图 5-36 G74 指令与 G84 指令动作图

在指定 G74 指令前,应先进行换刀并使主轴反转。另外,在用 G74 指令与 G84 指令攻螺纹期间,进给倍率、进给保持(循环暂停)均被忽略。

刚性攻螺纹指令使用时需要指定刚性方式,有以下三种:

- 在攻螺纹指令段之前指定"M29 S_;";
- 在包含攻螺纹指令的程序段中指定"M29 S_;";
- 将系统参数"NO. 5200#0"设为 1。

注意:如果在 M29 和 G84/G74 之间指定 S 和轴移动指令,将产生系统报警;而如果在 G84/G74 中仅指定 M29 指令,也会产生系统报警。因此,本任务及以后任务中采用第三种方式指定刚性攻螺纹方式。

[例5.11] 试用攻螺纹循环指令编写图 5-37 中 2 个螺纹孔的加工程序。

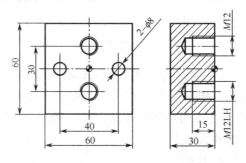

图 5-37 G74 指令与 G84 指令加工实例

O0003;	
……	
M03 S100 M08;	

247

G99 G84 X0 Y15.0 Z - 15.0 R5.0 F1.75；	M12 粗牙螺纹的螺距为 1.75mm
G80 M09；	
……	换左旋螺纹丝锥,调用相应的刀长补偿
M04 S100 M08；	攻左螺纹时,主轴反转
G98 G74 X 0 Y - 15.0 Z - 15.0 R5.0 F1.75；	
G80 M09；	
M30；	

（2）深孔攻螺纹断屑或排屑循环。

① 编程格式:G99/G98 G84 X_ Y_ Z_ R_ P_ Q_ F_;

G99/G98 G74 X_ Y_ Z_ R_ P_ Q_ F_;

② 指令动作:如图 5 - 38 所示,深孔攻螺纹的断屑与排屑动作与深孔钻动作类似,不同之处在于刀具在 R 点平面以下的动作均为切削加工动作。

深孔攻螺纹断屑与排屑动作的选择是通过修改系统攻螺纹参数来实现的。将系统参数"No.5200#5"设为 0 时,不能实现深孔断屑攻螺纹;而将系统参数"NO.5200#5"设为 1时,可实现深孔断屑攻螺纹。

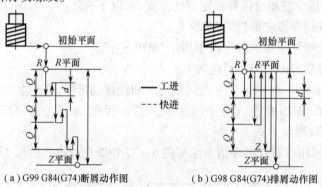

（a）G99 G84(G74)断屑动作图 （b）G98 G84(G74)排屑动作图

图 5 - 38 深孔攻螺纹断屑或排屑循环动作图

（3）铣削螺纹的方法。在数控铣床中进行编程时,G02 或 G03 指令大部分是用来在指定的平面上进行圆弧插补,指令格式通常为"G17 G02/G03 X_ Y_ I_ J_ F_;"。若在指定圆弧插补的同时指令指定平面外的轴的移动,就可以执行使刀具螺旋移动的螺旋插补,进而实现铣削螺纹,指令格式通常为:

G17 G02/G03 X_ Y_ I_ J_ Z_ F_;

故铣削螺纹是由刀具的自转与机床的螺旋插补形成的,是利用数控机床的圆弧插补指令和螺纹铣刀绕螺纹轴线作 X、Y 方向圆弧插补运动,同时轴向方向作直线运动来完成螺纹加工。

3）攻螺纹的加工工艺

（1）普通螺纹简介:普通螺纹是我国应用最为广泛的一种三角形螺纹,牙型角为

248

60°。普通螺纹分粗牙螺纹和细牙螺纹。普通粗牙螺纹螺距是标准螺距,其代号用字母"M"及公称直径表示,如 M16、M12 等。普通细牙螺纹代号用字母"M"及公称直径×螺距表示,如 M24×1.5、M27×2 等。

普通螺纹有左旋螺纹和右旋螺纹之分,左旋螺纹应在螺纹标记的末尾处加注"LH"字样,如 M20×1.5LH 等,未注明的是右旋螺纹。

(2) 底孔直径的确定:攻螺纹时,丝锥在切削金属的同时,还伴随较强的挤压作用。因此,金属产生塑性变形形成凸起挤向牙尖,使攻出的螺纹的小径小于底孔直径。

攻螺纹前的底孔直径应稍大于螺纹小径,否则攻螺纹时因挤压作用而使螺纹牙顶与丝锥牙底之间没有足够的容屑空间,将丝锥箍住,甚至折断丝锥。这种现象在攻塑性较大的材料时将更为严重。但底孔直径也不宜过大,否则会使螺纹牙型高度不够,降低强度。

底孔直径的大小通常根据经验公式决定,其公式如下:
$$D_{底} = D - P(加工钢件等塑性金属)$$
$$D_{底} = D - 1.05P(加工铸铁等脆性金属)$$
式中:$D_{底}$ 为攻螺纹、钻螺纹底孔用钻头直径(mm);D 为螺纹大径(mm);P 为螺距(mm)。

对于细牙螺纹,其螺纹的螺距已在螺纹代号中作了标记;而对于粗牙螺纹,每一种螺纹螺距的尺寸规格也是固定的,如 M8 的螺距为 1.25mm,M10 的螺距为 1.5mm,M12 的螺距为 1.75mm 等,具体请查阅有关螺纹尺寸参数表。

(3) 不通孔螺纹底孔长度的确定:攻不通孔螺纹时,由于丝锥切削部分有锥角,端部不能切出完整的牙型,所以钻孔深度要大于螺纹的有效深度,如图 5-39 所示。一般取
$$H_{钻} = h_{有效} + 0.7D$$
式中:$H_{钻}$ 为底孔深度(mm);$h_{有效}$ 为螺纹有效深度(mm);D 为螺纹大径(mm)。

(4) 螺纹轴向起点和终点尺寸的确定:在数控机床上攻螺纹时,沿螺距方向的 Z 向进给应和机床主轴的旋转保持严格的速比关系,但在实际攻螺纹开始时,伺服系统不可避免地有一个加速的过程,结束前也相应有一个减速的过程。在这两段时间内,螺距得不到有效保证。

为了避免这种情况的出现,在安排工艺时要尽可能考虑合理的导入距离 δ_1 和导出距离 δ_2(即前节所说的"超越量"),如图 5-40 所示。

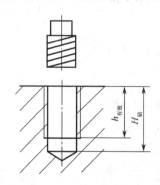

图 5-39 不通孔螺纹底孔长度

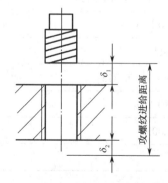

图 5-40 攻螺纹轴向起点与终点

δ_1 和 δ_2 的数值与机床拖动系统的动态特性有关,还与螺纹的螺距和螺纹的精度有关。一般 δ_1 取 $(2 \sim 3)P$,对大螺距和高精度的螺纹则取较大值;δ_2 一般取 $(1 \sim 2)P$。此

外,在加工通孔螺纹时,导出量还要考虑丝锥前端切削锥角的长度。

[例5.12]试用铣削螺纹的方法编写如图5-41中的加工程序。螺纹底孔直径 $d_1 = 28.38\text{mm}$;螺纹直径 $d_0 = 30\text{mm}$;螺纹长度 $l = 15\text{mm}$;螺距 $P = 1.5\text{mm}$;机夹螺纹铣刀直径 $d_2 = 19\text{mm}$;铣削方式为顺铣。具体加工路线为:钻孔至 $\phi13$ →扩孔至 $\phi28.4$ →铣螺纹。

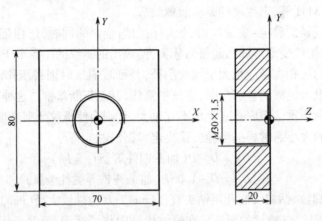

图5-41　铣削螺纹加工图

O0031;	
G40 G17 G80 G90 G54;	
G91 G28 Z0.0;	
T01 M06;	调用螺纹铣刀
M03 S1500 M08;	
G43G90 Z100 H01;	建立刀具长度补偿,到达 Z100mm 的高度
Z10;	到达 Z10mm 的高度
Z2;	到达 Z2mm 的高度
G42 G01 X-11 Y0 D01 F500;	建立刀具半径补偿
G02 X15 Y0 R13;	圆弧切入
M98 P125011;	调用 O5011 子程序 12 次
G90 G02 X-11 Y0 R13;	圆弧切出
G40 G01 X0 Y0;	取消刀具半径补偿
G00 Z100 M05;	抬高刀具,主轴停止
M30;	程序结束
O5011;	子程序名
G91 G02 I-15 Z-1.5 F500;	螺纹加工,每周 Z 向移动 1.5mm
M99;	返回主程序

250

3. 孔加工方法介绍

在数控铣床及加工中心上,常用孔加工的方法有钻孔、扩孔、铰孔、粗/精镗孔及攻螺纹等。通常情况下,在数控铣床及加工中心上能较方便地加工出 IT7 ~ IT9 级精度的孔,对于这些孔的推荐加工方法见表 5 - 17。

表 5 - 17　孔的加工方法推荐选择表

	加工方案	尺寸精度（IT）	表面粗糙度 $Ra/\mu m$	适 用 范 围
1	钻	IT11 ~ 13	12.5	加工未淬火钢及铸铁的实心毛坯,也可用于加工非铁金属（但表面粗糙度值稍高）,孔径 <20mm
2	钻 - 铰	IT8 ~ 9	3.2 ~ 1.6	
3	钻 - 粗铰 - 精铰	IT7 ~ 8	1.6 ~ 0.8	
4	钻 - 扩	IT11	12.5 ~ 6.3	加工未淬火钢及铸铁的实心毛坯,也可用于加工非铁金属（但表面粗糙度值稍高）,孔径 >20mm
5	钻 - 扩 - 铰	IT8 ~ 9	3.2 ~ 1.6	
6	钻 - 扩 - 粗铰 - 精铰	IT7	1.6 ~ 0.8	
7	钻 - 扩 - 机铰 - 手铰	IT6 ~ 7	0.4 ~ 0.1	
8	钻 -（扩）- 拉	IT7 ~ 9	1.6 ~ 0.1	大批量生产中小零件的通孔
9	粗镗（或扩孔）	IT11 ~ 12	12.5 ~ 6.3	除淬火钢外各种材料,毛坯有铸出孔或锻出孔
10	粗镗（粗扩）- 半精镗（精扩）	IT9 ~ 10	3.2 ~ 1.6	
11	粗镗（粗扩）- 半精镗（精扩）- 精镗（铰）	IT7 ~ 8	1.6 ~ 08	
12	粗镗（扩）- 半精镗（精扩）- 精镗 - 浮动镗刀块精镗	IT6 ~ 7	0.8 ~ 0.4	
13	粗镗（扩）- 半精镗 - 磨孔	IT7 ~ 8	0.8 ~ 0.2	主要用于加工淬火钢,也可用于不淬火钢,但不宜用于有色金属
14	粗镗（扩）- 半精镗 - 粗磨 - 精磨	IT6 ~ 7	0.2 ~ 0.1	
15	粗镗 - 半精镗 - 精镗 - 金刚镗	IT6 ~ 7	0.4 ~ 0.05	主要用于精度要求较高的有色金属加工
16	钻 -（扩）- 粗铰 - 精铰 - 珩磨 钻 -（扩）- 拉 - 珩磨 粗镗 - 半精镗 - 精镗 - 珩磨	IT6 ~ 7	0.2 ~ 0.025	精度要求很高的孔

表 5 - 17 说明如下:

（1）在加工直径小于 30mm 且没有预孔的毛坯孔时,为了保证钻孔加工的定位精度,可选择在钻孔前先将孔口端面铣平或采用打中心孔的加工方法。

（2）对于表中的扩孔及粗镗加工,也可采用立铣刀铣孔的加工方法。

（3）在加工螺纹孔时,先加工出螺纹底孔,对于直径在 M6 以下的螺纹,通常不在加工中心上加工;对于直径在 M6 ~ M20 的螺纹,通常采用攻螺纹的加工方法;而对于直径在 M20 以上的螺纹,可采用螺纹镗刀或螺纹铣刀进行镗削或铣削加工。

四、任务实施

1. 工艺分析

1) 零件图工艺分析

（1）加工内容及技术要求

该零件属于盘类零件。由圆柱台阶轴、阶梯孔及螺纹孔等组成，所有表面都需要加工。零件标注完整，尺寸标注基本符合数控加工要求，轮廓描述清晰。

零件毛坯为 $\phi105 \times 35$ 的 45 钢棒料，切削加工性能较好，无热处理要求。

外圆尺寸 $\phi60h7$（$\phi60_{-0.03}^{\ 0}$）、内孔 $\phi28H8$（$\phi28_{\ 0}^{+0.033}$）、内孔 $\phi40H8$（$\phi40_{\ 0}^{+0.033}$）以 $2 \times \phi10H7$（$\phi10_{\ 0}^{+0.018}$）的孔有较高的尺寸精度，且 $\phi60h7$ 的外圆与孔 $\phi28H8$、$\phi40H8$ 有同轴度要求，表面粗糙度数值均在 $Ra1.6$，加工时需要重点注意；零件总高 30 以及 $100 \times 80 \times 15$ 的外轮廓的加工要求为 IT11，精度要求不高，容易保证；$4 \times M10$ 的螺纹孔精度要求亦不高，较容易保证。其余表面质量要求为 $Ra6.3$，容易保证。

（2）加工方法

该零件外圆 $\phi60h7$ 的加工要求较高，拟选择：粗车→半精车→精车的方法加工；内孔 $\phi28H8$ 的加工要求也较高，并与 $\phi60h7$ 的外圆有同轴度要求，拟选择：钻孔→粗镗→半精镗→精镗的方法加工；内孔 $\phi40H8$ 的加工要求也较高，拟选择：粗镗→精镗的方法加工；$2 \times \phi10H7$ 的孔尺寸精度要求较高，且孔壁表面质量为 $Ra1.6$，可选择钻中心孔→钻孔→扩孔→铰孔的方法加工；$4 \times M10$ 的螺纹孔可选择钻中心孔→钻底孔→攻螺纹的方案；$100 \times 80 \times 15$ 的轮廓的加工要求不高，可选择：粗车→精车→粗铣→精铣的方法加工。

2) 机床选择

根据零件的结构特点、加工要求以及现有车间的设备条件，数控车削部分选用配备 FANUC - 0i 系统的 CAK6140 数控车床上加工。数控铣削部分选用配备 FANUC - 0i 系统的 KV650 数控铣床上加工。KV650 机床参数见第四章表 4 - 10。

3) 装夹方案的确定

在实际加工中接触的通用夹具为平口钳、三爪卡盘和压板，根据对零件图的分析可知，该零件在数控车床上加工时，用三爪卡盘进行装夹，在数控铣床上加工时，以 $\phi60h78$ 的外圆与 $\phi28H8$ 的内孔进行装夹定位，因此采用三爪卡盘装夹较为合理（卡盘夹住 $\phi60h78$ 的外圆，底部用平整垫铁托起，并用百分表仔细找正孔 $\phi28H8$）。数铣的装夹示意图如 5 - 42 所示。

4) 工艺过程卡片的制定

从前面的分析可知该零件先数控车削后数控铣削，具体的工艺过程见表 5 - 20（以下内容只分析数控铣削加工部分）。

5) 加工顺序的确定

工件以 $\phi28H8$ 的孔进行找正后，因孔粗镗与其有同轴度要求，可先粗镗 $\phi40H8$ 到 $\phi39.8$，再精镗至要求。

铣削长 80mm 的两侧面：粗铣到 81.6，再精铣到 80。

钻 $2 \times \phi10H7$、$4 \times M10$ 的中心孔。

钻 $2 \times \phi10H7$、$4 \times M10$ 的底孔，底孔为 $\phi8.4$。

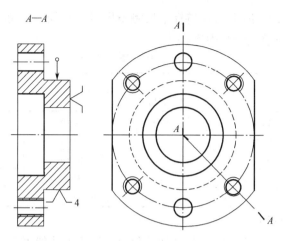

图 5 – 42　端盖装夹示意图

扩 2×φ10H7 的孔至 φ9.8。

铰 2×φ10H7 的孔。

攻 4×M10 的螺纹。

6）刀具、量具的确定

零件两侧面采用立铣刀加工,根据工件去除量和厚度尺寸合理选择立铣刀直径。根据车间现有条件选用 φ12 硬质合金立铣刀。

镗 φ40H8 的孔粗镗时选用 φ39.8 的可调粗镗刀,精镗时选用 φ40 的微调精镗刀。

钻 2×φ10H7、4×M10 的中心孔选用 A3 的中心钻。

钻 2×φ10H7、4×M10 的底孔选用 φ8.4 的麻花钻。

扩 2×φ10H7 的孔选用 φ9.8 的麻花钻。

铰 2×φ10H7 的孔选用 φ10H7 的机用铰刀。

攻 4×M10 的螺纹孔选用 M10 的机用丝锥。

具体刀具型号见刀具卡片表 5 – 18。

表 5 – 18　数控加工刀具卡片

产品名称或代号			零件名称		零件图号			
工步号	刀具号	刀具名称	刀具				刀具材料	备注
			直径/mm		长度/mm			
1	T01	可调粗镗刀	φ39.8				硬质合金	
2	T02	微调精镗刀	φ40				硬质合金	
3	T03	立铣刀	φ12				硬质合金	
4	T04	中心钻	A3				高速钢	
5	T05	直柄麻花钻	φ8.4				高速钢	
6	T06	直柄麻花钻	φ9.8				高速钢	
7	T07	机用铰刀	φ10H				高速钢	
8	T08	机用丝锥	M10				涂层	
编制			审核		批准		共 1 页	第 1 页

253

外形尺寸精度要求不高,采用游标卡尺测量即可。孔径测量可以采用内径千分表测量。具体量具型号见量具卡片表5-19。

表5-19　量具卡片

产品名称或代号		零件名称			零件图号	
序号	量具名称	量具规格	精度		数量	
1	游标卡尺	0~150mm	0.02mm		1把	
2	内径千分表	1~25mm	0.01mm		1把	
3	内径千分表	25~50mm	0.01mm		1把	
4	百分表	0~10mm	0.01mm		1只	
编　制		审　核		批　准	共1页　第1页	

7）工艺卡片的制定

根据前面的分析,制定该零件数铣加工部分的工序卡片如表5-21、表5-22所示。

2. 确定走刀路线及数控加工程序编制

1）确定走刀路线

端盖零件两侧面粗加工走刀路线如图5-43(a)所示。精加工走刀路线如图5-43(b)所示。

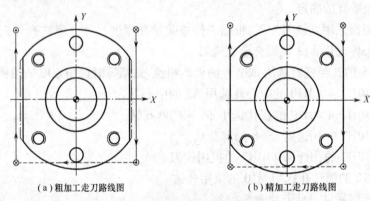

（a）粗加工走刀路线图　　　　　（b）精加工走刀路线图

图5-43　铣削两侧面的走刀路线图

端盖零件孔加工中2×φ10H7、4×M10钻中心孔与底孔时的加工顺序如图5-44(a)所示。攻4×M10的螺纹时加工顺序如图5-44(b)所示。

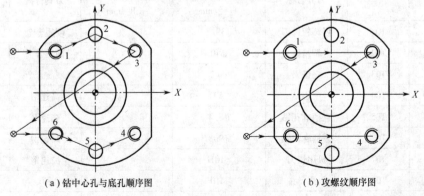

（a）钻中心孔与底孔顺序图　　　　　（b）攻螺纹顺序图

图5-44　孔加工顺序图

254

表 5 – 20　机械加工工艺过程卡

（工厂）	机械工艺过程卡		产品型号			零件图号	1		共 1 页	第 1 页
			产品名称			零件名称	端盖			
材料牌号	45 钢	毛坯种类	棒料	毛坯外形尺寸	φ105×35	每毛坯可制件数		每台件数		
工序号	工序名称	工 序 内 容				车间	工段	设备	工艺装备	备注
1	下料	棒料 φ105×35				下料车间		锯床		
2	数车	平端面并加工 φ100 长 15 的外圆轴；调头，加工 φ60h7 的外圆与端面并保证总长 30；加工 φ28h8 的内通孔				数车车间		CAK6140	三爪卡盘	
3	数铣	镗 φ40h8 长 15 的孔；加工长 80 的两侧面；加工 2×φ10h7 的孔；加工 4×M10 的螺纹孔				数铣车间		KV650	三爪卡盘	
4	钳	去毛刺，倒钝								
5	检验	按图样检查各尺寸及精度								
6	入库	油封，入库								

工时/min：准终　单件

设计（日期）　审核（日期）　标准化（日期）　会签（日期）

标记	处数	更改文件号	签字	日期		标记	处数	更改文件号	签字	日期

描图　描校　底图号　装订号

255

表 5-21 数控加工工序卡

(工厂)	数控加工工序卡	产品型号		零件图号		共 2 页	
		产品名称		零件名称	端盖	第 1 页	
	车间	数铣车间	工序号	3	工序名称	数控铣削	材料牌号 45钢
	毛坯种类	棒料	毛坯外形尺寸	φ105×35	每毛坯可制件数	1	每台件数
	设备名称	数控铣床	设备型号	KV650	设备编号		同时加工件数
	夹具编号		夹具名称	三爪卡盘			切削液
	工位器具编号		工位器具名称				水溶液
						工序工时	准终 / 单件

工步号	工步名称	工艺装备	主轴转速 /(r/min)	切削速度 /(m/min)	进给量 /(mm/min)	背吃刀量 /mm	进给次数	工时 机动 / 单件
1	粗镗 φ40h8 到 φ39.8	φ39.8 可调粗镗刀	1000	120	50			
2	精镗 φ40h8 至要求	φ40 微调精镗刀	1400	180	40			
3	粗铣长 80 的两侧面至 81.6	φ12 立铣刀	2000	80	400			
4	精铣长 80 的两侧面至要求	φ12 立铣刀	2800	100	280			
5	钻 2×φ10H7、4×M10 的中心孔	A3 中心钻	2100	20	100			

					设计（日期）	审核（日期）	标准化（日期）	会签（日期）
描图								
描校								
底图号	标记	处数	更改文件号	签字	日期	标记	处数	更改文件号 签字 日期
装订号								

表 5 - 22 数控加工工序卡 2

（工厂）	数控加工工序卡		产品型号		零件图号				共 2 页	第 2 页
			产品名称		零件名称	端盖			材料牌号 45 钢	

工步号	工步名称	工艺装备	主轴转速 /(r/min)	切削速度 /(m/min)	进给量 /(mm/min)	背吃刀量 /mm	进给次数
6	钻 2×φ10H7 的底孔,4×M10 的底孔,底孔为 φ8.4	φ8.4 直柄麻花钻	750	20	150		
7	扩 2×φ10H7 的孔至 φ9.8	φ9.8 直柄麻花钻	650	20	130		
8	铰 2×φ10H7 的孔用铰刀	φ10H7 机用铰刀	200	6	60		
9	攻 4×M10 的螺纹	M10 机用丝锥	200	6	300		

车间: 数铣车间　工序号: 3　工序名称: 数控铣削
毛坯种类: 棒料　毛坯外形尺寸: φ105×35　每毛坯可制件数: 1　每台件数:
设备名称: 数控铣床　设备型号: KV650　设备编号:　同时加工件数:
夹具编号:　夹具名称: 三爪卡盘　切削液: 水溶液
工位器具编号:　工位器具名称:　工序工时: 准终　单件
工时: 机动　单件

		设计 （日期）	审核 （日期）	标准化 （日期）	会签 （日期）

描图				
描校				
装订号	标记 处数 更改文件号 签字 日期	标记 处数 更改文件号 签字 日期		

2）数控加工程序编制

（1）粗镗 ϕ40H8 的孔至 ϕ39.8 程序：

O0001；	程序名
G90 G17 G80 G21 G49 G69 G40；	程序保护头
G54 G00 X0 Y0；	
G43 Z100.0 H01；	
M03 S1000 M08；	
G98 G86 X0 Y0 Z－15.0 R5.0 P2 F50；	粗镗 ϕ40H8 的孔
G80 M09；	
G91 G28 Z0；	
M30；	

（2）精镗 ϕ40H8 孔程序：

O0002；	程序名
G90 G17 G80 G21 G49 G69 G40；	程序保护头
G54 G00 X0 Y0；	
G43 Z100.0 H01；	
M03 S1400 M08；	
G98 G76 X0 Y0 Z－15.0 R5.0 Q0.1 F40；	精镗 ϕ40H8 的孔
G80 M09；	
G91 G28 Z0；	
M30；	

（3）粗铣长 80 侧面至 81.6 程序：

O0003；	程序名
G90 G17 G80 G21 G49 G69 G40；	程序保护头
G54 G00 X40.0 Y65.0；	
G43 Z100.0 H01；	
M03 S2000 M08；	
Z10.0；	
G01 Z－16.0 F100；	
G41 Y55.0 D01 F400；	粗加工时，"D01"的值设定为"6.2"，预留余量
Y－55.0；	单边 0.2mm
G00 Z10.0；	
X－40.0；	
G01 Z－16.0 F100；	

Y55. 0 F400；	
G40 Y65. 0；	
G00 Z10. 0 M09；	
G91 G28 Z0；	
M30；	

（4）精铣长 80 侧面程序：

O0004；	程序名
G90 G17 G80 G21 G49 G69 G40；	程序保护头
G54 G00 X40. 0 Y65. 0；	
G43 Z100. 0 H01；	
M03 S2800 M08；	
Z10. 0；	
G01 Z－16. 0 F100；	
G41 Y55. 0 D01 F280；	精加工时，"D01"的值设定为"6.0"。此时假定
Y－55. 0；	刀具未磨损
G00 Z10. 0；	
X－40. 0；	
G01 Z－16. 0 F100；	
Y55. 0 F280；	
G40 Y65. 0；	
G00 Z10. 0 M09；	
G91 G28 Z0；	
M30；	

（5）钻 2×φ10H7、4×M10 中心孔与底孔程序：

O0005；	程序名
G90 G17 G80 G21 G49 G69 G40；	程序保护头
G54 G00 X40. 0 Y65. 0；	
G43 Z100. 0 H01；	
M03 S2100 M08；	
G99 G81 X－28. 28 Y28. 28 Z－2. 0 R5. 0 F100；	钻孔 1 的中心孔
X0 Y40. 0；	钻孔 2 的中心孔

X28. 28 Y28. 28；	钻孔 3 的中心孔
G00 X − 35. 0Y − 28. 28；	
G99 G81 X − 28. 28 Y − 28. 28 Z − 2. 0 R5. 0 F100；	钻孔 6 的中心孔
X0 Y − 40. 0；	钻孔 5 的中心孔
G98 X28. 28 Y − 28. 28；	钻孔 4 的中心孔
G80 M09；	
G91 G28 Z0；	
M30；	

在用 ϕ8.4 的麻花钻钻底孔时，O0005 程序中"S2100"改为"S750"，钻孔的"Z − 2.0"改为"Z − 18.0"，"F100"改为"F150"。

（6）扩 2 × ϕ10H7 的孔至 ϕ9.8 程序：

O0006；	程序名
G90 G17 G80 G21 G49 G69 G40；	程序保护头
G54 G00 X0 Y50. 0；	
G43 Z100. 0 H01；	
M03 S650 M08；	
G99 G81 X0 Y40. 0 Z − 18. 0 R5. 0 F130；	钻孔 2 的底孔
G98 X0 Y − 40. 0；	钻孔 5 的底孔
G80 M09；	
G91 G28 Z0；	
M30；	

（7）铰 2 × ϕ10H7 孔程序：

O0002；	程序名
G90 G17 G80 G21 G49 G69 G40；	程序保护头
G54 G00 X0 Y50. 0；	
G43 Z100. 0 H01；	
M03 S200 M08；	
G99 G85 X0 Y40. 0 Z − 17. 0 R5. 0 F60；	铰孔 2
G98 X0 Y − 40. 0；	铰孔 5
G80 M09；	
G91 G28 Z0；	
M30；	

（8）攻 4×M10 螺纹程序：

O0002；	程序名
G90 G17 G80 G21 G49 G69 G40；	程序保护头
G54 G00 X0 Y0；	
G43 Z100.0 H01；	
M03 S200 M08；	
G99 G84 X−28.28 Y28.28 Z−17.0 R5.0 F1.5；	攻孔 1 的螺纹
X28.28 Y28.28；	攻孔 3 的螺纹
G00 X−35.0 Y−28.28；	
G99 G84 X−28.28 Y−28.28 Z−17.0 R5.0 F1.5；	攻孔 6 的螺纹
G98 X28.28 Y−28.28；	攻孔 4 的螺纹
G80 M09；	
G91 G28 Z0；	
M30；	

3. 注意事项与误差分析

1）固定循环指令编程的注意事项

（1）为了提高加工效率，在指令固定循环前，应事先使主轴旋转。

（2）由于固定循环是模态指令。因此，在固定循环有效期间，如果 X、Y、Z、R 地址中的任意一个被改变，就要进行一次孔加工。

（3）固定循环程序段中，如在不需要指令的固定循环下指令了孔加工数据 Q、P，它只作为模态数据进行存储，而无实际动作产生。

（4）使用具有主轴自动启动的固定循环指令（G74、G84、G86）时，如果孔的 XY 平面定位距离较短，或从起始点平面到 R 平面的距离较短，且需要连续加工，为了防止在进入孔加工动作时主轴不能达到指定的转速，应使用 G04 暂停指令进行延时。

（5）在固定循环方式中，刀具半径补偿功能无效。

2）镗孔精度及误差分析

镗孔的精度及误差分析见表 5−23。

表 5−23 镗孔精度及误差分析表

出现问题	产生原因
表面粗糙度不符合要求	镗刀刀尖角或刀尖圆弧太小
	进给量过大或切削液使用不当
	工件装夹不牢固，加工过程中工件松动或振动
	镗刀刀杆刚性差，加工过程中产生振动
	精加工时采用不合适的镗孔固定循环指令

出 现 问 题	产 生 原 因
孔径超差或孔呈锥形	镗刀回转半径调整不当,与所加工孔直径不符
	测量不正确
	镗刀在加工过程中磨损
	镗刀刚性不足,镗刀偏让
	镗刀刀头锁紧不牢固
孔轴线与基准面不垂直	工件装夹与找正不正确
	工件定位基准选择不当

3）攻螺纹误差分析

攻螺纹误差分析见表 5 - 24。

表 5 - 24 攻螺纹误差分析表

出 现 问 题	产 生 原 因
螺纹乱牙或滑牙	丝锥夹紧不牢固,造成乱牙
	攻不通孔螺纹时,固定循环中的孔底平面选择过深
	切屑堵塞,没有及时清理
	固定循环程序选择不合理
丝锥折断	底孔直径太小
	底孔中心与攻螺纹主轴中心不重合
	攻螺纹夹头选择不合理,没有选择浮动夹头
尺寸不正确或螺纹不完整	丝锥磨损
	底孔直径太大,造成螺纹不完整
表面粗糙度不符合要求	转速太快,导致进给速度太快
	切削液选择不当或使用不合理
	切屑堵塞,没有及时清理
	丝锥磨损

思考与练习

1. 编写图 5 - 45 所示的型腔及孔加工程序。
2. 编写图 5 - 46 所示的孔加工程序。
3. 编写如图 5 - 47 所示的零件的加工程序。
4. 如图 5 - 48 所示的零件,按图要求编写加工程序。
5. 编写图 5 - 49 所示零件的程序。
6. 编写图 5 - 50 所示零件的程序。

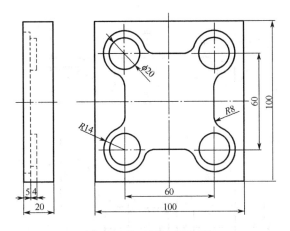

图 5-45 习题 1 零件图

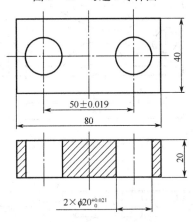

图 5-46 习题 2 零件图

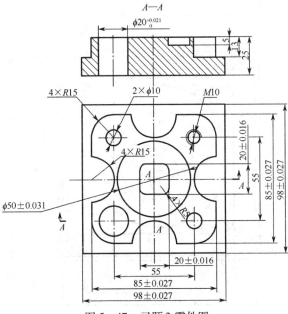

图 5-47 习题 3 零件图

263

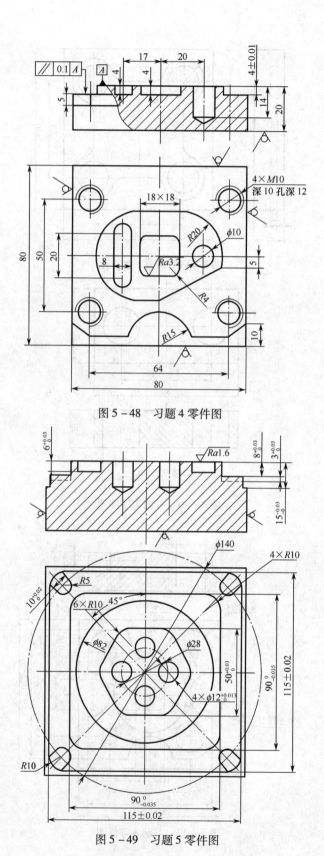

图 5-48　习题 4 零件图

图 5-49　习题 5 零件图

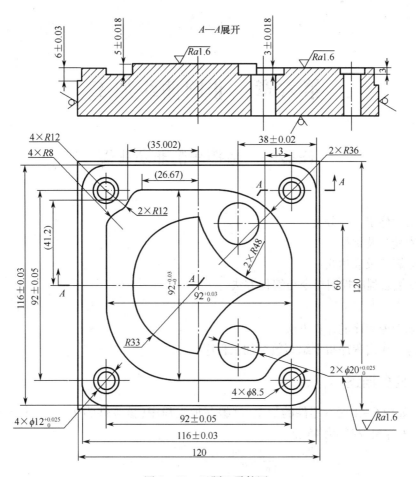

图 5-50 习题 6 零件图

第六章　非圆曲线加工

任务一　数控车削非圆曲面

知识点

- 宏程序定义与分类
- 宏变量及常量
- 运算符及表达式
- B 类宏程序控制指令与编程方法

技能点

- 掌握宏程序的计算方法
- 能采用宏程序指令编写数控加工程序

一、任务描述

完成如图 6-1 所示零件的加工,试编写加工程序(该零件为单件生产,毛坯尺寸为 $\phi40 \times 90$ 的棒料,材料为 45 钢)。

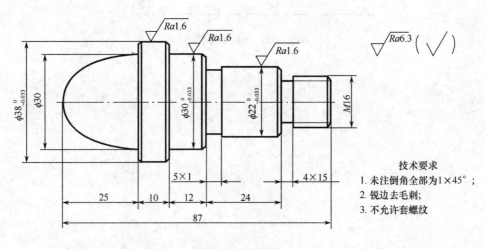

图 6-1　零件图

二、任务分析

由于左端椭圆面为非圆曲面,根据这类零件的加工方法,在一般数控车床上无法采用简单的编程指令进行编程。因此,该工件需采用宏程序进行编程。同时,为了适应不同系统的数控机床及编程方便,该任务采用 B 类宏程序进行编程。

三、知识链接

1. 宏程序定义与分类

1）宏程序的定义

用户宏程序是数控系统的特殊编程功能。用户宏程序的实质与子程序相似,也是把一组实现某种功能的指令以子程序的形式预先存储在系统存储器中,通过宏程序调用指令执行这一功能。在主程序中,只要编入相应的调用指令就能实现这些功能。

一组以子程序的形式存储并带有变量的程序称为用户宏程序,简称宏程序。调用宏程序的指令称为用户宏程序指令,或宏程序调用指令(简称宏指令)。

宏程序与普通程序相比较,普通程序的程序字为常量,一个程序只能描述一个几何形状,所以缺乏灵活性和适用性。而在用户宏程序的本体中,可以使用变量进行编程,还可以用宏指令对这些变量进行赋值、运算等处理。通过使用宏程序能执行一些有规律变化(如非圆二次曲线轮廓)的动作。

2）宏程序的分类

用户宏程序分为 A 类、B 类两种。

在一些较老的 FANUC 系统中(如 FANUC 0MD),系统面板上没有"＋"、"－"、"×"、"／"、"＝"、"［ ］"等符号,故不能进行这些符号的输入,也不能用这些符号进行赋值及数学运算,常采用 A 类宏程序编程。

而在 FANUC 0i 及其后的系统中(如 FANUC 18i 等),可以输入"＋"、"－"、"×"、"／"、"＝"、"［ ］"等符号,并能运用这些符号进行赋值及数学运算,常采用 B 类宏程序进行编程。

由于 A 类宏程序编写比较复杂,随着数控系统的不断升级,已逐渐被 B 类所替代。下面将只介绍 B 类宏程序的使用。

2. 宏变量及常量

1）变量的表示

一个变量由符号"#"和变量序号组成,如:#I(I＝1,2,3,…);还可以用表达式表示,但其表达式必须全部写入方括号"［ ］"中。

［例6.1］#100,#500,#5;

［例6.2］#［#1＋#2＋10］;

当#1＝10,#2＝180 时,该变量为#200。

2）变量的引用

将跟随在地址符后的数值用变量来代替的过程称为引用变量。

［例6.3］G01 X#100 Z－#101 F#102;

当#100＝100.0、#101＝50.0、#102＝1.0 时,上式即表示 G01 X100.0 Z－50.0 F1.0。引用变量也可以采用表达式。

［例6.4］G01 X［#100－30］Z－#101 F［#101＋#103］;

当#100＝100.0、#101＝50.0、#103＝80.0 时,即表示为 G01 X70.0 Z－50.0 F130.0。

3）变量的种类

变量分为局部变量、公共变量(全局变量)和系统变量三种。在 A、B 类宏程序中,其分类均相同。

（1）局部变量。局部变量(#1～#33)是在宏程序中局部使用的变量。当宏程序 C 调用宏程序 D 而且都有变量#1 时，由于变量#1 服务于不同的局部，所以 C 中的#1 与 D 中的#1 不是同一个变量，因此可以赋予不同的值，且互不影响。

（2）公共变量。公共变量(#100～#149、#500～#549)贯穿于整个程序过程。同样，当宏程序 C 调用宏程序 D 而且都有变量#100 时，由于#100 是全局变量，所以 C 中的#100 与 D 中的#100 是同一个变量。

（3）系统变量。系统变量是指有固定用途的变量，它的值决定系统的状态。系统变量包括刀具偏置值变量、接口输入与接口输出信号变量及位置信号变量等。

3. 变量的赋值

变量的赋值方法有直接赋值和引数赋值两种。

1）直接赋值

变量可以在操作面板上用"MDI"方式直接赋值，也可以在程序中以等式方式赋值，但等号左边不能用表达式。B 类宏程序的赋值为带小数点的值。在实际编程中，大多采用在程序中以等式方式赋值的方法。

［例6.5］#100 = 100.0；

#100 = 30.0 + 20.0；

2）引数赋值

宏程序以子程序方式出现，所用的变量可在宏程序调用时赋值。

［例6.6］G65 P1000 X100.0 Y30.0 Z20.0 F100.0；

该处的 X、Y、Z 不代表坐标字，F 也不代表进给量，而是对应于宏程序中的变量号，变量的具体数值由引数后的数值决定。引数宏程序中的变量对应关系有两种，见表6－1及表6－2。这两种方法可以混用，其中，G、L、N、O、P 不能作为引数代替变量赋值。

表 6－1　变量赋值方法 I

引数	变量	引数	变量	引数	变量	引数	变量
A	#1	J3	#10	I6	#19	I9	#28
B	#2	J3	#11	J6	#20	J9	#29
C	#3	K3	#12	K6	#21	K9	#30
I1	#4	I4	#13	I7	#22	I10	#31
J1	#5	J4	#14	J7	#23	J10	#32
K1	#6	K4	#15	K7	#24	K10	#33
I2	#7	I5	#16	I8	#25		
J2	#8	J5	#17	J8	#26		
K2	#9	K5	#18	K6	#27		

表 6 - 2　　变量赋值方法 II

引数	变量	引数	变量	引数	变量	引数	变量
A	#1	H	#11	R	#18	X	#24
B	#2	I	#4	S	#19	Y	#25
C	#3	J	#5	T	#20	Z	#26
D	#7	K	#6	U	#21		
E	#8	M	#13	V	#22		
F	#9	Q	#17	W	#23		

（1）变量赋值方法 I：

［例 6.7］G65 P0030 A50.0 I40.0 J100.0 K0 I20.0 J10.0 K40.0；

经赋值后#1 = 50.0, #4 = 40.0, #5 = 100.0, #6 = 0, #7 = 20.0, #8 = 10.0, #9 = 40.0。

（2）变量赋值方法 II：

［例 6.8］G65 P0020 A50.0 X40.0 F100.0；

经赋值后#1 = 50.0, #24 = 40.0, #9 = 100.0。

（3）变量赋值方法 I 和 II 的混合使用：

［例 6.9］G65 P0030 A50.0 D40.0 I100.0 K0 I20.0；

经赋值后，I20.0 与 D40.0 同时分配给变量#7，则后一个#7 有效，所以变量#7 = 20.0，其余同上。

4. 运算符及表达式

B 类宏程序的运算指令的运算相似于数学运算，仍用各种数学符号来表示，常用运算指令见表 6 - 3。

表 6 - 3　B 类宏程序的变量运算

功能	格　式	备注与示例
定义、转换	#i = #j	#100 = #1, #100 = 30.0
加法	#i = #j + #k	#100 = #1 + #2
减法	#i = #j − #k	#100 = 100.0 − #2
乘法	#i = #j * #k	#100 = #1 * #2
除法	#i = #j/#k	#100 = #1/30
正弦	#i = SIN[#j]	
反正弦	#i = ASIN[#j]	
余弦	#i = COS[#j]	#100 = SIN[#1]
反余弦	#i = ACOS[#j]	#100 = COS[36.3 + #2]
正切	#i = TAN[#j]	#100 = ATAN[#1]/[#2]
反正切	#i = ATAN[#j]/[#k]	
平方根	#i = SQRT[#j]	
绝对值	#i = ABS[#j]	#100 = SQRT[#1 * #1—100]
舍入	#i = ROUND[#j]	#100 = EXP[#1]
上取整	#i = FIX[#j]	

功能	格　式	备注与示例
下取整	#i = FUP[#j]	#100 = SQRT[#1 * #1—100] #100 = EXP[#1]
自然对数	#i = LN[#j]	
指数函数	#i = EXP[#j]	
或	#i = #j OR #k	逻辑运算一位一位地按二进制执行
异或	#i = #j XOR #k	
与	#i = #j AND #k	
BCD 转 BIN	#i = BIN[#j]	用于与 PMC 的信号交换
BIN 转 BCD	#i = BCD[#j]	

（1）函数 SIN、COS 等的角度单位是度,分和秒要换算成带小数点的度。

［例 6.10］90°30′表示为 90.5°,30°18′表示为 30.3°。

（2）宏程序数学计算的顺序依次为:函数运算（SIN、COS、ATAN 等）,乘、除运算（ * 、√、AND 等）,加、减运算（ + 、- 、OR、XOR 等）。

［例 6.11］#1 = #2 + #3 * SIN[#4]；

运算顺序为:函数 SIN[#4]；

乘运算#3 * SIN[#4]；

加运算#2 + #3 * SIN[#4]。

（3）函数中的括号"[ ]"用于改变运算顺序,函数中的括号允许嵌套使用,但最多只允许嵌套 5 层。

［例 6.12］#1 = SIN[[[#2 + #3] * 4 + #5]/#6]；

（4）宏程序中的上、下取整运算,CNC 在处理数值运算时,若操作产生的整数大于原数时为上取整,反之则为下取整。

［例 6.13］设#1 = 1.2,#2 = -1.2；

执行#3 = FUP[#1]时,2.0 赋给#3；

执行#3 = FIX[#1]时,1.0 赋给#3；

执行#3 = FUP[#2]时, -2.0 赋给#3；

执行#3 = FIX[#2]时, -1.0 赋给#3。

5. 控制指令

控制指令起到控制程序流向的作用。

1）分支语句

格式一:GOTO n；

［例 6.14］GOTO 200；

该语句为无条件转移;当执行该程序段时,将无条件转移到 N200 程序段执行。

格式二:IF[条件表达式] GOTO n；

［例 6.15］IF [#1 GT #100] GOTO 200；

该语句为有条件转移语句;如果条件成立,则转移到 N200 程序段执行;如果条件不成立,则执行下一程序段。条件表达式的种类见表 6 - 4。

表 6-4 条件表达式的种类

条 件	意 义	示 例
#I EQ #j	等于(=)	IF[#5 EQ #6]GOTO 300;
#i NE #j	不等于(≠)	IF[#5 NE 100]GOTO 300;
#i GT #j	大于(>)	IF[#6 GT #7]GOTO 100;
#i GE #j	大于等于(≥)	IF[#8 GE l00]GOTO 100;
#i LT #j	小于(<)	IF[#9 LT #10]GOTO 200;
#i LE #j	小于等于(≤)	IF[#11 LE 100]GOTO 200;

2)循环指令

格式:WHILE[条件表达式] DO m(m=1,2,3);

  …

  END m;

当条件满足时,就循环执行 WHILE m 与 END m 之间的程序段;当条件不满足时,就执行 END m 的下一个程序段。

条件判别语句的使用参见宏程序编程举例。

循环语句的使用参见宏程序编程举例。

[例 6.16]用宏程序编制如图 6-2 所示抛物线 $Z = X^2/8$ 在区间[0,16]内的程序。

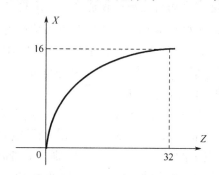

图 6-2 抛物线坐标图

程序如下所示:

程 序	程 序 说 明
O0061;	程序名
N01 T0101;	设立坐标系,选一号刀
N02 M03 S1000;	主轴以 1000r/min 正转
N03 G00 X0 Z0;	刀具快速到起点位置
N04 #10 = 0;	X 坐标
N05 #11 = 0;	Z 坐标
N06 WHILE [#10LE16] DO1;	循环开始,当前 X 坐标值小于 16 时执行循环体的内容
N07 G01 X#10 Z#11 F500;	

程　　序	程序说明
N08 #10 = #10 + 0.08;	X 坐标每次变化 0.08
N09 #11 = #10 * #10/8;	抛物线 $Z = X^2/8$
N10 END1;	循环体结束
N11 G00 Z0 M05;	
N12 G00 X0;	
N13 M30;	

6. 数学计算

1）如何选定自变量

（1）公式曲线中的 X 和 Z 坐标任意一个都可以被定义为自变量。

（2）一般选择变化范围大的一个作为自变量，如图 6－3 所示，椭圆曲线从起点 S 到终点 T，Z 坐标变化量为 16，X 坐标变化量从图中可以看出比 Z 坐标要小得多，所以将 Z 坐标选定为自变量比较适当。实际加工中通常将 Z 坐标选定为自变量。

（3）根据表达式方便情况来确定 X 或 Z 作为自变量，如图 6－5 所示，公式曲线表达式为 $Z = 0.005X^3$，将 X 坐标定义为自变量比较适当。如果将 Z 坐标定义为自变量，则因变量 X 的表达式为 $X = \sqrt[3]{Z/0.005}$，其中含有三次开方函数在宏程序中不方便表达。

（4）为了表达方便，在这里将和 X 坐标相关的变量设为#1、#11、#12 等，将和 Z 坐标相关的变量设为#2、#21、#22 等。实际中变量的定义完全可根据个人习惯进行定义。

2）如何确定自变量的起止点的坐标值

该坐标值是相对于公式曲线自身坐标系的坐标值。其中起点坐标为自变量的初始值，终点坐标为自变量的终止值。如图 6－3 所示，选定椭圆线段的 Z 坐标为自变量#2，起点 S 的 Z 坐标为 $Z_1 = 8$，终点 T 的 Z 坐标为 $Z_2 = -8$，则自变量#2 的初始值为 8，终止值为 -8。如图 6－4 所示，选定抛物线段的 Z 坐标为自变量#2，起点 S 的 Z 坐标为 $Z_1 = 15.626$，终点 T 的 Z 坐标为 $Z_2 = 1.6$，则#2 的初始值为 15.626，终止值为 1.6。

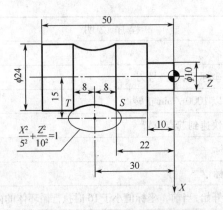

图 6－3　含椭圆曲线的零件图

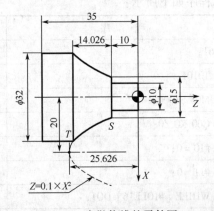

图 6－4　含抛物线的零件图

如图 6 – 5 所示,选定三次曲线的 X 坐标为自变量#1,起点 S 的 X 坐标为 $X_1 = 28.171 - 12 = 16.171$,终点 T 的 X 标为 $X_2 = \sqrt[3]{2/0.005} = 7.368$,则#1 的初始值为 16.171,终止值为 7.368。

3)如何进行函数变换,确定因变量相对于自变量的宏表达式

如图 6 – 3 所示椭圆,Z 坐标为自变量#2,则 X 坐标为因变量#1,那么 X 用 Z 表示为

$$X = 5 * \mathrm{SQRT}[1 - Z * Z/100]$$

分别用宏变量#1、#2 代替上式中的 X、Z,即得因变量#1 相对于自变量#2 的宏表达式:

$$\#1 = 5 * \mathrm{SQRT}[1 - \#2 * \#2/100]$$

如图 6 – 4 所示抛物线,Z 坐标为自变量#2,则 X 坐标为因变量#1,那么 X 用 Z 表示为

$$X = \mathrm{SQRT}[Z/0.1]$$

分别用宏变量#1、#2 代替上式中的 X、Z,即得因变量#1 相对于自变量#2 的宏表达式:

$$\#1 = \mathrm{SQRT}[\#2/0.1]$$

如图 6 – 5 所示三次曲线,X 坐标为自变量#1,因 Z 坐标为因变量#2,那么 Z 用 X 表示为

$$Z = 0.005 * X * X * X$$

分别用宏变量#1、#2 代替上式中的 X、Z,即得因变量#2 相对于自变量#1 的宏表达式:

$$\#2 = 0.005 * \#1 * \#1 * \#1$$

4)如何确定公式曲线自身坐标系原点对编程原点的偏移量(含正负号)

该偏移量是相对于工件坐标系而言的。如图 6 – 3 所示,椭圆线段自身原点相对于编程原点的 X 轴偏移量 $\Delta X = 15$,Z 轴偏移量 $\Delta Z = -30$。如图 6 – 4 所示,抛物线段自身原点相对于编程原点的 X 轴偏移量 $\Delta X = 20$,Z 轴偏移量 $\Delta Z = -25.626$。如图 6 – 5 所示,三次曲线段自身原点相对于编程原点的 X 轴偏移量 $\Delta X = 28.171$,Z 轴偏移量 $\Delta Z = -39.144$。

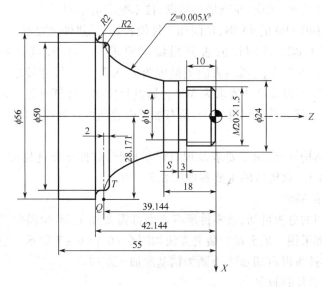

图 6 – 5 含三次曲线的零件图

273

5）如何判别在计算工件坐标系下的 X 坐标值(#11)时，宏变量#1 的正负号

（1）根据编程使用的工件坐标系，确定编程轮廓为零件的下侧轮廓还是上侧轮廓：当编程使用的是 X 向下为正的工件坐标系时，则编程轮廓为零件的下侧轮廓，当编程使用的是 X 向上为正的工件坐标系时，则编程轮廓为零件的上侧轮廓。

（2）以编程轮廓中的公式曲线自身坐标系原点为原点，绘制对应工件坐标系的 X' 和 Z' 坐标轴，以其 Z' 坐标为分界线，将轮廓分为正负两种轮廓，编程轮廓在 X' 正方向的称为正轮廓，编程轮廓在 X 负方向的称为负轮廓。

（3）如果编程中使用的公式曲线是正轮廓，则在计算工件坐标系下的 X 坐标值（#11）时宏变量#1 的前面应冠以正号，反之为负。

如图 6-3 所示，在 X 向下为正的前置刀架数控车床编程工件坐标系下，编程中使用的是零件的下侧轮廓，其中的公式曲线为负轮廓，所以在计算工件坐标系下的 X 坐标值 #11时宏变量#1 的前面应冠以负号。

如图 6-4 所示，在 X 向下为正的前置刀架数控车床编程工件坐标系下，编程中使用的是零件的下侧轮廓，其中的公式曲线为负轮廓，所以在计算工件坐标系下的 X 坐标值 #11时宏变量#1 的前面应冠以负号。

如图 6-5 所示，在 X 向下为正的前置刀架数控车床编程工件坐标系下，编程中使用的是零件的上侧轮廓，其中的公式曲线为负轮廓，所以在计算工件坐标系下的 X 坐标值 #11时宏变量#1 的前面应冠以负号。

四、任务实施

1. 工艺分析

1）零件图工艺分析

（1）加工内容及技术要求：该零件主要加工内容为左端 $\phi 30$ 椭圆，右端 $\phi 38$、$\phi 30$、$\phi 22$ 外圆柱，5×1、4×1.5 槽，M16 外螺纹及左右端面，并保证总长为 87。

零件尺寸标注完整、无误，轮廓描述清晰，技术要求清楚明了。

零件毛坯为 $\phi 40 \times 90$ 的 45 钢，切削加工性能较好，无热处理要求。

右端 $\phi 38$、$\phi 30$、$\phi 22$ 外圆柱的表面粗糙度要求为 $Ra1.6$，直径精度要求分别为 $\phi 38_{-0.033}^{\ 0}$、$\phi 30_{-0.033}^{\ 0}$、$\phi 22_{-0.033}^{\ 0}$；椭圆表面粗糙度为 $Ra3.2$；两槽尺寸要求为 5×1、4×1.5，表面粗糙度为 $Ra3.2$；螺纹尺寸要求为 M16。通过数控加工能够满足其精度要求。

（2）加工方法：该零件为单件生产，所有加工内容均可在数控车床上加工。

2）机床选择

根据零件的结构特点、加工要求及现有设备情况，数控车床选用配备有 FANUC - 0i 系统的 CAK6140VA。该机床的主要参数见表 2-10。

3）装夹方案的确定

根据对零件图的分析可知，该零件所有表面都需要加工，至少需要二次装夹，且在数控车床上的装夹都采用三爪卡盘。装夹方法如图 6-6、图 6-7 所示，先以毛坯左端为粗基准加工右端，再掉头以右端 $\phi 38$ 外圆为精基准加工左端。

4）工艺过程卡片的制定

根据以上分析，制定零件加工工艺过程卡如表 6-5 所列。

表 6 – 5　零件工艺过程卡

（工厂）	机械工艺过程卡		产品型号		$\phi40\times90$	零件图号			共 1 页 第 1 页	
			产品名称			零件名称	1			
材料牌号	毛坯种类	毛坯外形尺寸		每毛坯可制件数		每台件数			备注	
45 钢	棒料	$\phi40\times90$								
工序号	工序名称	工序内容		车间	工段	设备	工艺装备		工时/min	
									准终	单件
1	备料	备 $\phi40\times90$ 的 45 钢棒料		备料车间		锯床				
2	数车	夹左端外圆粗、精车右端面，$\phi38_{-0.033}^{\ 0}$、$\phi30_{-0.033}^{\ 0}$、$\phi22_{-0.033}^{\ 0}$ 外圆，M16 螺纹大径至尺寸要求；切 5×1、4×1.5 槽；车 M16 螺纹。调头装夹，粗、精车左端面，$\phi30$ 椭圆至尺寸，保证总长 87		数控车间		CAK6140	三爪卡盘			
3	钳	去毛刺，倒钝								
4	检验	按图样检查各尺寸及精度								
5	入库	油封、入库								
							设计 （日期）	审核 （日期）	标准化 （日期）	会签 （日期）
描图										
描校										
底图号										
装订号										
标记	处数	更改文件号	签字	日期	标记	处数	更改文件号	签字	日期	

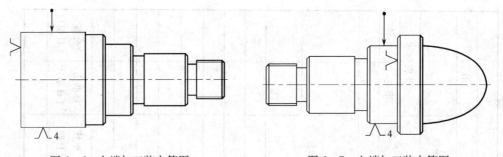

图6-6　右端加工装夹简图　　　　　　图6-7　左端加工装夹简图

5）加工顺序的确定

该零件先在CK6140数控车床上采用三爪卡盘装夹零件毛坯的左端，用划线盘找正（或百分表等其他工具也可以），加工右端面和右端外圆表面，以及切槽和螺纹各表面的粗、精加工，然后掉头完成左端椭圆的加工。

6）刀具、量具的确定

具体刀具型号见刀具卡片表6-6。

具体量具型号见量具卡片表6-7。

表6-6　刀具卡片表

产品名称或代号				零件名称		零件图号		
工步号	刀具号	刀具名称		刀具规格			刀具材料	备注
1/2/5/6	T01	外圆车刀		93°			硬质合金	
3	T02	切槽车刀		宽4mm			高速钢	
4	T03	外螺纹车刀		60°			硬质合金	
编制		审核		批准			共页　第页	

表6-7　量具卡片表

产品名称或代号		零件名称		零件图号	
序号	量具名称	量具规格	精度	数量	
1	游标卡尺	0~150mm	0.02mm	1把	
2	外径千分表	0~25mm	0.01mm	1把	
3	外径千分表	25~50mm	0.01mm	1把	
4	椭圆样板			1套	
编制	审核		批准	共页　第页	

7）工艺卡片的制定

根据前面的分析，制定该零件数铣加工部分的工序卡片如表6-8、表6-9所列。

2. 确定走刀路线及数控加工程序编制

1）确定走刀路线

该处只绘制椭圆的粗精加工进给路线图，如图6-8和图6-9所示，虚线是快速定位路径，实线是切削路径。

表 6-8 零件数控车削加工工序卡 1

(工厂)	数控加工工序卡		产品型号		零件图号			共 2 页	第 1 页
			产品名称		零件名称			材料牌号 45#	

车间	数控车间	工序号	2	工序名称	数控铣削	
毛坯种类	棒料	毛坯外形尺寸	φ40×90	每毛坯可制件数	1	同时加工件数
设备名称	数控铣床	设备型号	CAK6140VA	设备编号	1	切削液 水溶液
		夹具编号		夹具名称 三爪卡盘		
		工位器具编号		工位器具名称		工序工时 准终 / 单件

工步号	工步名称	工艺装备	主轴转速 /(r/min)	切削速度 /(m/min)	进给量 /(mm/min)	背吃刀量 /mm
1	夹毛坯左端外圆,粗车右端面,$\phi 38_{-0.033}^{0}$、$\phi_{-0.033}^{0}$、$\phi 22_{-0.033}^{0}$ 外圆,M16 螺纹大径;X 方向留 0.5 余量,Z 向留 0.1 余量	93°外圆车刀	1000	125	150	1.5
2	精车右端面,$\phi 38_{-0.033}^{0}$、$\phi 30_{-0.033}^{0}$、$\phi 22_{-0.033}^{0}$ 外圆,M16 螺纹大径至尺寸要求	93°外圆车刀	1600	190	100	0.25
3	切 5×1.4×1.5 槽至槽尺寸要求	宽 4mm 切槽刀	400	28	30	
4	车螺纹 M16 至尺寸要求	60°螺纹车刀	1000	56		

				设计 (日期)	审核 (日期)	标准化 (日期)	会签 (日期)
描图							
描校							
底图号							
装订号							
	标记	处数	更改文件号	签字	日期	标记	处数	更改文件号	签字	日期

277

表 6－9 零件数控车削加工工序卡 2

（工厂）	数控加工工序卡	产品型号		零件图号		共 2 页 第 2 页		
		产品名称		零件名称 传动轴		材料牌号 45 钢		
车间 数控车间	工序号 2	工序名称 数控铣削		每台件数	同时加工件数			
毛坯种类 棒料	毛坯外形尺寸 φ40×90	每毛坯可制件数 1						
设备名称 数控铣床	设备型号 CAK6140VA	设备编号	夹具名称 三爪卡盘		切削液 水溶液			
工位器具编号		工位器具名称		工序工时 准终 单件				

工步号	工步名称	工艺装备	主轴转速 /（r/min）	切削速度 /（m/min）	进给量 /（mm/min）	背吃刀量 /mm	进给次数	工时 机动 单件
5	调头装夹，粗车左端面，φ30 椭圆，X 方向留 0.5 余量，Z 向留 0.1 余量	93°外圆车刀	1200	150	150			
6	精车左端面，φ30 椭圆至尺寸，保证总长 87	93°外圆车刀						

		设计 （日期）	审核 （日期）	标准化 （日期）	会签 （日期）
描图					
描校					
底图号					
装订号	标记 处数 更改文件号 签字 日期	标记 处数 更改文件号 签字 日期			

278

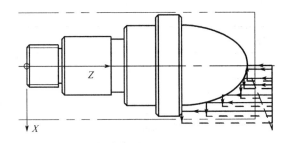

图 6 - 8   非圆曲线轴零件粗车走刀路线

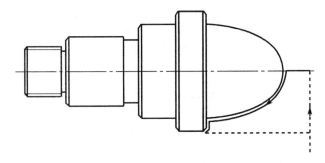

图 6 - 9   非圆曲线轴零件精车走刀路线

2）编写加工程序

（1）右端面及 φ38、φ30、φ22 外圆柱，5×1、4×1.5 槽，M16 外螺纹加工程序：

程　　序	程 序 说 明
O0061；	程序名
N01 T0101；	设立坐标系，选一号刀
N02 M03 S1000；	主轴以 1000r/min 正转
N03 G98 G00 X42.0 Z5.0；	刀具到循环起点位置
N04 G71U1.5 R1.0；	粗切削循环，粗切量 1.5，精切量 X0.5，Z0.1
G71 P05 Q18 X0.5 Z0.1 F150；	
N05 G01 X0 F100；	精加工程序起始行
N06 Z0；	
N07 G01 X13.9；	
N08 G01 X15.9 Z - 1.0；	
N09 Z - 16.0；	
N10 G01 X18.0；	
N11 X20.0 Z - 17.0；	
N12 Z - 40.0；	
N13 X28.0；	
N14 X30.0 Z - 41.0；	

程　　序	程序说明
N15 Z－52.0；	
N16 X36.0；	
N17 X38.0 Z－53.0；	
N18 Z－65.0；	精加工程序结束行
S1600；	精加工转速
G70 P05 Q18 F100；	精加工零件
G00 X100.0 Z150.0；	
T0202；	换切槽刀
M03 S400；	
G00 X25.0 Z－16.0；	
G01 X13.0 F30；	
X25.0 F200；	
Z－40.0；	
X20.0 F30；	
X24.0 F200；	
Z－39.0；	
X20.0 F30；	
X24.0；	
G00 X100.0 Z150.0；	
T0303；	换螺纹刀
M03 S1000；	
G00 X18.0 Z5.0；	
G92 X15.1 Z－13.0 F2.0；	加工螺纹
G92 X14.5 Z－13.0 F2.0；	
G92 X14.0 Z－13.0 F2.0；	
G92 X13.5 Z－13.0 F2.0；	
G92 X13.4 Z－13.0 F2.0；	
G00 X100.0 Z150.0；	快速退刀到安全位置
M30；	程序结束并复位

（2）左端面及椭圆的加工程序：

O0061;	程序名
T0101;	换外圆车刀,建立刀具长度补偿,建立工件坐标系
G96 M03 S150;	恒线速度控制
G50 S3000;	最高转速控制
G0 X40.0 Z90.0;	到达切削端面的始点,主轴正转
#10 = 15.0;	定义 X 变量
WHILE [#10 GE 0] DO1;	判断 X 是否为 0
#11 = 25.0 * SQRT[225.0 − #10 * #10]/15.0;	椭圆表达式,定义 Z 变量
G98 G01 X[2.0 * #10 + 0.3] F150;	X 方向进刀
Z[#11 + 0.05 + 62.0];	Z 方向进行切削加工
U2.0;	X 方向退刀
Z90.0;	Z 方向返回加工起点
#10 = #10 − 0.3;	X 方向的进刀量
END1;	循环体结束
#11 = 25.0;	精车开始,定义 Z 变量
WHILE[#11 GE 0] DO1;	循环体开始,判断 Z 是否为 0
#10 = 15.0 * SQRT[625.0 − #11 * #11]/25.0;	椭圆表达式,定义 X 变量
G01 X[2.0 * #10] Z[#11 + 62.0] F100;	椭圆精加工
#11 = #11 − 0.08;	Z 方向的加工量
END1;	循环体结束
G01 X36.0;	
X40.0 Z61.0;	加工倒角
G00 X100.0 Z150.0;	退刀
M30;	

任务二 数控铣削非圆曲面

知识点

- 斜角平面和曲面的加工方法

技能点

- 使用 B 类宏程序的编程方法编写数控铣削加工程序

一、任务描述

完成如图 6 – 10 所示零件的加工,试编写加工程序(该零件为单件生产,毛坯尺寸为

60mm×50mm×30mm,材料为45钢)。

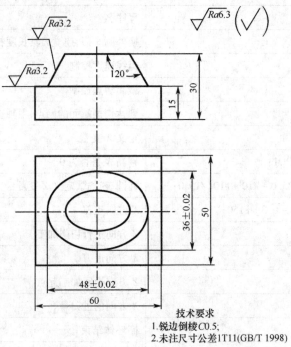

图6－10 椭圆锥台零件图

技术要求
1.锐边倒棱C0.5;
2.未注尺寸公差1T11(GB/T 1998)

二、任务分析

采用 B 类宏程序编写该椭圆锥台的加工程序,需了解斜角及曲面的加工方法及数控铣削宏程序的编程方法。

三、知识链接

1. 斜角平面与曲面的加工方法

1)固定斜角平面加工

固定斜角平面是指与水平面成一固定夹角的斜面。常用的加工方法有以下种:

(1)当零件尺寸不大时,可用斜垫铁垫平后进行加工,如图6－11(a)所示。

(2)当机床主轴可以摆动时,可将主轴摆成相应的角度(与固定斜角的角度相关)进行加工,如图6－11(b)所示。

(3)当零件批量较大时,可采用专用的角度成型铣刀进行加工,如图6－11(c)所示。

(4)当以上加工方法均不能实现时,可采用三坐标加工中心,利用立铣刀、球头铣刀或鼓形铣刀,以直线或圆弧插补形式进行分层铣削加工,如图6－11(d)所示,并用其他加工方式(如钳加工)清除残留面积。

2)变斜角平面加工

加工面与水平面的夹角呈连续变化的变斜角平面的加工方法有以下几种:

(1)对于曲率变化较小的变斜角平面,采用主轴可摆动的四轴联动加工中心进行加工。加工时,应保证刀具与零件变斜角平面始终贴合。

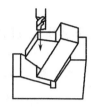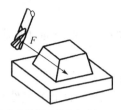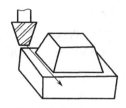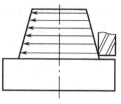

（a）用斜垫铁垫平后加工（b）将主轴摆成相应角度加工（c）采用专用角度的成型铣刀加工（d）采用三坐标加工中心加工

图 6 – 11　固定斜角平面加工

（2）对于曲率变化较大的变斜角平面,可采用五轴联动加工中心以圆弧插补方式摆角加工。

（3）采用与图 6 – 11（d）所示相似的分层铣削加工方式。

3）曲面类轮廓加工方法的选择

（1）规则曲面（如球面、椭球面等）数控铣削加工时,多采用球头铣刀,以"行切法"进行两轴半或三轴联动加工（与图 6 – 11（d）相似）。编程方法选用手工宏程序编程或自动编程。

（2）不规则曲面数控铣削加工时,通常采用"行切法"（图 6 – 12）或"环切法"等多种切削方法进行三轴（四轴或五轴）联动加工。编程方法宜选用自动编程。

图 6 – 12　曲面行切法

曲面采用行切法加工时,会在工件表面留有较大的残留面积,影响了表面加工质量。减小行切法残留面积的方法是减小行距。

4）非圆曲线与三维曲面的拟合加工方法图

（1）非圆曲线轮廓的拟合计算方法。目前大多数数控系统还不具备非圆曲线的插补功能,因此,加工这些非圆曲线时,通常采用直线段或圆弧线段拟合的方法进行。常用的手工编程拟合计算方法有等间距法、等插补段法和三点定圆法等。

① 等间距法:在一个坐标轴方向,将拟合轮廓的总增量（如果在极坐标系中,则指转角或径向坐标的总增量）进行等分后,对设定节点进行的坐标值计算方法称为等间距法,如图 6 – 13 所示。

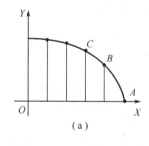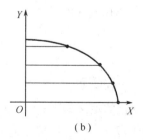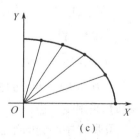

（a）　　　　　　　　（b）　　　　　　　　（c）

图 6 – 13　非圆曲线节点的等间距拟合

采用这种方法进行手工编程时,容易控制非圆曲线或立体形面的节点。因此,宏程序编程普遍采用这种方法。

② 等插补段法:当设定其相邻两节点间的弦长相等时,对该轮廓曲线所进行的节点

坐标值计算方法称为等插补段法。

③ 三点定圆法:这是一种用圆弧拟合非圆曲线时常用的计算方法,其实质是过已知曲线上的三点(亦包括圆心和半径)作一个圆。

(2) 三维曲面母线的拟合方法。采用宏程序行切法加工三维曲面(如球面、变斜角平面等)时,曲面截面上的母线通常无法直接加工,而采用短直线(图 6 – 14)或圆弧线(图 6 – 12 所示)来拟合加工。

(3) 拟合误差分析。非圆曲线与三维曲面母线的拟合过程中,不可避免地会产生拟合误差(图 6 – 15),但其误差值不能超出规定值。通常情况下,拟合误差 δ 应小于或等于编程允许误差 $\delta_{允}$,即 $\delta \leqslant \delta_{允}$。考虑到工艺系统及计算误差的影响,$\delta_{允}$ 一般取零件公差的 $1/10 \sim 1/5$。

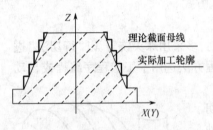

图 6 – 14　三维曲面母线的拟合

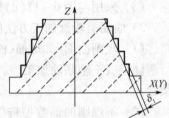

图 6 – 15　拟合误差

在实际编程过程中,主要采用以下几种方法来减小拟合误差:

① 采用合适的拟合方法相比较而言,采用圆弧拟合方法的拟合误差要小一些。

② 减小拟合线段的长度可以减小拟合误差,但增加了编程的工作量。

③ 运用计算机进行曲线拟合计算,在拟合过程中自动控制拟合精度,以减小拟合误差。

2. B 类宏程序编程实例

[例 6.17] 试编写如图 6 – 16 所示圆弧表面均布孔的加工程序(工件其余轮廓均已加工完成)。要求最外圈均匀分布有孔 60 个,中心圆直径为 $\phi100$,以后每圈中心圆直径减小 10mm,均布孔数减少 6 个,总圈数为 9 圈,且所有孔深 1.5mm,深浅一致。

本零件编程的关键是控制孔深度的一致性,为此,要计算出孔所在表面的 Z 坐标值。如图 6 – 17 所示,以 P 点为例,各孔所在表面的 Z 坐标值 Z_p 计算如下:

$$H_p = \sqrt{300^2 - X_p^2}$$

$$H = \sqrt{300^2 - 55^2} \approx 294.915$$

$$Z_p = -(H_p - h) = 294.915 - \sqrt{300^2 - X_p^2}$$

编程时,采用变量进行运算,变量的定义如下:

#101:孔所在中心圆的半径值(为 X_p);

#102:一圈的均布孔数;

#103:均布孔的角度增量;

#104:孔的中心角度;

#105:孔中心 X 坐标值;

#106:孔中心 Y 坐标值;

284

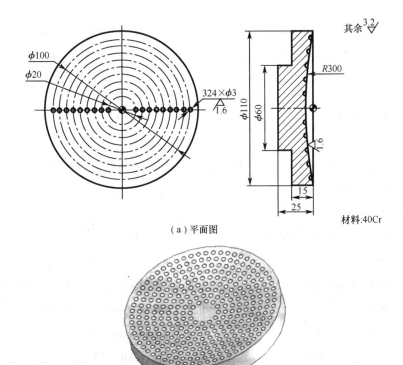

（a）平面图

材料:40Cr

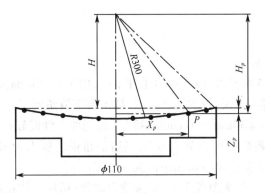

（b）实物图

图 6 – 16　孔加工零件图

图 6 – 17　孔所在表面的 Z 坐标值运算图

#108：孔所在表面的 Z 坐标值（为 Z_p）。

编写出加工程序如下：

O0010；	
G90 G80 G40 G21 G17 G94 ；	
G91 G28 Z0；	
G90 G43 G00 Z100.0 H01；	
M03 S2000；	

O0010;	
#101 = 50.0;	孔所在中心圆半径初设为 50mm
#102 = 60.0;	均布孔数初设为 60（最外圈孔）
N300 #103 = 360.0/#102;	计算最外圈孔的角度增量值
#104 = 0;	孔的中心角度初设为 0（最右端孔）
#108 = 294.915 − SQRT[300 * 300 − #101 * #101];	计算出孔所在表面的 Z 坐标值
N500 #105 = #101 * COS[#104];	计算出孔中心 X 坐标
#106 = #101 * SIN[#104];	计算出孔中心 Y 坐标
G99 G81 X#105 Y#106 Z#108 R3.0 F80.0;	孔加工程序
#104 = #104 + #103;	计算下一个孔的中心角度
IF[#104 LT 360.0] GOTO 500;	条件判断孔的中心角度是否小于 360°
#101 = #101 − 5.0;	计算下一圈孔的中心圆半径
#102 = #102 − 6.0;	计算下一圈孔的孔数
IF[#101 GE 10.0] GOTO 300;	条件判断中心圆半径是否大于等于 10
G80 G91 G28 Z0;	
M30;	程序结束

四、任务实施

1. 工艺分析

1）零件图工艺分析

（1）加工内容及技术要求：该零件为单件生产，加工内容是椭圆锥台。

零件尺寸标注完整、无误，轮廓描述清晰，技术要求清楚明了。

零件毛坯为 60mm×50mm×30mm 的 45 钢，切削加工性能较好，无热处理要求。

椭圆锥台底面的粗糙度要求为 $Ra6.3$，侧边的粗糙度要求为 $Ra3.2$；底面椭圆长轴、短轴的尺寸精度要求分别为 48±0.02mm、36±0.02mm。

（2）加工方法：该零件为单件生产，椭圆锥台的粗、精加工均在数控铣床上进行。

2）机床选择

根据零件的结构特点、加工要求及现有设备情况，选用配备有 FANUC−0i 系统的 KV650 数控铣床加工该零件。

3）装夹方案的确定

根据对零件图的分析可知，该零件在数控铣床上加工的所有表面都能一次装夹完成。具体装夹方法如图 6−18 所示，以底面为定位基准，粗、精加工椭圆锥台。

4）工艺过程卡片制定

根据以上分析，制定零件加工工艺过程卡如表 6−10 所列。（注：以下内容只分析数控铣削加工部分）

表 6-10 零件加工工艺过程卡

（工厂）		机械工艺过程卡			产品型号		零件图号				共 1 页		第 1 页	
					产品名称		零件名称	1						
材料牌号	45 钢	毛坯种类	板材	毛坯外形尺寸	60×50×30	每毛坯可制件数		每台件数			备注			
工序号	工序名称		工 序 内 容			车间	工段	设备		工艺装备		工时/min		
												准终	单件
1	备料		备 60mm×50mm×30mm 的 45 钢板料					锯床					
2	数铣		粗铣椭圆锥台为长 48mm 宽 36mm 的椭圆柱台					数控铣床		平口虎钳			
			精铣椭圆椭圆锥台至图纸要求										
3	钳工		去毛刺										
4	检验												
										设计	审核	标准化	会签
										（日期）	（日期）	（日期）	（日期）
描图													
描校													
底图号													
装订号													
标记	处数	更改文件号	签字	日期	标记	处数	更改文件号	签字	日期				

5）加工顺序的确定

加工椭圆锥台时，为避免精加工余量过大，先粗加工出长半轴为 24mm、短半轴为 18mm 的椭圆柱（图 6 - 19），再精加工出符合零件图要求的椭圆锥台。

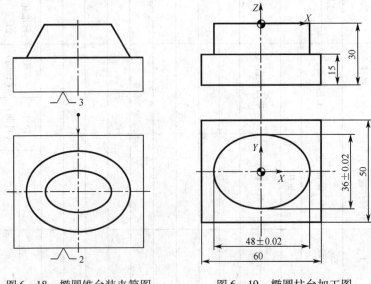

图 6 - 18　椭圆锥台装夹简图　　　　图 6 - 19　椭圆柱台加工图

6）刀具与量具的确定

粗铣椭圆锥台选用 ϕ20 的硬质合金平底立铣刀。

精铣椭圆锥台选用 ϕ16 的硬质合金球头立铣刀。

具体刀具型号见刀具卡片表 6 - 11。

该尺寸精度要求不高，采用游标卡尺测量即可。具体量具型号见量具卡片表 6 - 12。

表 6 - 11　数控加工刀具卡片

产品名称或代号			零件名称		零件图号		
工步号	刀具号	刀具名称	刀具			刀具材料	备注
			直径/mm	长度/mm			
1	T01	平底立铣刀	ϕ20			硬质合金	
2	T02	球头立铣刀	ϕ16			硬质合金	
编制		审核		批准		共页　第页	

表 6 - 12　量具卡片

产品名称或代号		零件名称		零件图号	
序号	量具名称	量具规格	精度	数量	
1	游标卡尺	0 ~ 150mm	0.02mm	1 把	
编制		审核	批准	共页　第页	

7）数控铣削加工工序卡片

制定零件数控铣削加工工序卡如表 6 - 13 所列。

表 6-13 零件数控铣削加工工序卡

（工厂）	数控加工工序卡	产品型号		零件图号			共 1 页	第 1 页
		产品名称		零件名称			材料牌号	
		车间	工序号	工序名称	每毛坯可制件数	每台件数	45钢	
			2	数铣				
		毛坯种类	毛坯外形尺寸		1	同时加工件数		
		板材	60×50×30		设备编号			
		设备名称	设备型号		夹具名称	切削液		
		数控铣床	KV650		平口虎钳			
		夹具编号			工位器具名称	工序工时		
		工位器具编号				准终	单件	

图（略）

工步号	工步名称	工艺装备	主轴转速 /(r/min)	切削速度 /(m/min)	进给量 /(mm/min)	背吃刀量 /mm	进给次数	工时 机动	工时 单件
1	粗铣椭圆锥台为长 48mm 宽 36mm 的椭圆柱台	φ20 平底立铣刀	1200	80	250	2			
2	精铣椭圆锥台至图纸要求	φ16 球头立铣刀	2000	100	150	0.1			
					设计 （日期）	审核 （日期）	标准化 （日期）	会签 （日期）	
描图									
描校									
底图号									
装订号	标记 处数 更改文件号 签字 日期	标记 处数 更改文件号 签字 日期							

289

2. 确定走刀路线及数控加工程序编制

1）确定走刀路线

粗铣椭圆锥台时刀具从上向下加工,高度方向每次铣削 2mm,刀具每一层的走刀路线如图 6-20 所示。

精加工椭圆锥台时刀具从下向上加工,高度方向每次铣削 0.1mm。每抬刀 0.1mm,刀具加工出该高度上的大小合适的椭圆。每一层椭圆的走刀路线类似于图 6-20 所示。

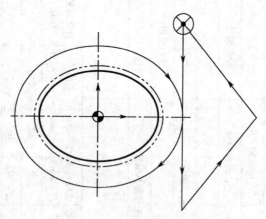

图 6-20 粗铣椭圆锥台刀路

2）编写加工程序

粗加工出椭圆柱台时,以中心角度 α 作为自变量。在 XY 平面内,椭圆上各点 (X,Y) 坐标分别是 $(24\cos\alpha, 18\sin\alpha)$,坐标值随中心角度 α 的变化而变化。

精加工椭圆锥台时,当 Z 向每抬高 δ 时,长半轴及短半轴的减小值 $\lambda = \delta\tan30°$（图 6-21）。因此高度方向上用刀具在工件坐标系中的 Z 坐标值作为自变量。

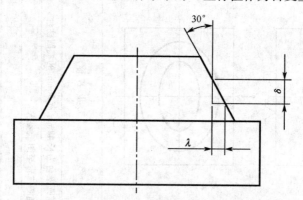

图 6-21 椭圆锥 λ 计算

编程时,变量的定义如下:

#110:刀具到椭圆台底平面的高度;

#111:刀具在工件坐标系中的 Z 坐标值;

#101:长半轴尺寸;

290

#102:短半轴尺寸;

#103:中心角度;

#104:刀具在工件坐标系中 X 坐标值;

#105:刀具在工件坐标系中 Y 坐标值。

编写出加工程序如下。

（1）粗铣椭圆锥台加工程序：

O0020;	主程序
G90 G80 G40 G21 G17 G94 ;	
G43 G00 Z50.0 H01;	
G54 G00 X24.0 Y40.0;	
M03 S1200;	
Z5.0;	
G01 Z1.0 F100;	
M98 P80120;	调用子程序分层切削椭圆柱
G90 G01 Z5.0 F100;	
G00 Z100.0;	
G00 X0 Y0;	
G91 G28 Z0.0;	
M30;	
O0120;	子程序
G91 G01 Z－2.0 F250;	采用增量方式编程,控制台每次铣削深度为2mm
G90;	改用绝对坐标编程
#103＝360.0;	中心角度初设为360°（椭圆最右方点的中心角度）
N100 #104＝24.0＊COS[#103];	计算 X 坐标值
#105＝18.0＊SIN [#103];	计算 Y 坐标值
G41 G01 X#104 Y#105 D01;	建立刀具半径左补偿,沿顺时针方向铣削椭圆台
#103＝#103－1.0;	中心角度减小1°
IF[#103 GE 0] GOTO 100;	如果中心角度大于等于0°,则返回 N100 程序段执行循环;则执行下一行 G01 指令
G01 X24.0 Y－10.0;	沿椭圆切线方向退刀

O0120；	子程序
G40 G01 X40.0 Y0；	取消刀具半径补偿
X24.0 Y40.0；	回到子程序循环的起点
M99；	

（2）精铣椭圆锥台加工程序：

O0021；	主程序
G90 G80 G40 G21 G17 G94；	
G43 G00 Z50.0 H01；	
G54 G00 X24.0 Y40.0；	刀具定位于椭圆最右方的切线方向
M03 S2000；	
Z5.0；	
G01 Z0 F100；	
M98 P220；	调用子程序分层切削椭圆锥
G91 G28 Z0；	
M30；	
O0220；	子程序
#110＝0；	刀具到椭圆台底平面的高度初设为0
#111＝－15.0；	刀具Z坐标值初设为－15.0
#101＝24.0；	长半轴初设为24.0
#102＝18.0；	短半轴初设为18.0
N200 #103＝360.0；	中心角度初设为360°（椭圆最右方点的中心角度）
G01 X#101 Y40.0 F150；	
G01 Z#111；	Z方向移动刀具
N300 #104＝#101＊COS［#103］；	计算X坐标值
#105＝#102＊SIN［#103］；	计算Y坐标值
G41 G01 X#104 Y#105 DO1；	建立刀具半径左补偿,沿顺时针方向铣削椭圆
#103＝#103－1.0；	中心角度减小1°
IF［#103 GE 0］GOTO 300；	如果中心角度大于等于0°,则返回N300程序段执行循环;否则执行下一行G01指令
G01 Y－15.0；	沿椭圆切线方向退刀
G40 G01 X40.0 Y0；	取消刀具半径补偿

O0220；	子程序
#110 = #110 + 0.1；	刀具到椭圆台底面的高度循环一次增加 0.1mm
#111 = #111 + 0.1；	刀具循环一次抬刀 0.1mm
#101 = 24.0 − #110 ∗ TAN[30.0]；	计算新高度上的长半轴尺寸
#102 = 18.0 − #110 ∗ TAN[30.0]；	计算新高度上的短半轴尺寸
IF[#111 LE 0]GOTO 200；	如果刀具 Z 坐标值小于等于 0,则返回 N200 程序段执行循环;否则执行 M99
M99；	

思考与练习

1. 什么叫宏程序? 有几种类型? 数控手工编程中为何要使用宏程序?

2. 宏程序的变量可分为哪几类? 各有何特点?

3. 简要说明 B 类宏程序的控制指令有哪些。

4. 试根据程序"G65 P0030 A50.0 B20.0 D40.0I100.0 K0 I20.0;"确定各变量的值。

5. 编制如图 6 - 22 所示零件加工工艺,编写零件程序并完成加工,毛坯尺寸 ϕ60 × 60,材料 45 钢。

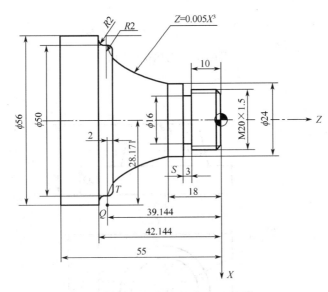

图 6 - 22　习题 5 零件图

6. 编制如图 6 - 23 所示零件加工工艺,编写零件程序并完成加工,毛坯尺寸 ϕ45 × 100,材料 45 钢。

7. 编制如图 6 - 24 所示圆形锥台的加工工艺,并编写加工程序。

8. 编制如图 6 - 25 所示线性阵列孔的加工工艺,并编写加工程序(所有孔深为 10mm)。

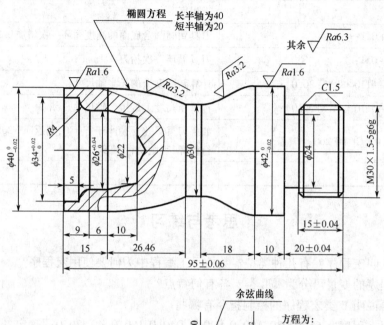

椭圆方程 长半轴为40
短半轴为20

其余 ▽ Ra6.3

图 6－23　习题 6 零件图

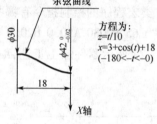

余弦曲线

方程为：
$z=t/10$
$x=3+\cos(t)+18$
$(-180<-t<-0)$

X轴

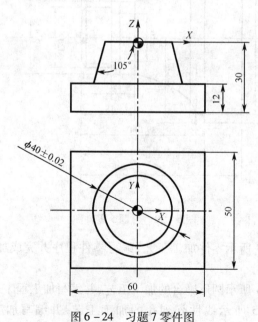

图 6－24　习题 7 零件图

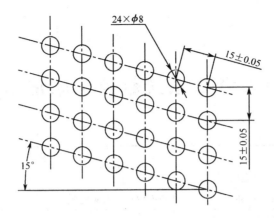

图 6 – 25 习题 8 零件图

9. 编制如图 6 – 26 所示半圆球型腔的加工工艺,并编写加工程序。

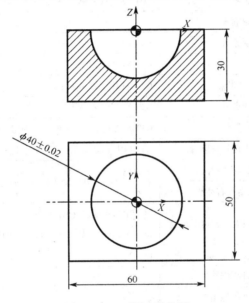

图 6 – 26 习题 9 零件图

附录1 FANUC 系统数控车床常用 G 指令

代码	分组	意 义	格 式
G00	01	快速点定位	G00 X(U)_ Z(W)_;
G01		直线插补	G01 X(U)_ Z(W)_ F_;
G02		圆弧顺时针插补(CW)	$\left\{ \begin{matrix} G02 \\ G03 \end{matrix} \right\}$ X(U)_ Z(W)_ $\left\{ \begin{matrix} R\_ \\ I\_K\_ \end{matrix} \right\}$ F_;
G03		圆弧逆时针插补(CCW)	
G04	00	暂停	G04 X/P_;(X 单位:秒;P 单位:毫秒)
G20	06	英制输入	
G21		米制输入	
G27	00	返回参考点检查	G27 X(U)_ Z(W)_;
G28		返回参考点	G28 X(U)_ Z(W)_;
G29		从参考点返回	G29 X(U)_ Z(W)_;
G32	01	螺纹切削	G32 X(U)_ Z(W)_ F_;(F 为螺纹导程)
G40	07	刀尖圆弧半径补偿取消	G40 G01/G00 X(U)_ Z(W)_ F;
G41		刀尖圆弧半径左补偿	$\left\{ \begin{matrix} G41 \\ G42 \end{matrix} \right\}$ G01/G00 X(U)_ Z(W)_ F_
G42		刀尖圆弧半径右补偿	
G50	00	坐标系设置或最大主轴速度设定	设定工件坐标系:G50 X_ Z_; 最大主轴速度设定:G50 S_;(S 后跟最大主轴速度 r/min)
G53		选择机床坐标系	G53 X_ Z_;
G54	12	选择工件坐标系1	
G55		选择工件坐标系2	
G56		选择工件坐标系3	G×× G00 X_ Z_;
G57		选择工件坐标系4	
G58		选择工件坐标系5	
G59		选择工件坐标系6	
G70	00	精车循环	G70 P(ns) Q(nf);
G71		内/外径粗车复合循环	G71 U(Δd) R(e); G71 P(ns) Q(nf) U(Δu) W(Δw) F(f); Δd:背吃刀量,即每次切削深度(半径值),无符号 e:退刀量 ns:精加工形状程序段中的开始程序段号 nf:精加工形状程序段中的结束程序段号 Δu:X 轴方向精加工余量,直径值 Δw:Z 轴方向的精加工余量

代码	分组	意 义	格 式
G72		端面粗车复合循环	G72 W(Δd) R(e)； G72 P(ns) Q(nf) U(Δu) W(Δw) F(f)； 其中参数含义与 G71 相同
G73		封闭粗车复合循环	G73 U(Δi) W(Δk) R(d)； G73 P(ns) Q(nf) U(Δu) W(Δw) F(f)； Δi:X 轴上总退刀量(半径值) Δk:Z 轴上的总退刀量 d:重复加工次数 其余与 G71 相同
G74		端面深孔钻削循环	G74 R(e)； G74 X(U) Z(W) P(Δi) Q(Δk) R(Δd) F(f)； e:回退量,该值为模态值 X:最大切深点的 X 轴坐标 Z:最大切深点的 Z 轴坐标 △i:X 向的进给量 △k:Z 向每次的移动量 △d:刀具在切削底部的退刀量 F:进给速度
G75	00	径向切槽循环	G75 R(e)； G75 X(U) Z(W) P(Δi) Q(Δk) R(Δd) F(f)； e:分层切削每次退刀量,其值为模态值 U:X 向终点坐标值 W:Z 向终点坐标值 △i:X 向每次的切入量,用不带符号的半径值表示 △k:Z 向每次的移动量； △d:切削到终点时的退刀量,可缺省； F:进给速度
G76		螺纹车削复合循环	G76 P(m) (r) (a) Q(Δd min) R(d)； G76 X(U) Z(W) R(i) P(k) Q(Δd) F(L)； m:精加工重复次数,(1~99) r:螺纹末端倒角量,(00~99) a:刀尖的角度(螺牙的角度)可选择 80°,60°,55°,30°,29°,0° 六个种类中的一种,由 2 位数规定 m,r 和 a 用地址 P 同时指定 Δdmin:最小切深(半径值) i:螺纹半径差,如果 i=0,可以进行普通直螺纹切削 k:牙的高度(半径值) Δd:第一次切深(半径值) L:螺纹导程
G90	01	内外圆柱或圆锥切削循环	G90 X(U)_ Z(W)_ F_； G90 X(U)_ Z(W)_ R_ F_； R:切削始点与切削终点在 X 轴方向的坐标增量(半径值),圆柱切削循环时 R 为零,可省略

297

代码	分组	意　义	格　式
G92	01	螺纹车削循环	G92 X(U)_ Z(W)_ F_; G92 X(U)_ Z(W)_ R_ F_; R:锥螺纹始点与终点在 X 轴方向的坐标增量(半径值),圆柱螺纹切削循环时 R 为零,可省略
G94		端面车削循环	G94 X(U)_ Z(W)_ F_; G94 X(U)_ Z(W)_ R_ F_;
G96	13	恒线速度控制	G96 S_
G97		恒转速控制	G97 S_
G98	05	每分钟进给速度	G98 F_;
G99		每转进给速度	G99 F_;

附录 2　FANUC 系统数控铣床常用 G 指令

代 码	分组	意　义	格　式
G00		快速点定位	G00 X_ Y_ Z_;
G01		直线插补	G01 X_ Y_ Z_ F_;
G02	01	圆弧顺时针插补(CW)	XY 平面内的圆弧: $G17\begin{Bmatrix}G02\\G03\end{Bmatrix}X\_\ Y\_\begin{Bmatrix}R\_\\I\_J\_\end{Bmatrix}F\_;$ ZX 平面的圆弧: $G18\begin{Bmatrix}G02\\G03\end{Bmatrix}X\_\ Z\_\begin{Bmatrix}R\_\\I\_K\_\end{Bmatrix}F\_;$
G03		圆弧逆时针插补(CCW)	YZ 平面的圆弧: $G19\begin{Bmatrix}G02\\G03\end{Bmatrix}Y\_\ Z\_\begin{Bmatrix}R\_\\J\_K\_\end{Bmatrix}F\_;$
G04	00	暂停	G04 X_;(单位:秒)
G15		取消极坐标指令	G15;(取消极坐标方式)
G16	17	极坐标指令	Gxx Gyy G16;(开始极坐标指令) G00 IP_;(极坐标指令) Gxx:极坐标指令的平面选择(G17,G18,G19) Gyy:G90 指定工件坐标系的零点为极坐标的原点 G91 指定当前位置作为极坐标的原点 IP:指定极坐标系选择平面的轴地址及其值(第 1 轴:极坐标半径; 第 2 轴:极角)
G17		XY 平面	G17:选择 XY 平面
G18	02	ZX 平面	G18:选择 XZ 平面
G19		YZ 平面	G19:选择 YZ 平面
G20	06	英制输入	
G21		公制输入	
G30	00	回归参考点	G30 X_ Y_ Z_;
G31		由参考点回归	G31 X_ Y_ Z_;
G40		刀具半径补偿取消	G40 G01/G00 X_ Y_;
G41	07	左半径补偿	G41/G42 G01/G00 X_ Y_ D_ F_;
G42		右半径补偿	
G43		刀具长度补偿 +	G43/G44 G00 Z_ H_;
G44	08	刀具长度补偿 −	
G49		刀具长度补偿取消	G49;

代码	分组	意　义	格　式
G50		取消缩放	G50；缩放取消
G51	11	比例缩放	G51 X_ Y_ Z_ P_；（缩放开始） X_ Y_ Z_：比例缩放中心坐标的绝对值指令 P_：缩放比例 G51 X_ Y_ Z_ I_ J_ K_；（缩放开始） X_ Y_ Z_：比例缩放中心坐标值的绝对值指令 I_ J_ K_：X、Y、Z 各轴对应的缩放比例
G52	00	设定局部坐标系	G52 IP_；（设定局部坐标系） G52 IP0；（取消局部坐标系） IP：局部坐标系原点
G53		机械坐标系选择	G53 X_ Y_ Z_；
G54		选择工作坐标系 1	
G55		选择工作坐标系 2	
G56	14	选择工作坐标系 3	GXX；
G57		选择工作坐标系 4	
G58		选择工作坐标系 5	
G59		选择工作坐标系 6	
G68	16	坐标系旋转	G17/G18/G19 G68 a_ b_ R_；坐标系开始旋转 G17/G18/G19：平面选择，在其上包含旋转的形状 a_ b_：与指令坐标平面相应的 X、Y、Z 中的两个轴的绝对指令，在 G68 后面指定旋转中心 R_：角度位移，正值表示逆时针旋转。根据指令的 G 代码（G90 或 G91）确定绝对值或增量值，有效数据范围：−360.000 到 360.000
G69		取消坐标轴旋转	G69；（坐标轴旋转取消指令）
G73		深孔钻削固定循环	G73 X_ Y_ Z_ R_ Q_ F_；
G74	09	左螺纹攻螺纹固定循环	G74 X_ Y_ Z_ R_ P_ F_；
G76		精镗固定循环	G76 X_ Y_ Z_ R_ Q_ F_；
G90	03	绝对方式指定	GXX；
G91		相对方式指定	
G92	00	工作坐标系的变更	G92 X_ Y_ Z_；
G98	10	返回固定循环初始点	GXX；
G99		返回固定循环 R 点	
G80		固定循环取消	G80；
G81		钻削固定循环、钻中心孔	G81 X_ Y_ Z_ R_ F_；
G82		钻削固定循环、锪孔	G82 X_ Y_ Z_ R_ P_ F_；
G83		深孔钻削固定循环	G83 X_ Y_ Z_ R_ Q_ F_；
G84	09	攻螺纹固定循环	G84 X_ Y_ Z_ R_ F_；
G85		镗削固定循环	G85 X_ Y_ Z_ R_ F_；
G86		退刀形镗削固定循环	G86 X_ Y_ Z_ R_ P_ F_；
G88		镗削固定循环	G88 X_ Y_ Z_ R_ P_ F_；
G89		镗削固定循环	G89 X_ Y_ Z_ R_ P_ F_；

附录 3　数控系统常用 M 指令

代码	意　义	格　式
M00	停止程序运行	
M01	选择性停止	
M02	结束程序运行	
M03	主轴正转	
M04	主轴反转	
M05	主轴停止	
M06	换刀指令	M06 T_;
M08	冷却液开启	
M09	冷却液关闭	
M30	结束程序运行且返回程序开头	
M98	子程序调用	M98 Pxxxnnnn 调用程序号为 Onnnn 的程序 xxx 次
M99	子程序结束	子程序格式: Onnnn; … M99;

附录4 华中系统数控车床常用 G 指令

代码	分组	意义	格式
G00		快速点定位	G00 X(U)_ Z(W)_
G01	01	直线插补	G01 X(U)_ Z(W)_ F_
G02		圆弧顺时针插补(CW)	$\left\{\begin{array}{c}G02\\G03\end{array}\right\}$ X(U)_ Z(W)_ $\left\{\begin{array}{c}R\_\\I\_K\_\end{array}\right\}$ F_
G03		圆弧逆时针插补(CCW)	
G04	00	暂停	G04 P/X_(P 单位:秒,X 单位:毫秒)
G20	06	英寸输入	
G21		毫米输入	
G28	00	返回参考点	G28 X(U)_ Z(W)_
G29		从参考点返回	G29 X(U)_ Z(W)_
G32	01	螺纹切削	G32 X(U)_ Z(W)_ F_(F 为螺纹导程)
G40		刀尖圆弧半径补偿取消	G40 G01/G00 X(U)_ Z(W)_ F_
G41	09	刀尖圆弧半径左补偿	$\left\{\begin{array}{c}G41\\G42\end{array}\right\}$ G01/G00 X(U)_ Z(W)_ F_
G42		刀尖圆弧半径右补偿	
G46	00	最高转速限制	G46 X_ P_ X:最低转速,单位 r/min P:最高转速,单位 r/min
G54		选择工件坐标系 1	
G55		选择工件坐标系 2	
G56	12	选择工件坐标系 3	G×× G00 X_ Z_
G57		选择工件坐标系 4	
G58		选择工件坐标系 5	
G59		选择工件坐标系 6	
G71	06	内/外径车削复合循环	G71 U(Δd) R(e) P(ns) Q(nf) X(Δu) Z(Δw) F(f) Δd:背吃刀量,即每次切削深度(半径值),无符号 e:退刀量 ns:精加工形状程序段中的开始程序段号 nf:精加工形状程序段中的结束程序段号 Δu:X 轴方向的精加工余量,直径值 Δw:Z 轴方向的精加工余量
G72		端面车削复合循环	G72 W(Δd) R(e) P(ns) Q(nf) U(Δu) W(Δw) F(f) 其中参数含义与 G71 相同

代码	分组	意　义	格　式
G73		封闭车削复合循环	G73 U(Δi) W(Δk) R(d) P(ns) Q(nf) U(Δu) W(Δw) F(f) Δi:X 轴上总退刀量(半径值) Δk:Z 轴上的总退刀量 d:重复加工次数 其余与 G71 相同
G76	06	螺纹车削复合循环	G76 C(c) R(r) E(e) A(a) X(x) Z(z) I(i) K(k) U(d) V(Δd min) Q(Δd) P(p) F(L) c:精加工重复次数,(1～99) r:螺纹 Z 向退尾长度,(00～99) e:螺纹 X 向退尾长度,(00～99) a:刀尖的角度(螺牙的角度)可选择 80°、60°、55°、30°、29°、0°六个种类中的一种,由 2 位数规定 x、z:绝对值编程时,为有效螺纹终点的坐标;增量值编程时,为有效螺纹终点相对于循环起点的有效距离 i:螺纹两端的半径差;如果 $i=0$,可以进行普通直螺纹切削 k:牙的高度(半径值) d:精加工余量(半径值) Δdmin:最小切深(半径值);当第 n 次切削深度小于 Δdmin 时,切削深度设定为 Δdmin Δd:第一次切削深度(半径值) p:主轴基准脉冲处距离切削起点的主轴转角 L:螺纹导程
G80	01	内外圆柱或圆锥切削循环	G80 X(U)_ Z(W)_ F_ G80 X(U)_ Z(W)_ I_ F_ I:切削始点与切削终点在 X 轴方向的坐标增量(半径值),圆柱切削循环时 I 为零,可省略
G82		螺纹车削循环	G82 X(U)_ Z(W)_ F_ G82 X(U)_ Z(W)_ I_ F_ I:锥螺纹始点与终点在 X 轴方向的坐标增量(半径值),圆柱螺纹切削循环时 I 为零,可省略
G84		端面车削循环	G84 X(U)_ Z(W)_ F_ G84 X(U)_ Z(W)_ I_ F_
G92	00	工作坐标系设定	G92 X_ Z_ X、Z:设定的工件坐标系原点到刀具起点的有向距离
G94	14	每分钟进给量	G94 F_
G95		每转进给量	G95 F_
G96	15	恒线速度控制	G96 S_
G97		恒转速控制	G97 S_

参 考 文 献

[1] 赵正文. 数控铣床/加工中心加工工艺与编程. 北京:中国劳动社会保障出版社,2006.

[2] 卢万强. 数控加工工艺与编程. 北京:北京理大学出版社,2011.

[3] 韦富基,李振尤. 数控车床编程与操作 北京:电子工业出版社, 2008.

[4] 李华志. 数控加工工艺与装备. 北京:清华大学出版社,2005.

[5] 韩鸿鸾. 数控编程. 北京:中国劳动社会保障出版社,2004.

[6] 陈宏钧. 实用机械加工工艺手册. 北京:机械工业出版社,2005.

[7] 陈兴云,姜庆华. 数控机床编程与加工. 北京:机械工业出版社,2009.

[8] 鲁淑叶. 零件数控车削加工. 北京:国防工业出版社,2011.

[9] 蒋增福. 车工工艺与技能训练. 北京:高等教育出版社,2004.

[10] 谢晓红. 数控车削编程与加工技术. 北京:电子工业出版社,2006.

[11] 李华. 机械制造技术. 北京:高等教育出版社,2005.

[12] 嵇宁. 数控加工编程与操作. 北京:高等教育出版社,2008.

[13] 世纪星车削数控系统操作说明书. 武汉华中数控股份有限公司,2005.

[14] FANUC 0i Mate – MC 操作说明书.

[15] FANUC Serise oi Mate – TC 操作说明书.

[16] 华茂发. 数控机床加工工艺. 北京:机械工业出版社,2000.

[17] 于华. 数控机床的编程及实例. 北京:机械工业出版社,2001.

[18] 程鸿思,赵军华. 普通铣削加工操作实训. 北京:机械工业出版社,2008.

[19] 王维. 数控加工工艺及编程. 北京:机械工业出版社,2001.

[20] 张丽华,马立克. 数控编程与加工技术. 大连:大连理工大学出版社,2006.

[21] 杨显宏. 数控加工编程技术. 成都:电子科技大学出版社,2006.